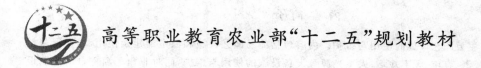

高等职业教育农业部"十二五"规划教材

园艺设施使用与维护

王移山　主编

中国农业大学出版社

·北京·

内 容 简 介

本书重点介绍了主要园艺设施的使用与维护。内容包括简易园艺设施和温室的建设使用,温室覆盖材料、采暖、通风降温、灌溉、育苗、无土栽培、人工光源等设备设施的使用与维护,同时兼顾了温室自动控制设备和园艺设施机械的使用维护知识。该书简明扼要,采用以工作任务为导向的项目教学模式,突出实用性,针对性强。适合高等职业院校相关专业作为教学用书,也适合园艺、农机等专业技术人员和广大农民阅读。

图书在版编目(CIP)数据

园艺设施使用与维护/王移山主编. —北京:中国农业大学出版社,2013.6
ISBN 978-7-5655-0695-6

Ⅰ.①园… Ⅱ.①王… Ⅲ.①园艺-设备-使用 ②园艺-设备-维修 Ⅳ.①S6

中国版本图书馆 CIP 数据核字(2013)第 092296 号

书　名	园艺设施使用与维护		
作　者	王移山　主编		

策划编辑	姚慧敏	**责任编辑**	田树君
封面设计	郑　川	**责任校对**	王晓凤　陈　莹
出版发行	中国农业大学出版社		
社　址	北京市海淀区圆明园西路2号	**邮政编码**	100193
电　话	发行部 010-62818525,8625	**读者服务部**	010-62732336
	编辑部 010-62732617,2618	**出　版　部**	010-62733440
网　址	http://www.cau.edu.cn/caup	**e-mail**	cbsszs @ cau.edu.cn
经　销	新华书店		
印　刷	涿州市星河印刷有限公司		
版　次	2013年7月第1版　2013年7月第1次印刷		
规　格	787×1 092　16 开本　15.25 印张　375 千字		
定　价	27.00 元		

图书如有质量问题本社发行部负责调换

编 写 人 员

主　　编　王移山　潍坊职业学院

副 主 编　刘金泉　内蒙古农业大学职业技术学院
　　　　　陈全胜　黄冈职业技术学院
　　　　　郭　翼　北京农业职业学院
　　　　　刘全国　唐山职业技术学院

参　　编　李京爱　青岛蓝天温室有限公司
　　　　　张俊丽　潍坊职业学院
　　　　　张丽萍　潍坊职业学院
　　　　　李淑芝　唐山职业技术学院

前　言

　　近年来我国园艺设施建设发展迅速,园艺设施在我国园艺作物生产、国民经济发展、人民生活水平提高等方面发挥着越来越重要的作用。有关园艺设施类的课程在园艺、园林等相关专业教学中的地位也越来越受到重视。园艺设施使用与维护是园艺类专业毕业生将从事的重要工作内容,根据对高职毕业生就业岗位调查的分析表明,实际工作中毕业生主要从事园艺设施使用与维护,从事设计、施工的较少。针对就业岗位对学生知识结构的这一需求,本书以园艺设施使用与维护为主要内容,突出实践操作技能培养,内容包括简易园艺设施和温室的建设使用,温室覆盖材料、采暖、通风降温、灌溉、育苗、无土栽培、人工光源等设备设施的使用与维护,同时兼顾了温室自动控制设备和园艺设施机械的使用维护知识。

　　本书以岗位需求为目标,以工作任务为导向,由实践经验丰富的教师和企业工作人员共同编写。本书由潍坊职业学院王移山老师主编,内蒙古农业大学职业技术学院刘金泉老师、黄冈职业技术学院陈全胜老师、北京农业职业学院郭翼老师副主编,青岛蓝天温室有限公司李京爱总工程师、潍坊职业学院张俊丽、张丽萍老师参加了编写。全书由王移山老师统稿并编写了绪论和项目 6、8 的部分内容,刘金泉老师编写了项目 1、2、3,陈全胜老师编写了项目 4、5,张俊丽、刘全国和李椒芝老师编写了项目 6、8,郭翼老师编写了项目 7、9、10,李京爱工程师从企业角度对全书编写提出了指导意见并提供了大量资料,张丽萍老师制作了大量图表并对全书进行了校核。

　　本书简明扼要,采用以工作任务为导向的项目教学模式,突出实用性,针对性强。适合高等职业院校相关专业作为教学用书,也适合园艺、农机等专业技术人员和广大农民阅读。

　　由于编写任务紧、时间仓促,编著者水平所限,本书难免有不妥之处,敬请广大读者提出意见。

编　者

2012 年 12 月

目　录

绪论 …………………………………………… 1

一、园艺设施在生产中的意义及作用 ……… 1

二、常见园艺设施的类型 …………………… 2

　　(一)简易设施栽培 ………………………… 2

　　(二)温室栽培 ……………………………… 3

　　(三)无土栽培 ……………………………… 4

　　(四)网纱栽培 ……………………………… 4

三、我国园艺设施发展现状及发展趋势 …… 5

　　(一)我国设施园艺发展现状 ……………… 5

　　(二)我国园艺设施发展面临的问题 ……… 6

　　(三)我国设施园艺产业发展趋势 ………… 7

四、国外园艺设施的发展及特点 …………… 7

项目1　简易园艺设施的建造使用 ……… 11

任务1　阳畦的建造使用 …………………… 11

【学习目标】 ………………………………… 11

【任务分析】 ………………………………… 11

★ 基础知识 ………………………………… 11

　1.阳畦的结构 …………………………… 12

　2.阳畦的性能 …………………………… 12

　3.阳畦的应用 …………………………… 12

★ 工作步骤 ………………………………… 12

　• 第一步　选址与设计 ………………… 12

　• 第二步　做畦框 ……………………… 13

　• 第三步　设置风障 …………………… 13

　• 第四步　加覆盖物 …………………… 13

★ 知识拓展 ………………………………… 13

　阳畦的保温防寒性能 …………………… 13

★ 自我评价 ………………………………… 13

任务2　电热温床的建造使用 ……………… 14

【学习目标】 ………………………………… 14

【任务分析】 ………………………………… 14

★ 基础知识 ………………………………… 14

　1.电热温床的结构 ……………………… 14

　2.电热温床的性能 ……………………… 15

　3.电热温床的应用 ……………………… 15

★ 工作步骤 ………………………………… 16

　• 第一步　场地选择和床基制作 ……… 16

　• 第二步　电热温床功率密度的

　　选定 …………………………………… 16

　• 第三步　电热温床布线计算 ………… 16

　• 第四步　电热温床布线方法 ………… 17

　• 第五步　连接控温仪、交流接触器 … 17

　• 第六步　覆盖床土 …………………… 17

　• 第七步　电热温床的使用注意事项及

　　维护 …………………………………… 17

★ 巩固训练 ………………………………… 18

　1.技能训练要求 ………………………… 18

　2.技能训练内容 ………………………… 18

　3.技能训练步骤 ………………………… 18

★ 自我评价 ………………………………… 18

任务3　塑料拱棚的建造使用 ……………… 19

【学习目标】 ………………………………… 19

【任务分析】 ………………………………… 19

★ 基础知识 ………………………………… 19

　1.塑料小棚 ……………………………… 19

　2.塑料中棚 ……………………………… 21

　3.塑料大棚 ……………………………… 22

★ 工作步骤 ………………………………… 27

　1.小拱棚的建造 ………………………… 27

　• 第一步　棚址选择,方位确定 ……… 27

　• 第二步　建筑材料计算 ……………… 27

　• 第三步　骨架安装 …………………… 27

　• 第四步　扣棚膜 ……………………… 27

　• 第五步　日常维护 …………………… 27

　2.塑料大棚的建造(以竹木结构大棚为

　　例) …………………………………… 27

- 第一步 场地选择与棚群规划 ……… 27
- 第二步 埋立柱 …………………… 28
- 第三步 安装骨架子 ……………… 28
- 第四步 覆盖薄膜 ………………… 28
- 第五步 装门 ……………………… 28
- 第六步 日常维护 ………………… 28
- ★ 巩固训练 ……………………………… 29
- 1.技能训练要求 …………………… 29
- 2.技能训练内容 …………………… 29
- 3.技能训练步骤 …………………… 29
- ★ 知识拓展 ……………………………… 29
- 大棚基本结构设计及要求 ………… 29
- ★ 自我评价 ……………………………… 31
- 任务4 夏季保护设施的建造使用 …… 31
- 【学习目标】 …………………………… 31
- 【任务分析】 …………………………… 31
- ★ 基础知识 ……………………………… 32
- 1.荫棚 ……………………………… 32
- 2.防雨棚 …………………………… 33
- ★ 工作步骤 ……………………………… 33
- 第一步 场地选择与规划 ………… 33
- 第二步 栽立柱 …………………… 33
- 第三步 搭建骨架 ………………… 34
- 第四步 搭遮阳网 ………………… 34
- ★ 巩固训练 ……………………………… 34
- 1.技能训练要求 …………………… 34
- 2.技能训练内容 …………………… 34
- 3.技能训练步骤 …………………… 34
- ★ 自我评价 ……………………………… 34
- 项目2 温室的使用与维护 …………… 35
- 任务1 认识温室的类型 ……………… 35
- 【学习目标】 …………………………… 35
- 【任务分析】 …………………………… 35
- ★ 基础知识 ……………………………… 35
- 1.日光温室 ………………………… 35
- 2.连栋温室 ………………………… 41
- ★ 巩固训练 ……………………………… 47
- 1.技能训练要求 …………………… 47
- 2.技能训练内容 …………………… 47
- 3.技能训练步骤 …………………… 47
- ★ 知识拓展 ……………………………… 47
- 1.日光温室的合理结构参数 ……… 47
- 2.植物工厂 ………………………… 49

- 任务2 日光温室的使用与维护 ……… 49
- 【学习目标】 …………………………… 49
- 【任务分析】 …………………………… 49
- ★ 基础知识 ……………………………… 49
- 1.日光温室在设施园艺生产中的应用 … 49
- 2.日光温室使用时的茬口安排 …… 50
- 3.日光温室结构的维护 …………… 52
- 4.日光温室在特殊季节的使用与维护 … 53
- 5.日光温室在气象灾害性天气条件下的使用与维护 …………………… 55
- ★ 知识拓展 ……………………………… 57
- 温室卷帘机 ………………………… 57
- 任务3 连栋温室的使用与维护 ……… 58
- 【学习目标】 …………………………… 58
- 【任务分析】 …………………………… 58
- ★ 基础知识 ……………………………… 58
- 1.连栋温室的应用 ………………… 58
- 2.连栋温室及配套设备的使用与维护 … 59
- 3.连栋温室在气象灾害条件下的使用与维护 …………………………… 61
- ★ 巩固训练 ……………………………… 62
- 1.技能训练要求 …………………… 62
- 2.技能训练内容 …………………… 62
- 3.技能训练步骤 …………………… 62
- ★ 知识拓展 ……………………………… 63
- 巨型大棚 …………………………… 63
- 项目3 园艺设施覆盖材料的选用与维护 …… 64
- 任务1 透明覆盖材料的选用与维护 … 64
- 【学习目标】 …………………………… 64
- 【任务分析】 …………………………… 64
- ★ 基础知识 ……………………………… 65
- 1.设施园艺生产对透明覆盖材料的基本要求 …………………………… 65
- 2.透明覆盖材料的种类、性能及应用 …… 65
- ★ 工作步骤 ……………………………… 68
- 第一步 透明覆盖材料的选用 …… 68
- 第二步 透明覆盖材料的识别 …… 68
- 第三步 透明覆盖材料(塑料薄膜)的用量计算、裁剪焊接 …………… 68
- 第四步 透明覆盖材料(塑料薄膜)的安装、固定 …………………… 69
- 第五步 透明覆盖材料的日常管理和维护 …………………………… 69

★ 巩固训练 ……………………… 70
　1.技能训练要求 ……………… 70
　2.技能训练内容 ……………… 70
　3.技能训练步骤 ……………… 70
★ 知识拓展 ……………………… 70
　新型覆盖材料 ………………… 70
★ 自我评价 ……………………… 71
任务2 半透明覆盖材料的选用与维护 …… 71
【学习目标】 ……………………… 71
【任务分析】 ……………………… 72
★ 基础知识 ……………………… 72
　1.遮阳网 ……………………… 72
　2.无纺布 ……………………… 73
　3.防虫网 ……………………… 74
★ 工作步骤 ……………………… 74
　• 第一步 半透明覆盖材料的选用 …… 74
　• 第二步 半透明覆盖材料在园艺设施
　　上的覆盖方式 ……………… 75
　• 第三步 半透明覆盖材料使用的注意
　　事项 ………………………… 77
★ 巩固训练 ……………………… 78
　1.技能训练要求 ……………… 78
　2.技能训练内容 ……………… 78
　3.技能训练步骤 ……………… 78
★ 知识拓展 ……………………… 79
　1.反光膜 ……………………… 79
　2.浮膜（浮动）覆盖材料 ……… 79
　3.新型铝箔反光遮阳保温材料 … 79
★ 自我评价 ……………………… 79
任务3 不透明覆盖材料的选用与维护 …… 80
【学习目标】 ……………………… 80
【任务分析】 ……………………… 80
★ 基础知识 ……………………… 80
　1.设施园艺生产对不透明覆盖材料的
　　基本要求 …………………… 80
　2.不透明覆盖材料的种类、性能 … 81
★ 工作步骤 ……………………… 81
　• 第一步 不透明覆盖材料的选用 … 81
　1.草苫的选用要求 …………… 81
　2.保温被的选用要求 ………… 82
　• 第二步 不透明覆盖材料的用量
　　计算 ………………………… 82
　1.草苫的用量计算 …………… 82

　2.保温被的用量计算 ………… 82
　• 第三步 不透明覆盖材料的覆盖 …… 82
　1.草苫的覆盖 ………………… 82
　2.保温被的覆盖 ……………… 83
　• 第四步 不透明覆盖材料的管理与
　　维护 ………………………… 83
　1.草苫的管理与维护 ………… 83
　2.保温被的管理与维护 ……… 83
★ 巩固训练 ……………………… 84
　1.技能训练要求 ……………… 84
　2.技能训练内容 ……………… 84
　3.技能训练步骤 ……………… 84
★ 知识拓展 ……………………… 84
　设施园艺覆盖材料的五大发展趋势 … 84
★ 自我评价 ……………………… 85
项目4 温室采暖设备的使用与维护 …… 86
任务1 温室采暖设备的类型与应用 …… 86
【学习目标】 ……………………… 86
【任务分析】 ……………………… 86
★ 基础知识 ……………………… 86
　1.温室温度环境的特点 ……… 86
　2.温室热量散失的原因 ……… 87
　3.温室加热的原因 …………… 89
　4.温室采暖系统的类型 ……… 89
　5.地下水热交换采暖 ………… 90
　6.采暖方式和设备的选择 …… 91
★ 知识拓展 ……………………… 91
　1.几种热风机的规格参数 …… 91
　2.温室地下热交换系统 ……… 92
任务2 温室采暖设备的使用与维护 …… 93
【学习目标】 ……………………… 93
【任务分析】 ……………………… 93
★ 基础知识 ……………………… 93
　1.加强设备维护保养的意义 … 93
　2.设备使用、维护规程的内容 … 93
　3.润滑的基本原理 …………… 94
　4.润滑的主要作用 …………… 94
　5.润滑工作的"五定" ………… 94
　6.设备润滑良好应具备的条件 … 95
★ 工作步骤 ……………………… 95
　1.设备使用和维护的常识 …… 95

2.温室采暖设备一般使用的步骤 ········ 95
3.温室采暖设备日常维护的步骤 ········ 96
★ 巩固训练 ·········· 96
1.技能训练要求 ·········· 96
2.技能训练内容 ·········· 96
项目5 温室通风降温设备的使用与维护 97
任务1 湿帘的类型及应用 ·········· 97
【学习目标】 ·········· 97
【任务分析】 ·········· 97
★ 基础知识 ·········· 97
1.温室降温的必要性 ·········· 97
2.湿帘的特性 ·········· 98
3.湿帘的规格 ·········· 98
4.湿帘降温的原理 ·········· 99
5.湿帘降温的效果 ·········· 99
6.湿帘降温系统的类型 ·········· 99
7.湿帘的使用特性 ·········· 100
★ 工作步骤 ·········· 100
1.湿帘的使用 ·········· 100
2.风机的使用和维护 ·········· 101
3.日常保养 ·········· 101
4.注意事项 ·········· 101
5.湿帘的应用 ·········· 101
★ 知识拓展 ·········· 102
中华人民共和国机械行业标准湿帘降温
装置(JB/T 10294—2001) ·········· 102
任务2 温室通风换气设备的类型及应用 ··· 107
【学习目标】 ·········· 107
【任务分析】 ·········· 107
★ 基础知识 ·········· 107
1.温室通风换气的原因 ·········· 107
2.通风换气的方法 ·········· 108
★ 巩固训练 ·········· 109
1.技能训练要求 ·········· 109
2.技能训练内容 ·········· 109
3.技能训练步骤 ·········· 109
★ 知识拓展 ·········· 109
1.自然通风设施 ·········· 109
2.强制通风设施 ·········· 110
★ 知识拓展 ·········· 110
温室通风换气要注意的问题 ·········· 110
任务3 园艺设施内遮阳设备的类型及
应用 ·········· 111

【学习目标】 ·········· 111
【任务分析】 ·········· 111
★ 基础知识 ·········· 111
1.温室遮阳的发展历程 ·········· 111
2.温室内遮阳的必要性 ·········· 111
3.遮阳系统的分类 ·········· 112
4.常见遮阳材料类型及特点 ·········· 112
5.外遮阳系统的类型与基本组成 ·········· 113
6.内遮阳系统的类型与基本组成 ·········· 113
7.遮阳系统驱动方式分类 ·········· 114
★ 巩固训练 ·········· 115
1.技能训练要求 ·········· 115
2.技能训练内容 ·········· 115
★ 知识拓展 ·········· 115
外遮阳卷帘窗使用及注意事项 ·········· 115
1.外遮阳卷帘窗的组成 ·········· 115
2.工作原理 ·········· 115
3.使用方法 ·········· 116
4.注意事项 ·········· 116
5.保养与维护 ·········· 116
项目6 温室灌溉设施 ·········· 117
任务1 滴灌设备的类型及应用 ·········· 117
【学习目标】 ·········· 117
【任务分析】 ·········· 117
★ 基础知识 ·········· 117
1.滴灌的特点 ·········· 117
2.滴灌系统的组成 ·········· 118
3.滴灌滴头的种类和特点 ·········· 119
★ 工作步骤 ·········· 120
1.滴灌系统的运行及管理 ·········· 120
2.滴灌系统的操作要点 ·········· 121
3.滴灌系统常见故障及排除方法 ·········· 124
★ 知识拓展 ·········· 126
常用滴水器的性能及使用技术要点 ····· 126
★ 巩固训练 ·········· 132
1.技能训练要求 ·········· 132
2.技能训练内容 ·········· 132
3.技能训练步骤 ·········· 132
★ 自我评价 ·········· 132
任务2 滴灌施肥系统的使用 ·········· 132
【学习目标】 ·········· 132
【任务分析】 ·········· 133
★ 基础知识 ·········· 133

1.滴灌施肥的优点 ……………… 133
2.滴灌施肥的设备 ……… 133
3.滴灌施肥设备使用注意事项 … 139
★ 巩固训练 ………………… 140
1.技能训练要求 …………… 140
2.技能训练内容 …………… 140
3.技能训练步骤 …………… 140
★ 自我评价 ………………… 140

项目7　园艺设施机械 ………… 141
任务1　微型耕作机的使用与维护 … 141
【学习目标】………………… 141
【任务分析】………………… 141
★ 基础知识 ………………… 142
1.一般构造 ………………… 142
2.安全使用常识 …………… 142
★ 工作步骤 ………………… 143
1.启动前的准备 …………… 143
2.旋耕部件的连接 ………… 143
3.发动机的启动 …………… 143
4.旋耕作业操作 …………… 144
5.日常维护保养 …………… 145
★ 巩固训练 ………………… 145
1.技能训练要求 …………… 145
2.技能训练内容及步骤 …… 145
★ 知识拓展 ………………… 145
1.微耕机的磨合 …………… 145
2.微耕机的技术保养 ……… 146
3.微耕机长期停放注意事项 … 146
4.微耕机常见故障排除 …… 146
★ 自我评价 ………………… 147
任务2　手动喷雾器的使用与维护 … 148
【学习目标】………………… 148
【任务分析】………………… 148
★ 基础知识 ………………… 148
1.一般构造 ………………… 148
2.施药方法的选用 ………… 149
3.安全操作常识 …………… 150
★ 工作步骤 ………………… 150
1.喷药前的准备 …………… 151
2.喷雾操作 ………………… 151
3.施药后操作 ……………… 151
4.日常维护保养 …………… 151
★ 巩固训练 ………………… 152

1.技能训练要求 …………… 152
2.技能训练内容及步骤 …… 152
★ 知识拓展 ………………… 152
背负式手动喷雾器的购买 … 152
★ 自我评价 ………………… 153
任务3　担架式机动喷雾机的使用与维护 … 153
【学习目标】………………… 153
【任务分析】………………… 153
★ 基础知识 ………………… 154
1.担架式机动喷雾机构造 … 154
2.安全操作常识 …………… 155
★ 工作步骤 ………………… 156
1.工作前的准备 …………… 156
2.启动汽油机操作 ………… 156
3.喷雾作业操作 …………… 157
4.结束作业 ………………… 157
5.日常维护 ………………… 157
★ 巩固训练 ………………… 157
1.技能训练要求 …………… 157
2.技能训练内容及步骤 …… 157
★ 知识拓展 ………………… 157
1.液泵使用维护保养 ……… 157
2.存放和保管注意事项 …… 158
★ 自我评价 ………………… 158
任务4　背负式动力喷雾机的使用与维护 … 159
【学习目标】………………… 159
【任务分析】………………… 159
★ 基础知识 ………………… 159
1.用途、特点及技术参数 … 159
2.主要结构 ………………… 160
3.安全使用常识 …………… 160
★ 工作步骤 ………………… 161
1.运行前的操作 …………… 161
2.配制和添加燃油 ………… 161
3.启动汽油机 ……………… 162
4.喷雾作业 ………………… 162
5.结束作业操作 …………… 162
6.日常保养 ………………… 163
★ 巩固训练 ………………… 163
1.技能训练要求 …………… 163
2.技能训练内容及步骤 …… 163
★ 知识拓展 ………………… 163
1.背负式动力喷雾机的技术保养 …… 163

2.柱塞泵的维护保养 ……… 163

3.长期保存 ……… 163

4.背负式动力喷雾机的故障及排除

方法 ……… 164

★ 自我评价 ……… 165

任务 5 割灌机的使用与维护 ……… 165

【学习目标】……… 165

【任务分析】……… 165

★ 基础知识 ……… 166

1.类型 ……… 166

2.主要构造 ……… 166

3.安全操作要求 ……… 167

★ 工作步骤 ……… 168

1.操作前检查 ……… 168

2.启动发动机 ……… 168

3.割灌操作 ……… 168

4.停机操作 ……… 169

5.日常保养 ……… 169

★ 巩固训练 ……… 169

1.技能训练要求 ……… 169

2.技能训练内容及步骤 ……… 169

★ 知识拓展 ……… 170

1.割灌机的保存 ……… 170

2.割灌机维护与保养 ……… 170

★ 自我评价 ……… 171

项目 8 育苗、无土栽培设施及设备 ……… 172

任务 1 无土栽培设施的使用与维护 ……… 172

【学习目标】……… 172

【任务分析】……… 172

★ 基础知识 ……… 172

1.无土栽培的特点和应用 ……… 172

2.无土栽培的分类 ……… 174

3.水培及设备 ……… 174

4.喷雾栽培(雾、气培)及设备 ……… 177

5.基质栽培及设备 ……… 178

★ 工作步骤 ……… 183

1.基质消毒 ……… 183

2.基质消毒的方法 ……… 183

3.基质的更换 ……… 185

★ 巩固训练 ……… 185

1.技能训练要求 ……… 185

2.技能训练内容 ……… 185

3.技能训练步骤 ……… 185

★ 自我评价 ……… 186

任务 2 工厂化育苗设施及设备的使用与

维护 ……… 186

【学习目标】……… 186

【任务分析】……… 186

★ 基础知识 ……… 187

1.工厂化育苗的设施 ……… 187

2.工厂化育苗的主要设备 ……… 187

★ 工作步骤 ……… 190

· 第一步 基质装盘 ……… 190

· 第二步 种子处理 ……… 190

· 第三步 播种与苗期管理 ……… 190

· 第四步 营养液管理 ……… 191

★ 巩固训练 ……… 191

1.技能训练要求 ……… 191

2.技能训练内容 ……… 191

3.技能训练步骤 ……… 191

★ 自我评价 ……… 191

项目 9 人工光源与配电 ……… 192

任务 1 人工光源的种类与使用 ……… 192

【学习目标】……… 192

【任务分析】……… 192

★ 基础知识 ……… 192

1.人工补光是温室高产栽培的一项重要

技术措施 ……… 192

2.人工光源主要性能特征 ……… 193

★ 工作步骤 ……… 195

1.人工光源的选择 ……… 195

2.人工光源的布置 ……… 196

★ 巩固训练 ……… 197

1.技能训练要求 ……… 197

2.技能训练内容及步骤 ……… 197

★ 知识拓展 ……… 197

★ 自我评价 ……… 198

任务 2 配电设备及应用 ……… 198

【学习目标】……… 198

【任务分析】……… 198

★ 基础知识 ……… 199

1.配电线路(系统)分类 ……… 199

2.负荷分级 ……… 199

3.现代化温室的配电特点 ……… 200

4.温室内配电的电压 ·················· 200
5.配电方式的选择 ·················· 200
6.温室配电系统的组成 ·············· 201
7.常用配电设备 ·················· 202
★ 工作步骤 ·················· 205
1.配电设备施工一般规定 ·········· 205
2.低压断路器的安装 ·············· 206
3.低压接触器的安装 ·············· 206
4.继电器的安装 ·················· 207
5.按钮的安装 ·················· 207
6.熔断器的安装 ·················· 207
7.配电设备安装交接验收 ·········· 207
★ 巩固训练 ·················· 207
1.技能训练要求 ·················· 207
2.技能训练内容及步骤 ·············· 207
★ 知识拓展 ·················· 208
1.温室配电设计 ·················· 208
2.主要配电设备的常见故障及其处理
方法 ·················· 209
★ 自我评价 ·················· 211
项目10　园艺设施中的自动控制系统 ····· 212
【学习目标】 ·················· 212
【任务分析】 ·················· 212
★ 基础知识 ·················· 213
1.温室环境参数与执行设备对应关系 ··· 213
2.主要温室环境参数的控制方式 ······ 214
3.温室自动控制基本原理 ·········· 215
4.温室控制系统的功能分析 ·········· 215
5.典型自动控制系统的结构 ·········· 216
★ 工作步骤 ·················· 217
1.用户登录 ·················· 217

2.昼夜设定 ·················· 218
3.外遮阳参数设定 ·············· 218
4.内遮阳设置 ·················· 219
5.顶开窗设置 ·················· 221
6.湿帘窗设置 ·················· 222
7.湿帘风机设置 ·················· 222
8.环流风机设置 ·················· 223
9.补光灯设置 ·················· 223
10.走廊遮阳设置 ·············· 223
11.参数修正 ·················· 223
12.数据查询和趋势曲线 ·········· 224
13.时钟设定 ·················· 224
14.安全注意事项 ·············· 225
★ 巩固训练 ·················· 225
1.技能训练要求 ·················· 225
2.技能训练内容及步骤 ·············· 226
★ 知识拓展 ·················· 226
1.基于单片机的温室环境因子控制 ····· 226
2.分布式智能型温室计算机控制系统(实
时多任务操作系统和农业温室专家系
统) ·················· 226
3.基于单总线技术的农业温室控制系统
·················· 227
4.多目标日光温室计算机生产管理系统
·················· 227
5.以局域网(intranet)为工作环境的温
室控制系统 ·················· 227
6.基于PLC的温室控制系统 ·········· 228
★ 自我评价 ·················· 228
参考文献 ·················· 229

绪 论

一、园艺设施在生产中的意义及作用

所谓园艺设施,是指从事园艺生产所需的设备系统,包括简易设施、温室、无土栽培设施、滴灌系统等。这些系统在包含了为进行园艺生产所需不同功能的基本设备的同时,还应包括许多相应配套的设备,如环境调节控制设施,像温室内采暖、降温、通风、灌水、配电、照明、CO_2气体施肥设备等,以及环境监测、信息传递设备,像光、温、湿、气的监测仪器和自动控制等配套设备。园艺设施的功能因种类不同而异,但其至少有以下两个共同点:一是调节环境;二是提高作业效率。不论何种园艺设施,都需要不同程度的环境调节,并在创造适宜园艺植物生长环境的同时,使生产效率达到最大化。

近年来我国园艺设施建设发展迅速,这主要是因为园艺设施当前在我国园艺作物生产、国民经济发展、人民生活水平提高等方面发挥着极其重要作用。

首先,园艺设施的应用对于提高人民生活水平有着极其重要的意义。通过使用园艺设施可以减少甚至完全克服季节和气候对园艺产品生产的限制,从而可以进行园艺植物的提前生产、延迟生产甚至反季节生产,这对于提高人民生活水平有着重要意义。

随着人民生活水平的不断提高,园艺产品的需求量迅速增加,成为农业产业结构调整的重要内容。蔬菜生产是农业生产的重要组成部分,由于蔬菜中含有丰富的营养物质,有些是粮食作物或其他动物性食品中所没有的,因此与人民健康密切相关。蔬菜是园艺作物中占主导地位的种类,然而其生产受自然季节的限制,我国很多地区不可能一年四季进行露地蔬菜生产,严寒的冬季或炎热多雨的夏季,许多蔬菜难以在露地生长。蔬菜消费的经常性与生产的季节性存在很大矛盾。只能靠设施栽培才能做到周年生产、均衡供应。只有靠各种园艺设施进行蔬菜反季节栽培,才可能有高质量产品供应市场,满足人民生活的需要。

随着人民生活水平的提高,花卉也逐渐成为人们生活中不可缺少的内容。花卉是人类精神文明的反映,花卉艳丽的色彩、沁人心脾的芳香,能令人赏心悦目,心旷神怡,既可陶冶情操,还有利人们身心健康。花卉生产是园艺生产重要组成部分,经济效益日益显著。在设施园艺生产中,花卉栽培的面积增加得很快,反季节栽培的花卉经济效益已超过蔬菜。而在高档花卉的栽培中栽培设施更是必不可少的条件。

其次,园艺设施的运用对于发展农村经济,增加农民收入有着重要意义。我国农业发展正面临着耕地不断减少、人口不断增加、社会总需求不断增长的严峻形势。在人均自然资源相对短缺的情况下,使我国主要农副产品的总供给与不断增长的总需求保持基本平衡和协调发展,是关系到人民生活、经济发展、社会安定的根本性问题。运用园艺设施可以提高农业生产的复种指数,充分利用农村的劳动力,在土地资源有限的条件下生产出更多的高附加值产品,这对于发展农村经济、增加农民收入有着重要意义。从今后发展趋势来看,面对资源紧缺、人口膨胀的严峻现实,必须改变农业低效高耗的增长方式,要走技术替代资源的路子,最终要走向农业工业化的发展道路。只有这样,才可能在有限的土地资源上,创造出高产、优质、高效的农产品。因为设施农业是人工控制环境、使作物获得最适宜的生育条件,从而延长生产季节,获得最高的产出。实践证明,发展设施园艺是一条脱贫致富、逐步实现农业现代化的有效途径。许多发达国家的经验证明,发展设施农业是实现农业现代化的必由之路,设施园艺在国民经济中占有特殊的地位。

二、常见园艺设施的类型

园艺设施的应用已经经历了简易覆盖、塑料大棚、普通温室、现代温室和植物工厂等由低水平到高科技含量的发展阶段,产生了多种应用形式。公元前 42 年,罗马蒂贝卢斯王朝时为了黄瓜提早结实,冬季用木箱装土覆盖滑石薄片,白天利用阳光热进行生产,夜间移入室内保温,这是园艺设施栽培的雏形。1700 年,英国人首次建成玻璃暖房。美国在 1 800 年前建造了第一栋商用玻璃温室,1967 年荷兰创建荷兰式采光温室并被世界许多国家采用。1930 年,美国开始生产聚氯乙烯和聚乙烯并制成农用塑料薄膜,成为园艺设施的重要生产资料之一,极大地推动了全世界园艺设施的发展和普及。

我国应用保护设施栽培园艺作物已有悠久的历史,2 000 年前就已开始建造暖房并用于蔬菜种植。20 世纪 50 年代初至 60 年代,我国传统的园艺设施得到了系统的科学总结并加以推广。到 60 年代末期,中国北方大、中城市郊区已初步形成了由简易覆盖、风障、阳畦(冷床)、温室等构成的一整套园艺设施体系。20 世纪 60 年代末至 70 年代初期,中、小型塑料棚已广泛应用于冬春季园艺作物的栽培。同期,中国早期的简易塑料大棚进入生产。随后,塑料大棚便迅速扩展到中国的许多城市。1979 年北京市四季青从日本引进 2 hm² 全自动化的连栋温室,各地掀起了引进国外现代化温室的高潮,仅 1995—2000 年就分别从法国、西班牙、荷兰、以色列、韩国、美国、中国台湾、日本、加拿大等国家和地区引进现代化温室约 140 hm²。通过引进温室硬件的学习、消化、吸收,大大提高了我国园艺设施的科技含量,带动了国产化连栋温室的发展。同时,各种普及型园艺设施也得到迅速发展,形成北方日光温室、南方塑料大棚为主体,多种形式相互配合的园艺设施体系。

近年世界各国又开发了多种新型覆盖材料、保温幕帘、遮阳网。在温室环境控制方面,温度、湿度、CO_2 浓度以及根际环境中的营养液温度、浓度配比,pH、Ec 值控制及定时、定量的补给等,均实现了计算机监控或智能化管理。近几年具有先进水平的植物工厂不断建成,世界园艺设施的研究方向正向节能、省力、高效的目标发展。其中包括研究园艺设施结构,使设计更加合理,形成适合不同区域、不同气候型的园艺设施;研制透光性优良、保温性良好、价格低的新型覆盖采光材料;进一步开发和利用地热、太阳能、工业余热,采用各种方法保温和进行变温管理;研究应用 CO_2 施肥技术等。园艺设施生产正在逐步由北方向南方,由冬季向夏季,向大型化、规模化、现代化方向发展。

经过多年的发展,我国的园艺设施主要有以下类型。

(一)简易设施栽培

主要包括风障畦、冷床、温床和小拱棚覆盖等形式。其结构简单,容易搭建,具有一定的抗风和提高小范围内气温、土温的作用。因此,在冬季寒冷干燥且多风的北方,经常被用于早春栽培、冬季育苗、秋冬假植栽培等。

(二)温室栽培

温室栽培是设施栽培的主要形式,它利用园艺设施的保温防寒、增温防冻的功能,在低温或寒冷的季节进行园艺作物的栽培和生产。温室栽培经过长期的生产实践已形成由低级、中级到高级,由小型、中型到大型,由简易到完善,从单一温度提高到多项环境因素协调控制的一系列适应不同气候、不同地区的多样化不同层次的栽培形式。

温室的分类有多种方式。现代化温室是比较完善的保护地生产设施,利用这种设施可以人为地创造、控制环境条件,在寒冷或炎热的季节进行蔬菜、花卉等园艺作物的生产。我国目前将现代化温室分为塑料温室和玻璃温室两大类。凡是用金属或木构件为骨架的,用玻璃覆盖而成的温室称为玻璃温室;凡是用塑料薄膜或硬质塑料板覆盖而成的温室称为塑料温室。根据温室有无加温设备分为加温温室和不加温温室(日光温室)。塑料日光温室是一种以太阳能为主要热源,冬季不加温,或只进行少量补温,三面围墙的保护地设施。日光温室以小型化为主,单屋面结构。塑料日光温室中,一类是不加温或基本不加温,在北方深冬季可以进行喜温园艺植物生产的,称之为高效节能日光温室,或冬用型日光温室;另一类是深冬季只能进行耐寒性、半耐寒性园艺植物生产的,称为春用型日光温室,或普通日光温室。

1.日光温室

日光温室是一种坐北朝南的单面坡温室,一般不加温,但个别寒冷地区需要临时加温。中国日光温室的分布范围较广,日光温室的结构类型多种多样,各地的名称叫法也不尽统一。日光温室主要靠南坡屋面采光。为获得更多的光照,应选择一个适宜的屋面角度,使其既能获得较多的光照又满足保温、建筑、栽培作业的要求。这种日光温室造价低、结构简单,能做到冬季生产。近年来这种单屋面塑料温室发展很快,其规模大小不一。

从日光温室的骨架结构来分日光温室有竹木结构、水泥预制件结构和钢骨架结构。竹木结构日光温室的骨架是由竹竿、竹片、圆木等材料组成。以立柱起支撑拱杆和固定作用,拱杆起保持固定棚形的作用。竹木结构日光温室的优点是建造容易,拱杆由数个立柱支撑,比较牢固,建造成本低,易被农户接受。缺点是立柱多,遮阳严重,作业不便。水泥预制件结构日光温室的立柱和拱架采用钢筋混凝土预制件。钢筋骨架结构日光温室特点是结构牢固,耐久性强,室内无立柱或少立柱,使用年限长,透光好,作业方便,便于设多层覆盖,保温防寒,盖膜方便。

按日光温室的墙体材料分为土筑墙、砖石墙和复合墙体三大类。日光温室的墙体包括后墙和山墙,山墙、后结构墙和后屋面统称为围护结构。为了在冬季保证园艺植物特别是喜温园艺植物正常生长、发育,并获得较高的产量,除设计出合理的采光屋面,还必须设计出合理的围护结构,严密保温,使得通过围护结构散失的热量减少到最低程度。目前生产上建造的日光温室墙体材料以土墙居多,土墙可以就地取材,一次性投入少,对于大多数经济收入较低的农户较为实用。砖石结构墙体常用的砖有普通黏土砖、空心黏土砖、灰沙砖、矿渣砖以及泡沫混凝土砖等,应用最多的是普通黏土砖。复合墙体是由不同墙体材料组成,并复合多种保温材料如珍珠岩、炉渣、木屑、中空砖,以达到既具有支撑作用又具有保温防寒功能。

2.双屋面连栋温室

双屋面连栋温室依透明覆盖材料分为玻璃温室和塑料温室两大类。一般设备设施配套齐全,能有效地控制室内气候,有的还采用自动化程序控制。这种温室一般面积都比较大,建造投资也高,面积大小悬殊较大,主要根据生产和科研需要而定。这种大型温室多采用钢、铝合金结构,跨与跨之间用天沟(排水沟)连接,用立柱支撑,室内供热保温,温度、灌溉等多采用自动化或半自动化控制,其长度和宽度很不严格,多为几十米甚至上百米的长方形或正方形。其跨度、高度的确定也主要是从能够获得较多的光照,便于操作管理来考虑的。

大型连栋玻璃温室是以玻璃作为采光材料的温室。在各种设施中,玻璃温室是使用寿命最长的一种形式。玻璃分普通透明平板玻璃、钢化玻璃和吸热玻璃等。普通玻璃具有透光率高,光稳定性好,保温性能较好等优点,价格也便宜。但是这种玻璃比重大,抗冲击强度低,易破碎。温室一般使用的玻璃厚度为 3～6 mm。钢化玻璃除具有透光率高、光稳定性好等优点外,主要是热稳定性和抗冲击强度高。钢化玻璃在温度急剧变化时不会炸裂,在一般冰雹冲击时不至破碎。

大型连栋塑料温室是近十几年出现并得到迅速发展的一种温室形式。和玻璃温室相比,它具有以下优点:重量轻,骨架材料用量少、造价低,结构件遮光率小,使用寿命长。它的环境调控能力基本上可以达到玻璃温室的相同水平,所以连栋塑料温室几乎成了现代温室发展的主流。大型塑料温室的发展与透明塑料膜或塑料板的发展密不可分。对塑料膜的多功能需求使温室膜更偏向于多层复合膜的方向发展。长寿、无滴塑料膜在外表层能强烈吸收或反射紫外线,内表面能防止流滴。此外,为延长薄膜的使用寿命,尤其是减少透过率的递减,塑料膜外表面还在去除静电、防尘、防酸雨等方面使用了多种复合剂,使塑料膜的使用寿命得到了很大提高。

双层活动屋面温室是一种新型保护地栽培设施,其屋面采用双层活动结构。内层为具有遮阳功能的遮阳膜;外层为具有保温、防雨功能的高强度塑料膜。该类型温室结合了温室、遮阳棚、网室等优点,可在任何时间、季节内根据具体的天气条件开闭不同的屋面或侧墙,为作物栽培创造最佳的环境条件,最大限度地利用光、热等自然资源,节省能耗,增加种植品种,提高作物的质量和产量。

(三)无土栽培

无土栽培是指不用天然土壤而用营养液或基质,或仅育苗时用基质,定植以后用营养液供给水分和营养的栽培方法。它可以为作物根系生长提供良好的水、肥、气、热等环境条件,能避免土壤栽培的连作障碍,节水、节肥、省工,可以在不适宜于一般农业生产的地方(如海岛、沙滩、石山等)进行作物生产,能免除土壤污染,生产出符合卫生要求的产品。无土栽培产量高,为设施园艺高产优质提供了有效的途径,无土栽培技术是现代化工厂农业的核心技术。

无土栽培技术在长期的发展过程中,形成了各种不同的形式,生产中常采用的有以下几种形式:营养液膜技术、深液流技术、浮板毛管技术、岩棉栽培技术、砂培技术、有机基质栽培技术、雾培技术等。营养液栽培(水培)一次性投资大,用电多,肥料费用较高,营养液的配制与管理要求有一定的专门知识。有机基质培相对投资较低,运行费用低,管理较简单,同时可生产优质农产品。

(四)网纱栽培

网纱栽培是利用遮阳网遮光降温,利用防虫网阻挡害虫侵袭的一种设施栽培形式,遮阳网、防虫网和防雨棚等一起形成了夏季园艺设施。

塑料遮阳网又称遮光网、遮阳网,目前已形成很多种类,颜色主要有黑色和银灰色,幅宽有各种不同规格,遮光率为 25%～85% 不等。覆盖形式主要有浮面覆盖、小拱棚覆盖和大棚覆盖等,并正向和防雨棚、防虫网相结合的方向发展。遮阳网覆盖栽培已成为南方地区克服夏季高温酷暑、防雷暴雨等不利气候条件的有效途径,使南方人夏季喜食但露地栽培难度大的夏季叶菜稳产高产,使夏秋季抗高温育苗得到有效的保障,还能使春夏季生产的作物越夏之后栽培延长供应,秋菜提早定植,提前供应。

防虫网是以优质聚乙烯为材料,加入紫外线稳定剂及防老化剂,经拉丝编织而成的一种网状物,一般为白色。幅宽和网孔的大小有多种规格。覆盖方式和遮阳网基本相同,通常在大棚两侧通风口、温室的通风窗、门等处安装防虫网,进行局部覆盖,在不影响设施性能的前提下,能起到防虫、防鸟、防台风的效果。夏秋季利用防虫网覆盖栽培蔬菜,能够减少或不使用农药,生产出无公害的蔬菜产品。

三、我国园艺设施发展现状及发展趋势

园艺设施涵盖了建筑、材料、机械、自动控制、栽培、管理等多种学科和多种系统,因而科技含量高,所以,园艺设施的发达程度往往是一个国家或地区农业现代化水平的重要标志之一。我国的设施园艺事业发展迅速,正成为农业现代化的重要组成部分。

我国应用保护设施栽培蔬菜已有悠久的历史,文字记载说明我国在 2 000 多年前已能利用保护设施栽培多种蔬菜。近年来,随着农业生产技术的发展,人民生活水平的提高,促使保护地蔬菜的生产有了巨大的发展。近年来,我国兴建了大量各种园艺设施,为了解决多样化鲜嫩蔬菜周年均衡供应的需求矛盾,相继发展了加温温室、育苗工厂、无土栽培、地膜、遮阳网、无纺布等覆盖栽培,形成了有中国特色的设施园艺生产新体系。从设施类型看,我国设施栽培面积最大的是塑料拱棚和日光温室,尤其是不加温的节能型日光温室,已成为我国温室的主导类型。

(一)我国设施园艺发展现状

1.生产规模在不断扩大

全国以蔬菜栽培为主体的设施园艺面积已近 179 万 hm^2,设施类型主要为塑料拱棚和日光温室,居世界第一位。设施栽培分布的地域不断扩大,正向南方迅速扩展,南方的发展势头已超过北方,尤其在东南沿海经济发达地区发展更为迅速。

2.初步形成我国特色的设施园艺体系

经过多年发展,已初步形成了具有我国特色、符合本国国情的、以节能为中心的园艺设施体系。北方地区大力推广与发展节能型日光温室,冬季不加温在北纬 40° 左右的高寒地区生产出喜温果菜,更高纬地区可生产耐寒蔬菜,基本消灭了冬春蔬菜淡季。南方大力推广塑料拱棚及遮阳网,降温防雨,克服了夏季蔬菜生产的难题,解决了长期没有解决的蔬菜夏淡季。加上全国蔬菜大流通、大市场,全国各类蔬菜供应均衡稳定,丰富多彩,四季常青。人均蔬菜占有量居世界领先水平。

3.设施园艺工程的总体水平有明显提高

我国设施园艺工程的总体水平有了明显提高,新型优化节能日光温室和国产连栋塑料温室得到进一步推广。结构上由简易到复杂,由土木到钢铁骨架。管理上从完全人工操作管理到半自动、全自动控制管理。覆盖材料由油纸、草帘到塑料薄膜、玻璃,由各种软、硬质塑料材

料到无滴、无尘、各种颜色的薄膜。由于设施结构更加科学合理,使得设施内的光、温、水、气环境得以优化,有利作物生长发育,为高产优质奠定了基础。设施栽培作用种类日渐丰富,除蔬菜外,花卉也占有相当比重,果树设施栽培也正在迅速发展。

4. 城市周边设施园艺向休闲观光农业的方向发展

随着城市建设的发展,大中城市近郊区的耕地不断减少,如何发展城市周边地区的农业成了各地重点研究的课题。都市农业的定位是在城市周边,与大都市的二产、三产密切结合,融合服务于大都市,保证都市多元化、高质量消费的需要,因此往往把设施园艺作为首选项目。城郊休闲农业将现代化的温室园艺与观光旅游结合起来,与向青少年进行农业科普教育结合起来,一举多得,拓展了设施园艺的功能。

5. 设施园艺在我国农村经济结构调整中发挥巨大的作用

设施园艺的产品主要为蔬菜、花卉和果品,其产品附加值明显高于传统农业。加之一些蔬菜、花卉生产周期短,气候适宜地区内可多茬栽培,所以单位面积产量和产值也相应提高。设施园艺是在人工设施内进行的园艺作物生产,所以单位面积产量和产值也相应提高。设施园艺可以提供反季节的鲜活产品,其价值比露地生产要高,所以是一条脱贫致富的有效途径。我国日光温室面积之所以发展这么快,就是因为其经济效益十分可观,产投比与其他产业相比明显要高。当前农村种植业经济结构调整,设施园艺成了首选项目,以蔬菜作物为主体的设施园艺发展十分迅速,面积不断增加,对我国蔬菜周年均衡供应,发挥了巨大的作用,不仅经济效益,社会效益也非常显著。

(二)我国园艺设施发展面临的问题

1. 数量较大,质量较差

全国设施栽培面积已居世界首位,但从设施水平上看,温室和大棚大都是结构简易类型,以竹木、水泥杆为骨架,厚厚的土墙降低了土地利用率,作业空间小不便于机械操作,只能靠手工作业,更谈不上自动化管理。保温、采光性能差,强度弱,难以抵御雨雪冲击,年年维修,年年冲垮。

2. 设施种类齐全,内部功能较差

设施农业也被称为控制环境农业,即人工控制环境因素来满足作物最佳生长条件,从而取得最大经济效益。空气、根系温度、光照、水、相对湿度、二氧化碳和植物营养等因素,都可以实行人工控制。从我国园艺设施来看,虽然有温室、大棚、中小棚、遮阳棚、阳畦等种类齐全的设施,但内部控制环境的设备较少。比如大多数的设施中调节室内温度仍靠人工打开窗户,拉开薄膜进行自然通风散热;灌溉仍然照露地那样大水漫灌,而不是喷滴灌;施肥仍是盲目追化肥,而不是定量定时施用。因此,可以说我国的设施水平还是比较落后,耗费的能源、材料、人工是较大的,必须逐步改善,才能提高设施水平。

3. 发展模式较落后,生产水平不高

我国设施园艺产业仍以个体农户独立经营为主。农户自主投资、经营,自负盈亏,仍以经验和粗放管理手段为主,不利于标准化生产和品牌的树立。由于种植制度随意性和品种、数量和质量的不确定性,使得我国设施园艺很难与大市场、大流通对接。同时设施园艺生产效率低,如单产水平、优质品比率、品质以及资源综合利用率和劳动生产率等,与发达国家相比仍有较大差距。

(三)我国设施园艺产业发展趋势

1. 环境因素控制能力增强,并逐步实现自动化

设施园艺生产的最大特点就是人为调节、改善栽培环境条件。因而,现代园艺设施趋向于从光、温、水分、气体等方面,采用一系列实用技术和设备,增强控制环境因素的能力。从温度管理上,有保温、省能源的保温幕、有锅炉加热,也有地热、太阳能、电热等技术,同时还有湿帘、遮光膜等降温技术。在气体管理上,有半自动和全自动通风设备,也有 CO_2 施肥装备。在光照管理上开发了日光灯、高压钠灯等补光设备,使蔬菜工厂化成为现实。

自动化管理是利用电子计算机监视、控制和调节环境因子,满足作物生长要求,使蔬菜生产周年进行,产量上升,品质提高。环境因素控制自动化的主要内容是温、湿度的自动调节,灌水量、水温自动调节,CO_2 施肥自动调节,温室通风换气自动调节等。通过控制各种相应的操作设备来控制上述内容,以达到给作物创造最佳生长环境的目的。新发展起来的利用计算机控制温室环境因素的方法,将各种作物不同生长发育阶段需要的适宜环境条件要求输入计算机程序,当某一环境因素发生改变时,其余因素自动作出相应修正或调整。一般以光照条件为始变因素,温度、湿度和 CO_2 浓度为随变因素,使这 5 个主要环境因素随时处于最佳配合状态。

2. 设施栽培作业自动化

温室设施栽培包括耕耘、育苗、定植、收获、包装等,作业种类多,像摘叶、搬运等作业反复进行,需要投入大量的劳动力。由于设施内高温、高湿等不良劳动环境,需要发展作业自动化。目前已进行了设施内多功能管理、搬运自动行走作业的研究,计算机的应用还为温室节能、施肥、经营管理提供了方便。

3. 育苗过程工厂化

随着生产发展,目前已广泛采取工厂化育苗的方法,即从幼苗最佳生长状态出发确定育苗期最适宜的温、光、水和养分的管理指标进行管理。育苗基质是炭化稻壳、草炭、蛭石、岩棉等材料,把种子播在装有这种基质的育苗盘或箱上,放在育苗室内进行适宜环境条件管理。由于放在育苗架上,移动方便,管理得当,环境控制容易,再加上幼苗的嫁接技术,有利于防止病虫害。这种育苗方法管理方便、时间短、苗壮并能大批出苗,节省了大量人力和时间。

4. 防止连作障碍,推广无土栽培技术

在设施园艺生产中,连续多年在固定温室内生产后,由于土壤盐类积累和病虫害侵害,带来连作障碍,造成产量下降。为此,设施园艺生产工作者又开发了蒸汽消毒、太阳热消毒等栽培床消毒工作,消灭土壤病虫害。更有效的方法是推广无土栽培技术,应用岩棉块、NFT 营养膜、蛭石、砾培、袋培等设备装置,将作物栽培在无土基质和栽培床上,供给营养液进行生产。这种干净、无病、稳定而高产的生产系统产生,是农业生产一大变革。

四、国外园艺设施的发展及特点

从园艺设施总面积上看,中国居世界第一,日本位于第二。但从玻璃温室和人均温室面积上看,荷兰占据世界第一。国外设施农业发展以荷兰、美国、日本、法国、以色列等国家为代表,其明显的特征是设施结构多样化、生产管理自动化、生产操作机械化、生产方式集约化,是以现代工业装备农业,现代科技武装农业,现代管理经营农业。这些国家的温室管理都有向电子化、机械化、专业化发展的趋势,基本实现自动化管理技术。

设施园艺技术在发达国家发展迅速,新开发的温室设施中温、光、水、气等均由计算机控制,从品种选择、栽培管理到采收包装,形成了一整套规范化的技术体系。目前代表设施栽培技术水平的现代温室设施正朝着自动化、智能化与网络化方向发展,其表现在以下几个方面:①温室设施覆盖材料。目前,大多数国家设施栽培生产上用的温室以连栋温室为主,温室骨架材料为钢材或铝合金。覆盖材料除了塑料薄膜和玻璃外,还有玻璃钢(FRP 板)、双层充气薄膜和聚碳酸酯板等。内覆盖材料有保温帘幕、遮阳网或各种降温降湿材料。②温室设施综合环境控制技术。当前设施栽培综合环境控制技术先进的国家由于其地理位置、自然环境和经济基础不同,其发展的侧重点也有所不同。荷兰主要考虑采光,在设施顶面涂层隔热技术。冬天保温加温的双层充气膜、锅炉、燃油加热系统,CO_2 施肥系统,人工补光的研制等方面均处于世界先进水平。以色列重视灌溉技术,其灌溉技术特别是滴灌技术和设备发展很快,现已处于世界先进水平。美国所开发的高压雾化降温、加湿系统以及夏季降温用的湿帘降温系统处于世界领先地位,已能够开发完全人工控制的生态环境设施。日本设施栽培综合环境控制技术自动化水平很高,温室设施可以通过计算机将温度、湿度、CO_2 浓度和肥料等控制在最适合作物生长发育的水平上。③设施节水灌溉技术及设备。节水灌溉技术及设备是设施农业的重要组成部分。以色列的温室种植全部采用微灌,以滴灌为主,温室滴灌的最高水利用率达95%。目前普遍流行的是一体化滴灌管(带),即滴头和滴管结合为一体。在温室设施内多使用小型滴灌控制器,并采用自动化操作,运行精密、可靠、节省人力。④温室作业机具。目前日本、韩国、美国和意大利等国家在温室生产过程中的耕整地、播种、间苗、灌溉、中耕和除草等作业均已实现机械化。其开发的耕耘机可以在温室中进行耕整地、移栽、开沟、起垄、中耕、锄草、施肥、培土、喷药及短途运输等多种作业。日本和美国均开发应用了温室机械化穴盘育苗播种成套设备,可将穴盘装土、刮平、压窝、播种、覆土和浇水等多道工序在一条作业线上依次自动完成。

温室管理主要由于采用了电子计算机控制环境和无土栽培技术,使植物在最佳小气候条件和根系环境中生长,产量水平得以突破。计算机在温室中调控的环境因素除了空气温度、相对湿度、二氧化碳和光照外,还有定时定量灌水以及营养液的精确注入、空气流速等。荷兰的温室面积中的70%以上已采用无土栽培,其中绝大部分采用岩棉栽培,微电脑控制温室的生产达90%以上,使作物栽培向自动化、工厂化发展。加拿大温室的一半以上采用无土栽培,20世纪90年代与80年代相比,户均经营面积增加了70%,产值增加了144%,总雇工减少了10.9%,总能源消耗减少35%,双层充气塑料温室面积增加了66%,每平方米番茄产量平均达35~40 kg,最高达到48~50 kg。黄瓜达到每平方米 50~70 kg。

★ 知识拓展

荷兰的设施农业发展

荷兰国土面积小,人口密度大,属温带海洋性气候,适宜大多数作物的生长。农业生产不利的方面主要是光热条件差,全国历年平均气温在 8.5~10.9℃,7月平均气温为 16.8℃,1月平均气温为 2.2℃。荷兰在北纬 49°~53°,由于纬度较高,荷兰全国光照不足,历年平均在1 484 h,远低于黑龙江的 2 544 h。

荷兰是一个人多地少的国家,种植粮食在经济上是不合算的,因此就集中力量发展经济价值相对较高的鲜花和蔬菜生产。目前,荷兰已建成 1.1 万 hm^2 的玻璃温室(约占全国土地面积的 0.5%,占全世界玻璃温室面积的 1/4),专门用于种植蔬菜和鲜花,生产率极高。无土栽培的辣椒高 3 m,单产为 30 kg/m^2。番茄秧长 30 多 m,单产达 60~70 kg/m^2。同时,由于实行专业化集约生产,花卉品种不断增多,质量不断提高,竞争力不断增强。目前,荷兰共有 7 000 多农户从事花卉栽培,每天向世界出口 1 700 万枝鲜花和 1 700 万盆花。荷兰鲜花在世界鲜花市场的占有率已达 60% 以上,仅此一项全国每年获得的收益达 112.5 亿美元,成为该国的主要支柱产业,所创造的产值占全国农业总产值的 35% 左右。荷兰每个农业劳动力可供养 112 人,高于美国的 60~70 人,为英国、法国和德国的 10 倍。

1. 设施园艺面积趋于稳定,产品结构调整明显

荷兰经历了第二次世界大战的洗礼,之后设施园艺才得到发展,面积从 1950 年的 3 300 hm^2,增长到 1993 年的 11 000 hm^2,年增长率大约 3%,98% 的温室为连栋玻璃温室,从 1993 年到目前面积基本稳定,其面积发展受制于城镇化,对荷兰这样的设施园艺强国,城镇土地矛盾同样是温室工业面临的普遍问题。荷兰的设施园艺在开始的十几年,蔬菜的面积发展惊人,从 1950 年的 2 200 hm^2 发展到 1965 年的 5 100 hm^2,然后停止增长,并逐渐降低,2000 年降低到 4 200 hm^2。与蔬菜不同的是,荷兰的花卉面积则突破式发展,甚至超过了用于蔬菜生产的设施面积。而设施水果的面积则逐年减少,设施苗木的面积出现小幅增长。伴随着面积的增长,温室的功能也在不断变化,以种植蔬菜的温室为例,1960 年温床的面积有 1 000 hm^2,1960—1970 年,温床的面积大幅缩小,而温室的面积出现连年扩大的趋势,这时不加温温室占比达 40%。但到了 1980 年,不加温温室只剩下 800 hm^2,2000 年下降到不足 300 hm^2,加温温室开始占据主流,不加温温室渐渐退出。非加温温室的退出也导致了用于蔬菜种植的设施面积的减少。相反,用于花卉种植的温室连年增加。此外,荷兰每户经营温室的面积也在悄然发生着变化。在过去的 10 年中,种植户每户经营的温室面积连年增大,而企业数量相对减少。具体到品种方面,荷兰用于种植番茄和甜椒的玻璃温室面积越来越大。2000—2009 年,番茄生产面积增加了 48%,而种植户的数量却下降 56%。每户的经营面积从 1.8 hm^2 增加到 4.5 hm^2,增加了 150%。甜椒的总种植面积增加了 15%,企业数量下降了 51%,每户的经营面积增加了 137%。

2. 自动化程度高,单位面积产量高

荷兰的温室作物产量居于世界领先水平,荷兰主要温室作物黄瓜、番茄和甜椒的年产量从 1980 年的 44.5 kg/m^2、24.0 kg/m^2、14.0 kg/m^2 增长到 2004 年的 70.0 kg/m^2、50.0 kg/m^2、26.0 kg/m^2。在这一时期计算机技术已经得到更大规模的使用,温室大规模地装备使用了气候控制系统、营养液管理以及信息管理系统。人工基质、滴灌、二氧化碳施肥等技术得到应用。营养液、水和二氧化碳可以借助计算机进行精确控制,该技术的应用至少增产 15%。基质栽培中对水的质量有更高的要求,但荷兰的地势较低,水的含盐量过高,水质较差,所以越来越多的温室种植者增加屋面雨水收集系统,改善水质。同时滴灌技术也开始与基质栽培配合使用。由于作物白天需要大量的二氧化碳用于光合作用,而春末、夏季、秋初,温室白天往往不需要加温,天然气的使用较少,这就影响了二氧化碳在白天的施肥,一项新的技术应运而生。种植户利用蓄热水罐将白天天然气燃烧产生的热量蓄积,同时进行二氧化碳施肥,晚上再将热量用于温室的加温。"1% 的光照可以增加 1% 的产量"的观念在荷兰深入人心,种植户对温室透光率非常重视,技术人员不断地降低天沟、檩条、屋脊的宽度,增大玻璃的尺寸,减少阴影面积,尽可能让更多的光进入温室,使得温室的透光率从 1980 年的 67％提高到 2000 年的 75％。此外,种植者每年要对温室采光屋面进行清洗,为了便于清洗,屋面自动清洗机被开发出来并得到应用,提高了作业质量,降低了工人的劳动强度。在物流运输方面,暖气管道被用来作为推车运输的轨道,提高了劳动效率。此技术也带动了高吊线栽培技术的应用,套种技术逐步退出,高吊线栽培促进了番茄等作物的周年生产。番茄可以在 5—7 月份产量最高的季节进行生产而不用倒茬,既减少了劳动力的使用,还提高了产品的品质。

3. 新技术不断涌现

1993 年以后,荷兰的设施园艺面积稳定在 1 万 hm^2 左右,大量的温室实用技术已经普及,产量已经得到大幅度提高。这个阶段的荷兰设施园艺的技术更新不再过多地关注单位面积产量,而是偏向质量,他们把更多的精力放在产品品质和生产过程控制上,以期获得更多的价值增值。在产品生产过程中,第三方的产品追溯和检查系统得到进一步的发展和应用。此外,由于欧洲市场劳动力短缺,种植者更加注重团队精神的培养,并引进机器人等机械化和智能化装备,以期改善工人的工作环境。荷兰规定到 2010 年,以 1980 年为参照,减少温室行业 65％化石燃料的使用,2020 年,将基本不用化石燃料。所以荷兰投入大量的科研经费用于节能和新能源技术的研究。包括大幅度提高覆盖材料的透光率、增加太阳能的入射量;对温室覆盖材料的内侧进行镀膜处理,阻止长波向外辐射,减少热损耗;采用 LED 光源,并在作物的不同高度进行补光。此外,采用太阳能屋面和全开屋面等,利用太阳能发电和自然通风降温。在生态化和环保型生产方面,荷兰同样投入力量进行精准施肥、雨水收集、水资源和营养液的循环利用,并研究对土壤、大气的保护等相关技术,减少资源浪费和对环境的破坏。欧盟规定 2000 年后温室无土栽培必须采用闭路循环系统,通过对栽培系统末端营养液的回收、过滤和消毒,再对营养液成分进行检测与补充,又重新回到温室循环使用。目前,荷兰 Venlo 型温室的闭路循环系统不仅能实现节水 21％、节肥 34％,而且还大幅度地减少了温室生产对周边环境的污染。在机械自动化上,温室生产的播种、移栽到定植以及产品采后的分级和包装都已经实现机械化。但作物管理和收获,由于需要大量复杂的配合操作,机械化程度依然不高。随着传感器、3D 视觉技术、机器人系统更多地应用于温室,荷兰正从温室的工业自动化朝向高度智能自动化的方向发展,以加速温室生产的全程机械化。此外,为了适应机械化操作,荷兰的温室建筑朝向大型化发展。

项目1　简易园艺设施的建造使用

任务1　阳畦的建造使用

【学习目标】

1. 了解阳畦的类型及在生产上的应用；掌握阳畦的结构、性能。

2. 学会阳畦的建造技术。

【任务分析】

本任务主要是在掌握阳畦结构、性能及应用的基础上，能够结合生产实际建造使用阳畦（图1-1）。

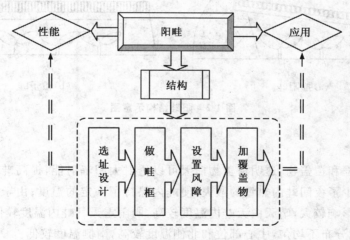

图1-1　阳畦建造使用任务分析图

★ 基础知识

阳畦又称冷床、秧畦，是由风障畦演变而成。是一种白天利用太阳光增温，夜间利用防寒覆盖物保温防寒的无人为加温的简易园艺设施。具有取材方便、成本低、易管理等特点。

1. 阳畦的结构

阳畦由风障、畦框、透明覆盖物和不透明覆盖四部分组成,方位以坐北朝南为主。

(1)风障　大多采用完全风障,又可分直立风障(用于槽子畦)和倾斜风障(用于抢阳畦)两种形式。

(2)畦框　畦框多用土夯实成土墙或用砖砌成砖墙,分为南北框和东西两侧框。依据畦框尺寸规格的不同,分为抢阳畦和槽子畦两种(图1-2a)。

①抢阳畦。北框高于南框,东西两框成坡形,向南倾斜。一般北框高40~60 cm,南框高20~40 cm,畦框呈梯形,底宽40 cm,顶宽30 cm,畦面下宽1.60 m,上宽1.80 m,畦长6~10 m。

②槽子畦。南北两框接近等高,四框做成后接近槽形,故名槽子畦。一般框高30~50 cm,框宽35~40 cm,畦面宽1.70 m,畦长6~10 m(图1-2b)。

(3)透明覆盖物　有玻璃窗和塑料薄膜,生产上以塑料薄膜为主,玻璃已很少使用。目前,生产上多采用竹竿在畦面上做支架,而后覆盖塑料薄膜,称为薄膜阳畦。

(4)不透明覆盖物　多采用蒲席或草苫覆盖,是阳畦的保温防寒材料。白天卷起,夜间覆盖。

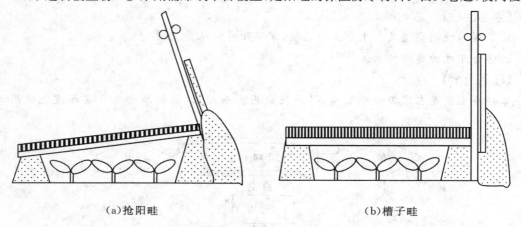

(a)抢阳畦　　　　　　　　　　　　(b)槽子畦

图1-2　阳畦结构示意图

2. 阳畦的性能

阳畦具有畦框和覆盖物,透明覆盖物白天可以透射太阳辐射能,提高畦内的温度,畦框和不透明覆盖物减少了夜间畦内热量的散失,使畦内保持了一定的温度;由于阳畦内空间有限,畦内温度受天气影响较大,晴天白天畦内温度较高,阴雨雪天气畦内温度较低;畦内昼夜温、湿差较大;畦内温度分布不均匀,中心部位和北侧温度较高,南侧温度较低。

3. 阳畦的应用

主要是用于蔬菜、花卉等园艺作物的育苗,为春季早熟栽培提供秧苗;也可用于矮株型园艺作物的春提早、秋延后栽培;幼苗假植栽培;在温度较高的地区还可用于蔬菜作物的越冬栽培。但受其性能的制约,目前在生产上应用逐渐减少,取而代之的是温床和小拱棚。

★ 工作步骤

● 第一步　选址与设计

　　一般应选地势高燥、背风向阳、四周没有高大遮阳物、无病源的非重茬地块作阳畦。设计上应采取坐北朝南,东西延长为好,阳畦宜多排设置,两排阳畦的前后距离以 5～7 m 为宜,避免前排风障遮挡后排阳畦的阳光,可按田园的实际情况确定阳畦的长度。

　　● 第二步　做畦框

　　一般采用"板打墙"的方法按照阳畦的尺寸大小做成畦框。该道工序须注意:一是建墙不要用畦内表层土壤;二是畦框土壤要拍紧踩实;三是注意建墙土的湿度适宜,过干过湿都可能影响畦墙质量。

　　● 第三步　设置风障

　　在阳畦的北侧开沟埋设风障,制作材料可选用玉米秸、芦苇、塑料薄膜等。在阳畦北墙外挖深约 30 cm 的沟以固定风障,在离地面 1 m 处加扎一道腰栏,以使风障更加牢固,注意要使风障南倾与畦面成 75°角,以期增强保温性能。

　　● 第四步　加覆盖物

　　在阳畦的南北框上搭放竹竿或木杆作支架,东西向架设 1～2 根铁丝于竹竿上,上面覆盖塑料薄膜,用泥将盖于北框上的塑料薄膜边压实,密封固定,东、西、南三面框上的薄膜边用砖石类压住,待播种后再用泥密封、固定。注意搭放支撑杆稀密均匀,保持畦上膜面平展不皱不褶。傍晚待阳光不足时在塑料薄膜上加盖苇毛苫或草苫等覆盖物以减少热量损失。

★ 知识拓展

阳畦的保温防寒性能

　　阳畦的保温防寒性能主要取决于以下三个因素:一是阳畦本身的结构因素。一般情况下,南北畦框的高度差符合标准,覆盖塑料薄膜后有较好的倾斜度,膜面透光率高,能较好地提高畦温。二是与畦面呈 75°角的倾斜风障,能有效地提高防风和保温效果。三是夜间覆盖保温材料,能减少畦内热量散失。据观测,白天严密覆盖塑料,夜间加盖苇毛苫的阳畦,在济南地区,畦内最低温度在 1 月下旬至 2 月初,清晨畦内最低温度 3～5℃;立春以后,畦内最低温度可稳定在 8℃以上。在整个冬春季节,阳畦内白天的最高畦温,晴天可达到 20℃以上,阴天则显著下降。根据阳畦的性能,早春培育结球甘蓝等喜凉类蔬菜秧苗是安全的;而培育喜温性瓜果类蔬菜的秧苗,立春前播种较安全。

★ 自我评价

评价项目	技术要求	分值	评分细则	得分
选址与设计	选址与设计合理	25 分	选址不合理扣 10 分,设计不合理扣 15 分	
做畦框	畦框规格符合标准,坚固	30 分	畦框规格不符合标准扣 20 分,不坚固扣 10 分	
设置风障	风障完整、埋设牢固,角度正确	25 分	风障不完整扣 5 分,埋设不牢固 10 分,角度不正确扣 10 分	
加覆盖物	薄膜覆盖平整、牢固	20 分	薄膜覆盖不够平整、不牢固各扣 10 分	

任务 2　电热温床的建造使用

【学习目标】

1. 了解电热温床的概念及在生产上的应用;掌握电热温床的结构、性能及使用注意事项。

2. 学会电热温床的建造步骤、方法。

【任务分析】

本任务主要是在掌握电热温床结构、性能的基础上,能够结合当地气候条件和生产实际建造使用电热温床(图1-3)。

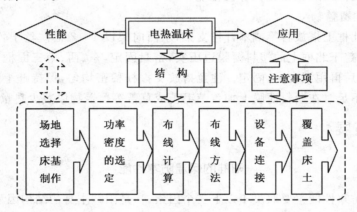

图 1-3　电热温床建造使用任务分析图

★ 基础知识

电热温床是指在阳畦、拱棚及温室内的畦土内或畦面上铺设电热线,利用电能对土壤进行加温,使床土温度升高并保持一定温度范围的育苗设施。

1. 电热温床的结构

完整的电热温床由隔热层、电热加温设备、散热层、床土(营养钵、苗盘)、保温覆盖物等组成。如图1-4所示。

(1)隔热层　电热温床的下面设隔热层可以节约电能,又有利于迅速提高地温。隔热层可用旧草帘铺设,也可用碎稻草、稻壳、锯末等隔热材料。

(2)散热层　为使电热线产生的热量快速均匀地传递给床土,在隔热层上面铺2~3 cm厚的细纱,作为散热层,将电热线埋在其中。

(3)床土　育苗用的营养土、营养钵或育苗盘,覆盖或放置在电热线上面,用来播种或栽植幼苗,播种床土厚8~10 cm,放置营养钵或育苗盘的床土厚1~2 cm。

(4)保温覆盖物　在电热温床上面加盖塑料小拱棚用来保温。

(5)电热加温设备　电热加温设备主要包括电热线、控温仪、交流接触器等。

①电热线。电热线由电热丝、引出线和接头三部分组成,电热丝为发热元件,采用合金材

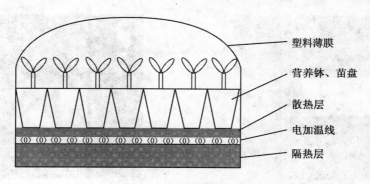

图 1-4 电热温床剖面图

料制作而成,外面采用耐高温聚氯乙烯或聚乙烯作为绝缘层防止漏电,厚度在 0.7~0.95 mm;引出线为普通的铜芯电线,基本不发热;接头套塑料管密封防水。电热线发热向外释放热量,水平传热的距离可达 25 cm 左右,15 cm 以内的热量最多,其最高使用温度为 40℃。生产上常用的电热线为 DV 系列,其主要参数见表 1-1。

表 1-1　DV 系列电热线的主要参数

型　号	功率/W	长度/m	色标
DV20408	400	60	棕
DV20410	400	100	黑
DV20608	600	80	蓝
DV20810	800	100	黄
DV21012	1 000	120	绿

②控温仪。又称温度控制仪,生产上主要采用农用控温仪,控温范围在 10~40℃,灵敏度 ±0.2℃(图 1-5)。以热敏电阻作测温头,以继电器的触点做输出,仪器本身工作电压 220 V,最大荷载 2 000 W。使用时将感温触头插入苗床中,当苗床温度低于设定值时,继电器接通,进行加温;当苗床温度高于设定值时,继电器断开,停止加温。

③交流接触器。其作用是扩大控温仪的容量,当电热线总功率大于控温仪额定负载 (2 000 W)时,必须加交流接触器,由交流接触器与控温仪相连接,否则控温仪易被烧毁。交流接触器的工作电压有 220 V 和 380 V 两种,根据供电情况灵活选用。目前,生产上多采用 CJ10 系列交流接触器(图 1-6)。

除了以上的设备外,为了保证安全,还必须有配电盒(配电箱)、电闸、漏电保护器等。

2. 电热温床的性能

电热温床能有效提高地温和近地表气温,解决冬季及早春育苗中地温显著偏低的问题;温度有保障,出苗率高,秧苗生长速度快,根系发达,可缩短日历苗龄 7~10 d;设备一次性投资小,易于拆除,利用率高;自动化程度高,节省劳动力。电热温床的缺点主要是受电力的限制,耗电量大,不适合进行大规模的商品化育苗生产。

3. 电热温床的应用

电热温床主要用于冬春季园艺作物的育苗和扦插繁殖,以果菜类蔬菜育苗应用最多。有

图 1-5 控温仪

图 1-6 交流接触器

些地区也有用于越冬栽培,但应充分考虑设施的保温性、作物的特性以及经济效益。由于电热温床具有增温性能好,温度可控性强和管理方便等优点,现在生产上已被广泛应用。

★ 工作步骤

● 第一步 场地选择和床基制作

电热温床的场地选择对电能的消耗量影响很大,其中最主要的因素是地温和气温。要节约电能,电热温床应设在有保护设施的场地内。如设在温室或拱棚里,且应离开前角(前角无加温设备)一定距离,并离门远些,以免气温低加大耗电量。

选好床基位置后,根据所需苗床面积,将畦中表土挖出 18 cm 左右,堆放在畦外一侧,整平床底,然后铺 5 cm 厚的隔热材料(锯末等),踏实整平,在隔热层再撒 3 cm 厚的细沙作为散热层,待铺电加温线。

● 第二步 电热温床功率密度的选定

电热温床的功率密度是指单位面积苗床上需要铺设的电热线的功率,用 W/m² 表示。功率过大,虽然升温快,但增加设备成本,电路频繁通断,容易缩短仪器寿命;功率过小达不到设定温度。具体选择参考表 1-2。其中,基础地温是指在铺设电热温床未加温时 5 cm 土层的地温;设定地温是指在电热温床通电一定时间达到的地温。

表 1-2 电热温床功率密度选用参考值　　　　　　　　　　　　　　W/m²

设定地温	基础地温/℃			
/℃	9～11	12～14	15～16	17～18
18～19	110	95	80	—
20～21	120	105	90	80
22～23	130	115	100	90
24～25	140	125	110	100

● 第三步 电热温床布线计算

(1)根据电热温床面积计算所需电热线的总功率 计算公式如下:

$$总功率(W)=功率密度(W/m^2)\times 苗床或栽培床面积(m^2)$$

(2)根据电热线总功率和每根电热线的额定功率计算所需电热线根数 计算公式如下:

电热线根数＝总功率（W）÷每根电热线的额定功率（W）

由于电热线不能剪断或私自改变其电阻的大小,因此计算出来的电热线根数必须取整数。所以,实际使用的功率可能会大于或小于计划的功率密度,可据实际情况而定。

（3）布线行数及间距计算　计算公式如下:

布线行数＝（电热线长度－床宽）÷床长（取偶数）

线间距＝床宽÷（行数－1）

- 第四步　电热温床布线方法

布线前,事先在床头两侧按计算好的布线行数的间距钉上10 cm左右的小木棍,苗床的边缘散热快,为使苗床温度一致,两边线距适当缩小,中间线距适当拉大。布线时两人在两端拉线,一人在中间往返放线。布线后要逐步拉紧,以免松动绞住,做到平、直、匀,紧贴地面,不让电热线松动和交叉,防止短路（图1-7）。

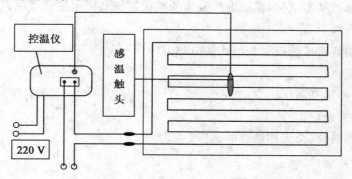

图1-7　电热线布线示意图

- 第五步　连接控温仪、交流接触器

当功率≤2 000 W时,可采用单项接法,可将电热线与控温仪直接串联;当功率＞2 000 W时,采用控温仪控制交流接触器的接法,并装置配电盘。功率较大时可以用380 V电源,并选用负载电压相同的交流接触器,采用三相四线连接方法。

- 第六步　覆盖床土

电热线在苗床上布置好后,用万用表或其他的方法检查电热线畅通无问题后,在电热线上覆盖营养土8～10 cm,盖土时应先用部分床土将电线分段压住,以防填土时电线走动,同时,床土应顺电热线延伸方向铺设。若用营养钵或育苗盘育苗,则在电加温线上先覆盖2 cm的床土,刮平并踏实,把营养钵或育苗盘摆上即可。

- 第七步　电热温床的使用注意事项及维护

（1）电热线的电阻是额定的,使用时只能并联,不能串联,不得接长或剪短,否则改变了电阻及电流量,使温度不能升高或烧断。

（2）电热线不能交叉、重叠和结扎,成盘或成圈的线不得在空气中通电或使用,以免积热烧结、短路、断线。

（3）电热线的两头（正负极）在布线时应放在一头,以便接电源及控温仪等,布线的行数应是偶数。电热线的接头应放在地表以上。

　　(4)布线和收线时,不要硬拔和强拉。不能用锹、铲挖掘,不能形成死结,以免造成断线或破坏绝缘。

　　(5)在苗床进行管理及灌水时宜切断电源。

　　(6)布线时不能让电热线互相靠接和扭结在一起,以免烧坏电热线保护层。线和接头须全部埋入土里。

　　(7)每一茬栽培结束后,应将电热线及时取出并清理干净,于阴凉处存放,防止塑料老化,延长使用寿命。

★ 巩固训练

1.技能训练要求

巩固电热温床的基本结构,掌握电热温床的铺设方法及使用注意事项。

2.技能训练内容

为当地冬春季育黄瓜苗设置 20 m² 的电热温床。

3.技能训练步骤

(1)场地选择和床基制作;

(2)功率密度的选定;

(3)电热线、控温仪、交流接触器的选择;

(4)布线计算;

(5)布线方法;

(6)连接控温仪、交流接触器;

(7)营养钵或苗盘的摆放。

★ 自我评价

评价项目	技术要求	分值	评分细则	得分
场地选择和床基制作	能正确进行场地选择和床基制作	10分	场地选择不合理扣5分;床基制作不正确扣5分	
功率密度的选定及电热加温设备的选择	选用合理的功率密度和电热加温设备	20分	功率密度选用不合理扣5分;电热加温设备选错每项扣5分	
布线计算	布线计算正确	20分	总功率、用线根数、行数、间距每计算错误1项扣5分	
布线方法	布线方法正确	20分	布线方法不正确扣10分;布线质量不合格扣10分	
连接控温仪、交流接触器	连接正确	20分	控温仪、交流接触器每项10分	
营养钵或苗盘的摆放	床土覆盖正确	10分	床土覆盖方法、质量每项5分	

任务3 塑料拱棚的建造使用

【学习目标】

1. 了解塑料拱棚的常见类型及规格、性能；掌握塑料拱棚的结构及生产上的应用。

2. 学会塑料小棚、塑料大棚的建造、使用维护方法。

【任务分析】

本任务主要是在掌握塑料拱棚结构的基础上，能够结合当地气候条件和生产实际建造、使用塑料拱棚（图1-8）。

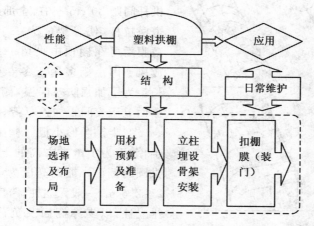

图1-8 塑料拱棚建造使用任务分析图

★ 基础知识

塑料拱棚是一种简易实用的保护地栽培设施，一般指不用砖石围护，利用竹竿、竹片、钢筋、钢管及钢筋水泥等杆材作为拱形骨架，在骨架上覆盖塑料薄膜而形成一定大小空间的设施称作塑料拱棚。塑料拱棚在我国南北方主要用来进行蔬菜和花卉栽培，根据棚的高度和跨度不同，可分为塑料大棚、塑料中棚和塑料小棚三种类型，但它们之间没有严格的规格尺寸界限。

1. 塑料小棚

（1）塑料小棚的结构 塑料小棚是塑料拱棚中结构最为简单的一种，一般高度为1～1.5 m，宽1～3 m，长度以地形而定。拱架主要用竹竿、竹片、直径6～8 mm的钢筋等能弯成弓形且具有一定强度的材料做成，上面覆盖薄膜做成塑料小棚（图1-9）。其特点是结构简单、取材方便、成本低、搭建简便、便于覆盖，同时又能与其他设施配套使用，因此，在园艺生产中广泛应用，但由于空间较小使棚内作业不方便。

（2）塑料小棚的类型 根据外形，塑料小棚可分为拱圆形、半拱圆形和双斜面形，如图1-10所示。目前生产上应用较多的是拱圆形。

①拱圆形小棚。棚架为半圆形，高度1 m左右，宽1.5～2.5 m，长度依地形而定，骨架用

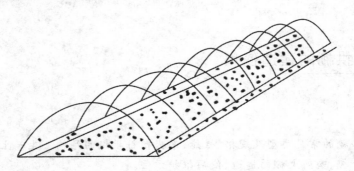

图 1-9 塑料小棚结构示意图

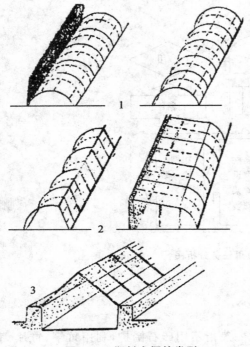

图 1-10 塑料小棚的类型
1.拱圆形 2.半拱圆形 3.双斜面形

细竹竿按棚的宽度将两头插入地下形成圆拱，拱杆间距 30 cm 左右，全部拱杆插完后，绑 3～4 道横拉杆，使骨架成为一个牢固的整体。覆盖薄膜后可在棚顶中央留一条放风口，采用扒缝放风。因小棚多用于冬春生产，宜建成东西延长。为了加强防寒保温，棚的北面可加设风障，棚面上于夜间再加盖草苫。

②半拱圆形小棚。棚架为拱圆形小棚的一半，北面为 1 m 左右高的土墙或砖墙，南面为半拱圆的棚面。棚的高度为 1.1～1.3 m，跨度为 2～2.5 m，一般无立柱，跨度大时中间可设 1～2 排立柱，以支撑棚面及负荷草苫。放风口设在棚的南面腰部，采用扒缝放风，棚的方向以东西延长为好。

③双斜面形小棚。双斜面小棚与前两种棚形完全不同，棚面呈屋脊形或三角形，因双斜面不容易积水，适用于少风多雨的南方。中间可设一排立柱，柱顶上拉一道 8 号铁丝，两侧用竹竿斜立绑成三角形，可在平地立棚架，棚高 1～

1.2 m，宽 1.5～2 m。也可在棚的四周筑起高 30 cm 左右的畦框，在畦上立棚架，覆盖薄膜即成，一般不覆盖草苫。

(3)塑料小棚的性能

①温度。棚内温度包括气温和地温，棚内热源为太阳能，所以棚内的气温随外界气温的变化而改变，并受薄膜特性、拱棚类型以及是否有外覆盖的影响。温度的变化规律与大棚相似，由于小棚的空间小，缓冲能力弱，在没有外覆盖的条件下，温度变化较大棚剧烈。晴天时增温效果显著，阴雨雪天增温效果差。单层覆盖条件下，阴雨雪天小棚的增温能力一般只有 3～6℃，晴天最大增温能力可达 15～20℃，容易造成高温危害，棚内最低温度仅比露地提高 1～3℃，遇寒潮极易产生霜冻。冬春用于生产的小棚必须加盖草苫防寒，当外界温度低于 -10℃ 时，小棚不易生产。

棚内地温变化与气温相似,但不如气温剧烈,从日变化看,白天土壤是吸热增温,夜间是放热降温,其日变化是晴天大于阴天,土壤表层大于深层,四周小于中间,一般棚内地温比露地高5~6℃。

②湿度。小拱棚覆盖薄膜后,因土壤蒸发、植株蒸腾造成棚内高湿,一般棚内空气相对湿度可达70%~100%,白天进行通风时相对湿度可保持在40%~60%,比露地高20%左右。棚内相对湿度的变化与棚内温度有关,当棚温升高时,相对湿度降低;棚温降低时,则相对湿度增高;白天湿度低,夜间湿度高;晴天低,阴天高。

③光照。小拱棚的光照情况与薄膜的种类、新旧、水滴的有无、污染情况以及棚形结构等有较大的关系,并且不同部位的光量分布也不同,一般上层的光强高于下层,距地面40 cm左右处差异比较明显,近地面处差异不大。水平方向的受光,南北的透光率差为7%左右。

(4)塑料小棚的应用

①早春育苗。可为露地栽培的春茬蔬菜、花卉、草莓等育苗。

②春提早、秋延后或越冬栽培。小拱棚主要用于蔬菜生产,由于小棚可以防寒覆盖,因此与露地相比,早春可提前栽培,晚秋可延后栽培,而耐寒的蔬菜可用小棚保护越冬生产。

2. 塑料中棚

(1)塑料中棚的结构　塑料中棚的面积和空间比塑料小棚大,人可在棚内直立操作,是小棚和大棚的中间类型,生产上常用的是拱圆形结构。

拱圆形中棚一般跨度为3~6 m。在跨度为6 m时以高度2.0~2.3 m、肩高1.1~1.5 m为宜;在跨度为4.5 m时,以高度1.7~1.8 m、肩高1.0 m为宜;在跨度为3 m时,以高度1.5 m、肩高0.8 m为宜;长度可根据实际需要及地块长度确定。另外可根据中棚跨度的大小和拱架的材料的强度来确定是否设立柱。按材料的不同,拱架可分为竹片结构、钢架结构、混合结构。近年来也有一些管架装配式中棚,如GP-Y6-1型和GP-Y4-1型塑料中棚等。

①竹片结构。按棚的宽度插入5 cm宽的竹片,将其用铁丝上下绑缚一起形成拱圆形骨架,竹片入土深度25~30 cm。拱架间距为1 m左右。中棚纵向设3道拉杆,主拉杆位置在拱架中间的下方,多用竹竿或木杆设置,主拉杆与拱架之间距离20 cm立吊柱支撑。2道副拉杆设在主拉杆两侧部分的1/2处,用φ12 mm钢筋做成,两端固定在立好的水泥柱上,副拉杆距拱架18 cm,立吊柱支撑。两个棚头的拱架即边架,每隔一定距离在近地面处设斜支撑,斜支撑上端与拱架绑住,下端插入土中,竹片结构拱架,每隔两道拱架设一根立柱,立柱上端顶在拉杆下,下端入土40 cm。立柱多用木柱或粗竹竿、竹片结构的中拱棚,跨度不宜太大,多在3~5 m,竹片结构的中棚在南方应用较多。如图1-11所示。

②钢架结构。钢骨架中棚跨度较大,拱架分主架与副架。跨度为6 m时,主架用4分钢管作上弦、φ12 mm钢筋作下弦制成桁架,副架用4分钢管做成。主架1根,副架2根,相间排列。拱架间距1.0~1.1 m。钢架结构设3道拉杆。拉杆用φ12 mm钢筋做成,拉杆设在拱架中间及其两侧部分1/2处,在拱架主架下弦焊接,钢管副架焊短截钢筋连接。拱架中间设一道拉杆距主架上弦和副架均为20 cm,拱架两侧的两道拉杆,距拱架18 cm。不设立柱。

③混合结构。混合结构的拱架分成主架与副架。主架为钢架,其用料及制作与钢架结构的主架相同。副架用双层竹片绑紧做成。主副架按1:2相间排列。拱架间距0.8~1.0 m。其他情况与钢架结构相同。

(2)塑料中棚的性能　拱圆形塑料中棚的性能与塑料小棚基本相似。由于其空间加大、热

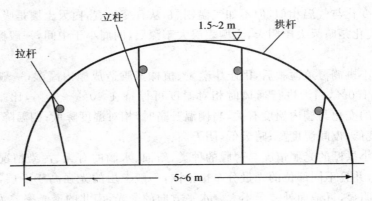

图1-11 竹片结构中棚示意图

容量大,故内部气温比小拱棚稳定,温度条件稍优于小拱棚,但比塑料大棚稍差;光照条件受季节、天气状况和塑料薄膜透光率等因素的影响;棚内空气湿度和小棚基本相似,但湿度变化比小棚小。

(3)塑料中棚的应用 塑料中拱棚主要用于果菜类蔬菜的秋延后和春早熟栽培,华北地区可作为芹菜、韭菜、菠菜等耐寒性蔬菜的越冬栽培,也可用于采种及花卉栽培。

3.塑料大棚

塑料薄膜大棚在是20世纪60年代中后期发展起来的园艺设施。用竹木、钢筋、钢管等材料做成拱形或屋脊形骨架再覆盖塑料薄膜而成。塑料大棚的高度在1.8 m以上,跨度8～15 m,长30～60 m,每个面积在300 m²以上,人可以入内操作管理。与温室相比,其结构简单,建造容易,投资较少,土地利用率高,操作方便。与中小棚相比,保温性能好,又具有坚固耐用,使用寿命长,棚内空间大,作业方便及有利与作物生长,便于环境调控等优点。

(1)塑料大棚的骨架结构组成 塑料大棚的骨架是由立柱、拱杆(拱架)、拉杆(纵梁、横拉)、压杆(压膜线)等部件组成,俗称"三杆一柱"(图1-12)。这是塑料薄膜大棚最基本的骨架构成,其他形式都是在此基础上演化而来。

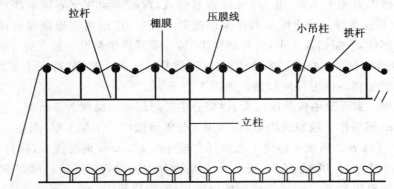

图1-12 竹木结构大棚骨架纵剖面示意图

①立柱。是大棚的主要支柱,承受棚架、棚膜的重量,并有雨、雪的负荷和风压与引力的作用,因此立柱要垂直,或倾向于应力。由于棚顶重量较轻,使用立柱不必太粗,但立柱的基础要

用砖、石等做柱脚石,也可用"横木"。以防大棚下沉或被拔起。钢材或钢管大棚的骨架可以取消立柱,采用拱架承载棚顶的全部重量。

②拱杆(架)。是支撑棚膜的骨架,横向固定在立柱上,呈自然拱形。两端插入地下,必要时拱杆两端也可以加"横木"。每个拱杆的间距为 1 m。依拱杆(架)结构的不同,可分为以下两种类型(图 1-13)。

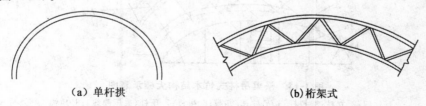

(a) 单杆拱   (b) 桁架式

图 1-13 拱架类型示意图

A. 单杆拱。即拱杆,竹木结构、水泥结构塑料大棚和跨度小于 8 m 的钢管结构塑料大棚的拱架基本为单杆式,用竹片、钢材、钢管等组成,中间落在立柱或横梁的小柱上支撑,两端插入地中。

B. 桁架式。跨度大于 8 m 的钢管结构塑料大棚,为保证结构强度,其拱架一般制作成桁架式,由钢材、钢管等材料焊接而成,分上弦和下弦两根杆,用 $\phi 10\sim14$ mm 的钢筋或管材。腹杆用 $\phi 6\sim10$ mm 的钢筋焊接而成,上下弦相距 20~30 cm。

③拉杆(纵梁)。是纵向连接立柱,固定拱杆,使整个大棚拱架连成一体。竹木结构塑料大棚的纵拉杆主要采用直径 40~70 mm 的竹竿或木杆。水泥和钢管结构塑料大棚则主要采用直径 20 mm 或 25 mm、壁厚为 1.2 mm 的薄壁镀锌管或 21 mm、26 mm 的厚壁焊接钢管制造。竹木结构大棚可在拉杆上设小立柱支撑拱架,以减少立柱数量。

④压杆(压膜线)。棚架覆盖薄膜后,于两根拱杆之间加上一根压杆,使棚膜压平、压紧,不易松动。使压杆稍低于拱杆,压成垄状,以利排水和抗风。压杆可以使用顺直光滑的细竹竿,也可以用 8 号铁丝或聚丙烯压膜线。而钢管大棚是用卡槽、卡簧固定棚膜。

(2)塑料大棚的类型 塑料大棚依分类方法不同有不同的类型,如按屋顶形状可分拱圆形和屋脊形;按连接方式可分单栋大棚、双连栋大棚和多连栋大棚;按骨架材料可分:竹木结构、钢竹混合结构、水泥结构、钢架结构和钢管装配式结构等。目前生产上应用较多的是竹木结构、钢架结构、钢管装配式结构和新型复合材料骨架大棚。

①竹木结构大棚。这种大棚的跨度为 8~12 m,高 2.4~2.6 m,长 40~60 m,每栋生产面积 333~666.7 m²。主要建筑材料是竹片、竹竿和立木。立柱为直径 $\phi 5\sim8$ cm,纵向每隔 0.8~1.0 m 设一根立柱,与拱杆间距一致,横向每隔 2 m 左右设一根立柱。这样大棚的立柱较多,使大棚的遮阳面积大,作业也不方便,因此可采用"悬梁吊柱"的形式(图 1-14),即将纵向立柱减少,而用固定拉杆式的小悬柱代替。小悬柱的高度约 30 cm,在拉杆上的间距与拱杆间距一至,一般可使柱减少 2/3,大大地减少了立柱形成的阴影,有利于光照,同时也便于作业。

②钢架结构单栋大棚。这种大棚一般跨度为 10~12 m,矢高 2.5~3.0 m,长度 50~60 m,单栋面积多为 667.7 m²。大棚的骨架是用钢筋或钢管焊接而成,每隔 1 m 设一拱形桁架,桁架上弦 $\phi 16$ 号、下弦用 $\phi 14$ 号的钢筋,拉花用 $\phi 10$ 号钢筋焊接而成,桁架下弦处用 5 道

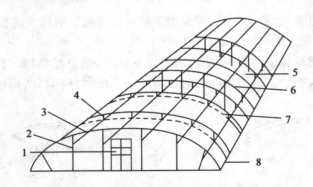

图 1-14　悬梁吊柱式竹木结构大棚示意图
1.门；2.立柱；3.拉杆；4.吊柱；5.棚膜；6.拱杆；7.压杆（或压膜线）；8.地锚

ϕ16 号钢筋做纵向拉杆，拉杆上用 ϕ14 号钢筋焊接两个斜向小立柱支撑在拱架上，以防拱架扭曲。其特点是坚固耐用，无支柱，空间大，透光性好，作业方便，有利于设置内保温，抗风雪能力强，与竹木大棚相比，一次性投资较大。如图 1-15 所示。

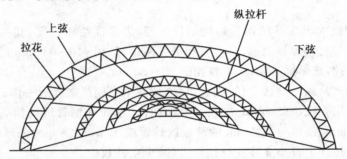

图 1-15　钢架无柱大棚示意图

③镀锌钢管装配式大棚。由工厂按照标准规格生产的组装式大棚，材料多采用热浸镀锌的薄壁管为骨架。一般大棚跨度 6～10 m，高度 2.5～3.0 m，长 20～60 m。拱架和拉杆都采用薄壁镀锌钢管连接而成，拱架间距 50～60 m，所有部件用承插、螺钉、卡槽或弹簧卡具连接。用镀锌卡槽和钢丝弹簧固定棚膜，用卷膜器卷膜通风。尽管目前造价较高，但由于它重量轻、强度好、耐锈蚀、易于安装拆卸、中间无柱、采光好、作业方便等特点，同时其结构规范标准，可大批量工厂化生产，所以在经济条件允许的地区可大面积推广应用。目前有 GP 系列、PGP 和 P 系列产品。如图 1-16 所示。

④新型复合材料骨架大棚。此类大棚的骨架采用新型无机复合材料由大棚骨架机一次成型生产而成，该骨架具有价格低廉、强度高、抗水性能好、耐腐蚀抗老化、不导热、不烤膜、支架不变形等特点。支架表面光滑，不会磨损棚膜，大棚中间无支柱，采光性能好，可机械耕作，提高了工作效率。由于采用最新镀塑复合工艺，使用寿命可达 15 年以上。

（3）塑料大棚的性能

①温度。大棚有明显的增温效果，这是由于地面接收太阳辐射，而地面有效辐射受到覆盖物阻隔而使气温升高，称为"温室效应"。同时，地面热量也向地中传导，使土壤贮热。

A.气温。大棚的温度常受外界条件的影响，有着明显的季节性差异。棚内气温的昼夜变

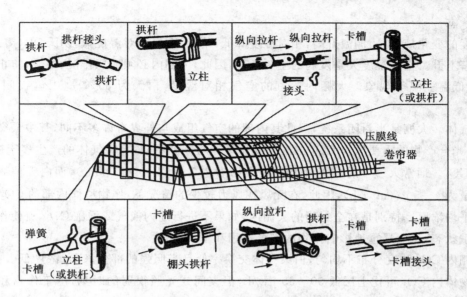

图 1-16　镀锌钢管装配式大棚

化比外界剧烈。在晴天或多云天气日出前出现最低温度迟于露地,且持续时间短;日出后 1～2 h 气温即迅速升高,日最高温度出现在 12:00—13:00;14:00—15:00 以后棚温开始下降,平均每小时下降 3～5℃。夜间棚温变化情况和外界基本一致,通常比露地高 3～6℃。棚内昼夜温差:11 月下旬至 2 月中旬多在 10℃ 以上,3～9 月份昼夜温差常在 20℃ 左右,甚至达 30℃。阴天日变化较晴天平稳。

大棚内不同部位的温度也有差异。日出后棚体接受阳光,先由东侧开始,逐渐转向南侧,再转向西侧,所以,上午棚东侧温度高,中午棚顶和南侧高,下午西侧稍高,差值一般在 1℃ 左右。棚内上下部温度,白天棚顶一般高于底部和地面 3～4℃,而夜间正相反,土壤深层高于地表 2～4℃,四周温度较低。

B. 地温。一天中棚内最高地温比最高气温出现的时间晚 2 h,最低地温也比最低气温出现的时间晚 2 h。棚内土壤温度还受很多因素的影响,除季节和天气外,又因棚的大小、覆盖保温状况、施肥、中耕、灌水、通风及地膜覆盖等因素而受到影响。

②光照。大棚的采光面大,所以棚内光质、光照强度及光照时数基本上能满足需要。棚内光照状况因季节、天气、时间、覆盖方式、薄膜质量及使用情况等不同而有很大差异。

垂直光照差异为:上部照度强,下部照度弱,棚架越高,下层的光照强度越弱。

水平光照差异为:南北延长的大棚比较均匀,东西延长的大棚南侧高于中部及北侧。

由于建棚所用的材料不同,钢架大棚受光条件较好;竹木结构棚内立柱多,遮阳面大,受光量减少多。棚架材料越粗大,棚顶结构越复杂,遮阳面积就越大。

塑料薄膜的透光率,因质量不同而有很大差异。最好的薄膜透光率可达 90%,一般为 80%～85%,较差的仅为 70% 左右。使用过程中老化变质、灰尘和水滴的污染,会大大降低透光率。

③湿度。由于薄膜气密性强,当棚内土壤水分蒸发、蔬菜蒸腾作用加强时,水分难以逸出,常使棚内空气湿度很高。若不进行通风,白天棚内相对湿度为 80%～90%,夜间常达 100%,

呈饱和状态。

湿度的变化规律是:棚温升高,相对湿度降低;晴天、有风相对湿度低,阴天、雨(雪)天相对湿度显著上升。空气湿度大是发病的主要条件,因此,大棚内必须通风排湿、中耕,防止出现高温多湿、低温多湿等现象。大棚内适宜的空气相对湿度,白天为 $50\% \sim 60\%$,夜间为 80% 左右。

④气体。大棚是半封闭系统,因此其内部的空气组成与外界有许多不同,其中最突出的不同点是:光合产物的重要原料 CO_2 浓度的变化规律与棚外不同;有害气体的产生多于棚外。

A. CO_2。通常大气中的 CO_2 平均浓度大约为 $330~\mu L/L(0.65~g/m^3)$,而白天植物光合作用吸收量为 $4 \sim 5~g/(m^2 \cdot h)$,因此,在无风或风力较少的情况下,作物群体内部的 CO_2 浓度常常低于平均浓度。特别是在全封闭的大棚内,如果不进行通内换气或增施 CO_2,就使作物长期处于饥饿状态,从而严重地影响作物的光合作用和生长发育。

大棚内 CO_2 浓度分布不均匀,白天气体交换率低且光照强的部位,CO_2 浓度低。据测定:白天作物体内 CO_2 可比上层低 $50 \sim 65~\mu L/L$,但夜间或光照很弱的时刻,由于作物和土壤呼吸放出 CO_2,因此作物群体内部气体交换率低的区域浓度高。在没有人工增施 CO_2 的密封大棚内,如果土壤和作物呼吸放出的 CO_2 量低于光合吸收的 CO_2 量,棚内的 CO_2 浓度就会逐渐降低;相反,如果土壤和作物呼吸放出的 CO_2 量高于光合吸收的 CO_2 的量,棚内的 CO_2 的量就会逐渐升高。

B. 有害气体。由于大棚是半封闭系统,因此如果施肥不当、应用的农用塑料薄膜不合格,就会积累有害气体。大棚常见的有害气体主要有 NH_3、NO_2、、C_2H_2、Cl_2 等,在这些有害气体中,NH_3、NO_2 气体产生的主要原因是一次性施用大量的有机肥、铵态氮肥或尿素,尤其是在土壤表面施用大量的未腐熟有机肥或尿素。C_2H_2、Cl_2 主要是不合格的农用塑料制品挥发出来的。实际上,在露地是非密闭的空间,有害气体很快在大气中流动,不至达到危害作物的浓度。

(4)塑料大棚的应用 大棚在园艺作物生产中,应用非常普遍,塑料大棚几乎成为园艺设施的代名词,全国各地都有很大面积,主要用途如下:

①育苗。早春果菜类蔬菜育苗。在大棚内设多层覆盖,如加保温幕、小拱棚;或采用电热加温线,于早春进行果菜类蔬菜的育苗;花卉和果树的育苗。可利用大棚进行各种草花及草莓、葡萄、樱桃等作物的育苗。

②蔬菜栽培。春季早熟栽培:这种栽培方式是早春利用温室育苗,大棚定植,一般果菜类蔬菜可比露地提早上市 $20 \sim 40~d$,主要栽培作物有:黄瓜、番茄、青椒、茄子、菜豆;秋季延后栽培:大棚秋延后栽培也主要是以果菜类为主,一般可使果菜类蔬菜采收期延后 $20 \sim 30~d$,栽培作物同上;春到秋的长季节栽培:在气候冷凉地区可以采用春到秋的长季节栽培,这种栽培方式早春定植和春茬早熟栽培相同,采收期直到 10 月末,可在大棚内越夏,主要种植茄果类。

③花卉、瓜果和某些果树的栽培。可利用大棚进行各种草花、盆花和切花栽培。也可利用大棚进行草莓、葡萄、樱桃等果树和甜瓜、西瓜等瓜果栽培。

④夏季保护栽培。棚面覆盖遮阳网、防虫网或顶部覆盖棚膜,在夏季进行遮阳、防虫、防雨栽培。

★ 工作步骤

1.小拱棚的建造

● 第一步 棚址选择,方位确定

根据温室、大棚的实际情况选择温光条件较好的位置建造小拱棚;露地应选择地势平坦、背风向阳、无遮阳的耕地建造小拱棚。根据周围环境条件确定小拱棚的方位和走向。

● 第二步 建筑材料计算

根据拟建造小拱棚的规格,确定小拱棚的拱高、拱架间距等参数,绘出草图;计算所需骨架材料和棚膜的用量;调查市场,做出资金预算。

● 第三步 骨架安装

安装前整理检查所需材料,将竹片或木杆上的枝杈等去掉,防止损伤棚膜。然后根据草图在地上画好施工线,将拱杆两端插入或挖坑埋入地下,以牢固为度,拱的大小和高度应一致。如2 m跨度的小拱棚支好拱架后,还要在中间设一排立柱,用铁丝将立柱和拱架固定。最后将所有锋利的接头处用布包住。

● 第四步 扣棚膜

选择晴暖无风的天气扣棚膜,先固定小拱棚的一端,然后拉紧棚膜向前平铺,同时要将两侧棚膜埋入土中。露地扣的小拱棚应在拱架两侧设地锚,固定压膜线。

● 第五步 日常维护

小拱棚因结构简单,材料细小,对于风雪的抵抗能力较差,在日常生产管理中注意做好维护工作。

①加强棚膜的固定。应用压膜线将其固定在小拱棚两侧的木桩上,经常检查压膜线的松紧情况,发现松弛应及时拉紧。

②四周用土压实,防止串风,降低保温性及掀起棚膜。

③注意棚膜保养。棚膜在使用过程中容易受到污染,平时应经常清扫或清洗,保持棚膜洁净,增加透光性及保温性。

④保管好架材。一茬种植结束后,应及时将架材收集起来并在阴凉干燥通风处保存好,在下一茬时使用。防止竹片或木杆等受潮霉变,钢筋生锈,从而提高使用效率。

2.塑料大棚的建造(以竹木结构大棚为例)

● 第一步 场地选择与棚群规划

以跨度12 m,矢高2.5 m,长度55.5 m,面积667 m²为例。

(1)场地选择 选择避风向阳、地势平坦、排灌方便、地下水位较低、土质肥沃的地块;棚址周围不能有高大建筑物,以免影响通风透光;远离灰尘和煤灰等污染源;交通方便,电力有保障。

(2)棚群规划 根据不同棚向确定适宜的棚间距离和棚头距离。棚群内各棚多为对称排列。棚向为南北延长时,一般两棚东西间的距离最好是等于棚的高度,两棚前后排之间的距离应是棚高的1.5~2倍,这样在早春和晚秋,前排棚不会挡住后排棚的太阳光线。棚向为东西延长时,一般两棚头间的距离最好等于棚的高度,两棚前后排之间的距离应是棚高的1.5~2倍。

(3)棚向的确定　大棚的棚向应根据种植季节、光照和温度在棚内的分布情况来确定的。一般以春夏和秋季种植为主的大棚,宜南北向延长;以冬季种植为主的大棚,则宜东西向延长。

● 第二步　埋立柱

在 12 m 的跨度内,均匀埋 6 排立柱,立柱间距为 1 m,每排埋 56 根立柱,全棚共 336 根立柱。主柱用直径 5 cm 的木杆,长度按设定棚型各立柱部位的高度增加 30 cm 作为埋入地下部分。中部 4 排立柱垂直,两边行立柱向外倾斜 75°～80°。为防止立柱下沉或上拔,在靠近柱脚 5～6 cm 处钉上 20 cm 长的横木,立柱埋得要准确,埋土捣实。

● 第三步　安装骨架子

用 4～5 cm 粗的竹竿作拱杆,每排拱杆用两根竹竿,粗的一端担在立柱上,通过脚柱和中柱,在棚顶靠接,用塑料绳绑牢固。在各立柱距顶端 4～5 cm 处钻孔,用细铁丝穿过钻孔,把拱杆拧在柱顶上。两侧底脚用 4 cm 宽、2 m 长的竹片,上端放在边柱顶端的拱杆上,用塑料绳绑牢,下部插入土中呈弧形。为防止竹片下沉,在底端处横放一道细木杆或竹竿,用塑料绳绑在各竹片上。各排立柱距顶端 25 cm 处用木杆或竹竿作拉杆,用细铁丝拧在立柱上,整个大棚连成整体。

● 第四步　覆盖薄膜

大棚骨架搭好后,尽早扣上棚膜,捂地提高地温。如何扣膜与采取不同的通风换气方法紧密相关。一般有以下两种扣膜方式:

(1)整幅棚膜覆盖法　把所需幅宽的棚膜从棚顶顺桁架直接覆盖到地梁上,把压膜线拴于地梁角钢的压线环上固定棚膜。通过底脚式放风,即将底脚薄膜直接揭开放风。这种方法的优点是防风抗风性能较好,但早春气温较低,作物易受扫地风的危害,同时后期气温较高时热气不易排出。防止扫地风危害的办法是在底脚内侧挂棚裙,棚裙的长度与大棚南北长相等,高度 1.5 m。底脚通风时,外界空气可由裙的上沿进入棚内,对室外的冷空气起到了缓冲作用,避免作物受扫地风的危害。

(2)三块棚膜覆盖法　先覆盖底角围裙,将 1.2 m 宽的两块薄膜,上边烙合成筒,装入塑料绳,绑在大棚两侧底角处的各拱杆上,下边埋入土中。另一块棚膜的宽度以从棚顶覆盖到两侧围裙上,延过围裙 30 cm,长度为棚的长度加上棚高的 2 倍,外加 60 cm 作为埋入棚头两端土中之用。薄膜裁好后,从两侧向中间卷起,选无风的晴天,先把薄膜放到棚顶上,然后向两侧放下,延过围裙,东西两侧拉平,把压膜线拴在地梁的压线环上,然后压紧。棚头两端拉紧,埋入土中踩紧。放风时把接缝扒开。这种放风方式不会产生扫地风危害,同时后期气温较高时能有效通风降温,但抗风性能与扣整幅膜底脚通风相比略差,棚内的空气对流也略差。

● 第五步　装门

棚膜扣好后,在棚的两端位于中柱之间,各安装一扇门,既是通道,也是大棚的通风口。先豁开装门处的棚膜,装上门框和门,再用黏合剂或木条把棚膜单独固定在门上,门的边缘棚膜也要钉牢封好,防止棚内进风鼓破薄膜。

● 第六步　日常维护

(1)排水　注意大棚四周的排水沟是否畅通,如有堵塞应及时疏通,防止积水。

（2）修补　发现棚膜有破损时应及时修补，以防破损处扩大，影响保温效果。

（3）清洗　棚膜表面积累太多灰尘时，可选择晴天用高压水枪进行冲洗。

（4）日常检查　应经常对大棚的结构、压膜线、大棚门等进行检查，发现骨架松动应及时固定；压膜线由于热胀冷缩经常变松，应及时收紧；进出大棚时应检查大门是否密闭，如有缝隙应及时处理，以提高大棚的保温性。

★ 巩固训练

1.技能训练要求

通过实训，巩固塑料小拱棚的基本结构，能根据需求计算出不同规格塑料小拱棚所需材料，学会建造小拱棚的方法及步骤及日常维护。

2.技能训练内容

（1）在温室或大棚内设置跨度为 1 m、长度为 10 m 的小拱棚，用于育苗。

（2）露地建造跨度为 2 m、长度为 20 m，有立柱支撑，用于春季覆盖栽培的小拱棚。

3.技能训练步骤

（1）棚址选择、方位确定。

（2）架材计算和预算。

（3）骨架安装。

（4）扣棚膜。

（5）日常维护。

★ 知识拓展

大棚基本结构设计及要求

塑料大棚的关键是首先提高整体结构的稳固性和使用寿命，其次还要考虑大棚的采光、通风等性能。大棚的稳固性主要是指大棚抗击风、雪的最大承载能力，与大棚的骨架材料、大棚外形、结构参数（顶高、肩高、跨度、拱间距）、大棚的整体构造有关。

（1）大棚的合理棚型　大棚受损失的主要原因是风压、雪压造成的，在建造大棚时必须计算风荷载和雪荷载。大棚抗风压、雪压的能力除与建造材料直接相关外，棚型也是一个主要因素。现代的钢架结构大棚一般抗雪压能力较强，不会被棚面积雪压塌。但如果棚型不合理，特别是棚面平坦，在大风天气，因风压受害，塑料薄膜破损，常出现大棚"上天"的情况。

棚内外都存在空气压强，当风速为零时，棚内外的空气压强相等为一个常数。风速加大后，棚外空气压强减少，而棚内压强未变，因而棚内外就出现了空气压强差。棚面覆盖的轻体塑料薄膜，由于棚内的空气压强大于棚外的空气压强，就产生了举力，使棚膜向上鼓起。风速越大，棚内外空气压强差就越大，向上鼓起的力量就越大。由于压膜线的束缚，容易在压膜线间鼓起大包。随着风速的大小变化，塑料薄膜不断地鼓起落下，上下摔打破损，严重时挣断压膜线而被风刮起。

塑料大棚的棚型与空气压力有关。棚面平坦，棚内外空气压强差大，而且压膜线也不能压紧,所以抗风能力弱,容易遭受风害。流线型的大棚,棚面弧度大,可减弱风速,同时压膜线压得牢固,抗风能力强,一般能抗 8 级大风。

流线型的塑料大棚,是参照合理轴线公式进行设计的,合理轴线公式如下:

$$Y = 4(L-X)FX/L^2$$

式中,X—弧的弦上水平距离;

$\qquad Y$—X 点的垂直距离;

$\qquad F$—大棚的失高;

$\qquad L$—大棚的跨度。

例如,设计一栋跨度 10 m,矢高为 2.5 m 大棚的棚型。则每米水平距离的高度为:首先画一条长 10 m 的直线,以 0~10 m,每米设一点,利用公式求出 0~9 m 各点的高度,其中1-9、2-8、3-7、4-6 相对应,把各点上的高度点连接为棚面的弧度。见图1-17。

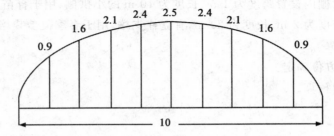

图 1-17　合理轴线位点高度示意图(单位:m)

$Y_{1m} = 4 \times 2.5 \times 1 \times (10-1)/10^2 = 0.9$ m

$Y_{2m} = 4 \times 2.5 \times 2 \times (10-2)/10^2 = 1.6$ m

$Y_{3m} = 4 \times 2.5 \times 3 \times (10-3)/10^2 = 2.1$ m

$Y_{4m} = 4 \times 2.5 \times 4 \times (10-4)/10^2 = 2.4$ m

$Y_{5m} = 4 \times 2.5 \times 5 \times (10-5)/10^2 = 2.5$ m

完全按照合理轴线公式设计,建成的大棚稳固性最强,但是近底脚处低矮,不适合栽培高棵作物,应适当调整。具体调整方法是:取 1 m 和 2 m 处两点位上的弧线高的平均值作为 1 m 处的高度。取 8 m 和 9 m 两点位上的弧线高的平均值作为 9 m 处的高度,并将 2 m 和 8 m 处的高度上调。调整后 1 m 和 9 m 处的高度为 1.25 m,2 m 和 8 m 处的高度为 1.75 m。

(2)大棚的高跨比　大棚的高跨比主要影响大棚的稳定性、采光性和棚内的空间。高跨比小,则屋面平坦,空间低,抗风压能力低,但采光较好;高跨比大,棚面过分陡峭,风荷载加大,透光率降低。流线型大棚的高跨比为矢高/跨度为 0.25~0.3 比较适宜。

(3)大棚的长跨比　大棚的长跨比与稳固性有关。同样是 667 m² 的大棚,增加了跨度就缩小了长度。例如,跨度为 14 m,则长度为 47.6 m,周长为 123.2 m;如跨度减小到 10 m,则长度增长为 66.7 m,周长为 153.4 m,二者相比周长加长了 30.2 m。大棚的周长越长,与地面固定部分越多,稳固性越好,一般钢架无柱大棚的长跨比应大于等于 5,即长度相当于跨度的 5 倍以上为宜。

★ 自我评价

评价项目	技术要求	分值	评分细则	得分
棚址选择和方位确定	能正确进行棚址选择和方位确定	20 分	棚址选择不合理扣 5～10 分；方位确定不正确扣 5～10 分	
架材计算和预算	架材计算正确，预算经济	20 分	计算不正确扣 5～10 分；预算不准确扣 5～10 分	
骨架安装	按要求完成骨架安装	20 分	安装方法不正确扣 5～10 分；安装质量不合格扣 5～10 分	
扣棚膜	按要求覆盖棚膜、安装压膜线	20 分	覆盖棚膜不合格扣 5～10 分；压膜线安装不合格扣 5～10 分	
日常维护	掌握小棚日常维护要点	20 分	日常维护要点错误每项扣 5 分	

任务4 夏季保护设施的建造使用

【学习目标】

1. 了解荫棚、防雨棚的概念、类型；掌握荫棚、防雨棚的结构、性能、应用。

2. 学会荫棚的建造方法。

【任务分析】

本任务主要是在掌握夏季保护设施结构的基础上，能够结合当地气候条件和生产实际建造荫棚（图 1-18）。

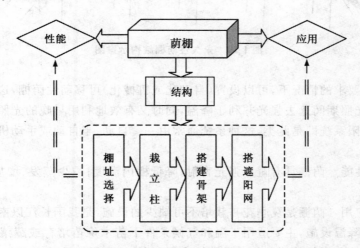

图 1-18 夏季保护设施（荫棚）建造与使用任务分析图

★ 基础知识

南方地区夏季的气候特点是高温、强日照和暴雨,给园艺作物生产带来极大的不利,有些园艺作物在露地条件下基本无法正常生产,大力发展夏季保护设施是解决这一问题的有效途径。夏季保护设施主要包括荫棚、防雨棚,以及在拱棚和温室外覆盖遮阳网、防虫网等形式。其中遮阳网、防虫网覆盖在项目 3 中介绍。

1. 荫棚

荫棚是采用合理遮光的方法,来避免或减轻夏秋季强光、高温对园艺作物危害的一种简易设施。

(1)荫棚的类型和结构 荫棚的形式多样,结构差异很大,主要根据用途而定,一般可大致分为永久性荫棚与临时性荫棚两类。

①临时性荫棚。临时性荫棚春季搭建,秋季拆除,用竹木材料搭建骨架,一般为东西延长,其长、宽、高等规格根据现有场地和具体用途而定,上覆盖塑料薄膜,薄膜上盖苇帘、草帘等遮阳物,东西两侧应垂至距地面 60 cm 处,以减少阳光直射棚内植物。临时性荫棚建造容易,成本低,但抗风能力差,使用寿命短。

②永久性荫棚。永久性荫棚多设在温室附近地势高燥、通风和排水良好的地方,一般东西延长,高 2.5～3.0 m,宽 6～7 m,以较高者为佳。用钢管或钢筋混凝土柱做成主架,棚架上覆盖竹帘、苇帘或遮阳网等(图 1-19)。为避免上午和下午的太阳光进入棚内,荫棚的东西两端还要设荫帘,其下缘要离地 50 cm 以上,以便通风。荫棚的遮光程度根据植物的不同要求而定,可选用不同遮光率的遮阳网来达到不同的要求。荫棚目前也有装配式,如 YPG-4428 拱形荫棚。永久性荫棚使用年限长,抗风能力强,但一次性投资成本较大。

图 1-19 永久性荫棚结构示意图

在具有特殊要求的情况下,可以设置(自动化或机械化)可移动性荫棚,这种荫棚多是为了在中午高温、高光照期间遮去强光并利于降温,同时又有效地利用早晚的光照。大型的现代化连栋温室的外遮阳系统即是此类,这种系统通常由一套自动、半自动或手动机械转动装置来控制遮阳幕的开启。

(2)荫棚的性能 荫棚具有避免强光直射;降低棚内温度;减少蒸发、增加湿度;防止暴雨冲击等功能。

(3)荫棚的应用 荫棚是夏季花卉栽培不可缺少的设施,是我国长江以南地区使用的一种简易高效的遮阳降温设施,主要适用于温和气候条件下苗木炼苗培育或蔬菜、花卉的栽培,尤其是阴性和半阴性花卉的栽培。临时性荫棚多用于北方,供露地繁殖床和盆栽花卉植物越夏;永久性荫棚多用于南方,一般与温室结合,用于温室花卉的夏季保养。应用时要注意荫棚的荫蔽度一般以全光照的 40%～60% 为宜,棚内的湿度宜保持在 75%～85%。

2. 防雨棚

防雨棚是我国南方夏季栽培园艺作物时,为防止暴雨对作物的直接冲击,去掉拱棚四周肩部以下的塑料薄膜,仅保留拱棚顶部及肩部塑料薄膜的一种设施。

(1)防雨棚的结构　防雨棚是在多雨的夏、秋季,利用塑料薄膜等覆盖材料,扣在大棚或小棚的顶部,任其四周通风不扣膜或扣防虫网,使作物免受雨水直接淋袭。因而其骨架结构就是拱棚的结构,只是其距四周地面1 m左右不覆膜或扣防虫网(图1-20)。防雨棚所使用的塑料薄膜最好是早春拱棚用过的旧膜,因其透光率低,能起到降温的作用。同时,防雨棚四周要挖宽1 m、深0.4 m的排水沟,并与田间排水沟相通,确保在大雨后,水不流入棚内。

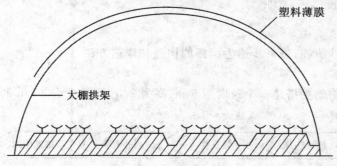

塑料薄膜

大棚拱架

图1-20　防雨棚结构示意图

(2)防雨棚的类型　根据所用拱架的设施类型分为以下3类。

①大棚型防雨棚。在夏季将大棚四周围裙幕揭除,只留顶部天幕防雨,气温过高时可加盖遮阳网。

②小拱棚型防雨棚。利用小拱棚拱架,顶部扣膜,四周通风。

③温室型防雨棚。在南方多台风、暴雨地区,建立玻璃温室状的防雨棚,顶部设太子窗通风,四周玻璃可开启,顶部为玻璃屋面,用作夏菜育苗。

(3)防雨棚的性能　防止暴雨对作物的直接冲击,避免作物倒伏,保护作物正常生长发育;防止暴雨直接冲击土壤,避免肥料流失和土壤板结;与遮阳网配合,可有效地降低棚内气温和地温,避免病虫害的发生和流行。

(4)防雨棚的应用　利用防雨棚进行夏季蔬菜和果品的避雨栽培或育苗,热带、亚热带地区年均降雨量达1 500~2 000 mm,其中60%~70%集中在6—9月份,多数蔬菜在这种多雨、潮湿、高温、强光的条件下病虫多发,很难正常生长,采用防雨棚栽培可以有效地克服这些缺点。

★ 工作步骤

● **第一步　场地选择与规划**

荫棚的场地选择要避开自然风口,远离排放烟尘及有害气体的工厂。常用跨度为6~7 m,高2.5~3.0 m,开间4 m,也可根据实际需求确定其规格尺寸。

● **第二步　栽立柱**

根据规划好的荫棚大小放线,然后定点挖坑,坑深50 cm,夯实坑底,再用砖块做底垫,使立柱坚实不下沉。然后将立柱放到挖好的坑内地垫上,一人扶立柱,其他人用土填并夯实,注意立柱高度要一致,横竖要在一条线上。

● 第三步　搭建骨架

用铁丝把椽子绑扎在立柱上,形成一个矩形骨架,然后把竹竿按一定的间距(根据竹竿粗细决定间距大小,一般为 50～60 cm)用铁丝绑扎在两侧的椽子上,这样骨架就形成了。

● 第四步　搭遮阳网

把选好的遮阳网从骨架一端开始拉升到另一端,并固定在四周的椽子。注意遮阳网一定要拉紧绷平。

★ 巩固训练

1. 技能训练要求

通过搭建临时性荫棚,进一步熟悉荫棚的构造和建造方法。

2. 技能训练内容

为盆栽花卉植物越夏搭建一个跨度为 6 m、高为 2.5 m、长度为 30 m 的临时性荫棚。

3. 技能训练步骤

棚址选择　　裁立柱　　搭建骨架　　搭遮阳网

★ 自我评价

评价项目	技术要求	分值	评分细则	得分
棚址选择	棚址选择和方位正确	25 分	棚址和方位选择不合理各扣 5～10 分	
裁立柱	柱坑合格、立柱稳固整齐	25 分	柱坑不合格扣 10 分、立柱不稳固扣 10 分、立柱不整齐扣 5 分	
搭建骨架	绑扎稳固、间距合理	25 分	椽子、竹竿绑扎不稳固扣 5 分、间距不合理扣 5 分	
搭遮阳网	遮阳网拉紧绷平牢固	25 分	覆盖遮阳网不合格扣 5～10 分	

项目2 温室的使用与维护

任务1 认识温室的类型

【学习目标】

1. 了解日光温室的分类；掌握日光温室代表类型的结构特点、日光温室的基本结构及参数、日光温室的性能。

2. 掌握连栋温室结构的规格尺寸、屋脊类型；了解连栋温室代表类型的结构特点、连栋温室的配套设备及其作用。

【任务分析】

本任务主要是在掌握温室类型、结构及性能的基础上，学会其结构类型的调查方法，能判断当地常用温室的结构类型，测量温室结构的规格尺寸，为温室的使用与维护打下基础。

★ 基础知识

我国温室起源于2 000年前的秦汉时代，其发展经历从简易的火炕到纸窗温室再到现在的玻璃及塑料温室；从传统的一面坡单屋面温室发展到现在的拱圆形、双屋面和连栋温室，直到今日的现代化智能温室和植物工厂。温室依分类方法不同，种类很多，但我国目前园艺生产中广泛应用的温室主要有日光温室和连栋温室。

1. 日光温室

日光温室由北、东、西三侧保温蓄热围护墙体、北向保温蓄热后屋面、南向透明采光前屋面组成其基本结构，以太阳辐射能为主要热源，在北方冬季不需人工加温或少量补温的条件下生产喜温性园艺作物的栽培设施叫日光温室。

多数日光温室是单屋面、以塑料薄膜为采光材料。与传统加温温室相比，具有结构简单、节约能源、经济效益显著等特点，非常适合我国农业经济特点，发展十分迅速，已成为我国北方温室的主要类型。

（1）日光温室的类型　日光温室的类型多样，不同地区的日光温室有不同的结构样式，全国各地名称也不尽相同。日光温室的基本分类如下。

以前屋面形状：分为拱圆式、一斜一立式；

以后坡和后墙的长短：分为长后坡无后墙、长后坡矮后墙、短后坡高后墙、无后坡高后墙日光温室；

以骨架材料：分为竹木结构、钢竹混合结构、钢筋混凝土结构、全钢结构、装配式结构。下面重点介绍几种常用代表性的日光温室。

①短后坡高后墙日光温室。这种温室跨度 5～7 m，后坡面长 1～1.5 m，后墙高 1.5～1.7 m，作业方便，光照充足，保温性能较好。如图 2-1 所示。

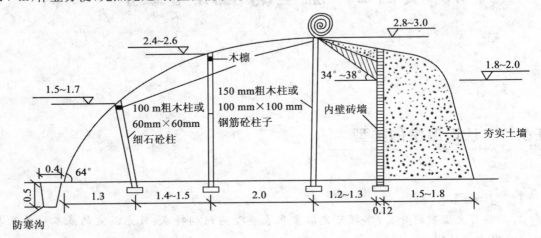

图 2-1 短后坡高后墙日光温室(单位:m)

②一斜一立式日光温室。以辽宁瓦房店琴弦式日光温室为代表。一般跨度 7 m，矢高 3～3.3 m，前立面高 0.8 m，后墙高 2.0～2.2 m，水泥柱，后坡高粱秸抹草泥，竹木结构，前屋面呈琴弦状。这种温室的特点是空间大，土地利用率高，首创了国内冬春茬黄瓜的成功。缺点是采光性能不如半拱圆形温室，前底脚低矮，作业不便。如图 2-2 所示。

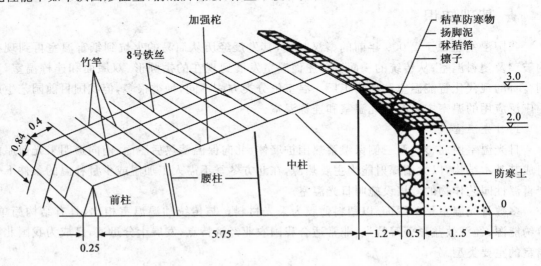

图 2-2 一斜一立式日光温室(单位:m)

③鞍山Ⅱ型日光温室。该温室采用组装式钢管和圆钢混合焊接骨架，室内无立柱、杈和檩，墙体为砖砌空心体，内填 12 cm 厚珍珠岩，后屋面由木板、草苫、旧薄膜等复合材料构成(图

2-3)。采光、增温和保温性能良好,便于作物生长,方便人工作业。

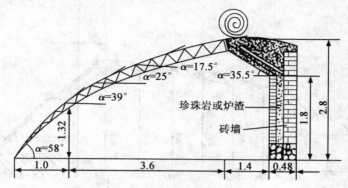

图 2-3 鞍山Ⅱ型日光温室结构示意图(单位:m)

④辽沈Ⅰ型日光温室。为无柱钢架结构日光温室,跨度 7.5 m,脊高 3.5 m,后屋面仰角 30.5°,后墙高度 2.5 m,后坡水平投影长度 1.5 m,墙体内外侧为 37 cm 砖墙,中间夹 9～12 cm 厚聚苯板,后屋面也采用聚苯板等复合材料保温,拱架采用镀锌钢管,配套有卷帘机、卷膜器、地下热交换等设备(图 2-4)。在北纬 42°以南地区,冬季不加温可进行蔬菜生产和育苗。一次性投资高,但使用年限长。

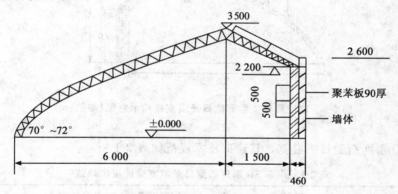

图 2-4 辽沈Ⅰ型日光温室结构示意图(单位:mm)

⑤寿光Ⅵ式日光温室。该类型是寿光新型日光温室,又称寿光示范冬暖塑料大棚(图 2-5)。脊高 4 m,室内田面比室外地面低 0.4 m,后墙高度,从室外地面量起为 2.4 m,南北跨度 12.5 m,长度一般为 60.5～77.5 m,无中、前立柱,钢管作脊柱,以机械卷帘。后墙分 4 层土压实,前 3 层共 2.4 m 厚,均用履带拖拉机压实,第 4 层为顶层,厚 0.4 m、宽 1 m,用电动或人力夯实。后墙内侧切削陡直,土体主墙筑成后,用砖和砂浆砌墙皮,每 3 m 砌筑 1 个砖垛,水泥砂浆抹面。墙体外侧,人工削坡,坡比 1∶0.83,用水泥板砌护。温室两山墙顶部的土体厚度均为 1 m。棚膜用 EVA 无滴、防尘、长寿塑料薄膜覆盖。具有采光性好,升温快,栽培面低于地面,墙体厚,贮热保温性能好,便于通风,操作方便等优点。

⑥改进冀优Ⅱ型节能日光温室。骨架为钢筋桁架结构,跨度为 8 m,脊高 3.65 m,后墙高度 2.0 m,墙体为 37 cm 厚砖墙,内填 12 cm 厚珍珠岩(图 2-6)。该温室在华北地区的正常年

份,温室内最低温度在 10℃以上,土壤 10 cm 深处地温可维持在 11℃以上,基本满足喜温性果菜类的冬季生产。

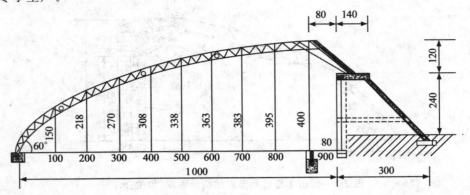

图 2-5 寿光Ⅵ式日光温室(单位:m)

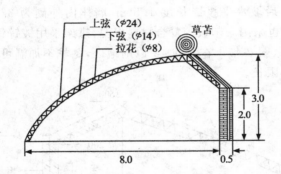

图 2-6 改进冀优 2 型节能日光温室结构示意图(单位:m)

⑦山东 SD 系列新型日光温室。其建造技术规范如表 2-1 所示。

表 2-1 山东 SD 系列新型日光温室建造技术规范

型号	脊高/m	前跨/m	后跨/m	前屋面角/(°)	后墙高/m	后屋面仰角/(°)
SD-Ⅰ	3.1～3.2	6.0	1.0	27.3～28.1	2.0～2.1	45
SD-Ⅱ	3.3～3.4	6.8	1.2	25.9～26.6	2.1～2.2	45
SD-Ⅲ	3.6～3.7	7.7	1.3	25.1～25.7	2.3～2.4	45～47
SD-Ⅳ	3.8～4.0	8.6	1.4	23.8～24.9	2.4～2.5	45～47

(2)日光温室的基本结构 日光温室的基本结构由墙体、后屋面、前屋面、立柱(钢架结构一般不设立柱)和保温覆盖材料五部分构成(图 2-7)。

①墙体。日光温室的墙体分后(北)墙和东、西两侧山墙,一般后墙高 1.5～3 m,山墙高与拱架弧形相对应,脊高 2.5～3.8 m,厚度因类型不同而不同。墙体起承重、保温、蓄热功能,目前生产上应用的墙体主要有以下几种类型:

A. 土筑墙体。土筑墙是用夯实土制成上窄下宽的"梯形土墙"。传统的土筑墙是人工夯实,俗称"干打垒";现代的土筑墙是用挖掘机和链轨推土机联合作业,碾压削切而成,称"机建

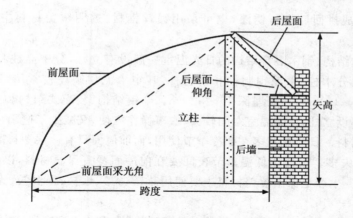

图 2-7 日光温室结构示意图

厚墙体"。土墙可以就地取材,一次性投入少,保温蓄热性能好,但耐久性差。土筑墙厚度必须大于当地冬季最大冻土层厚度,一般为 1.0~1.5 m;机建厚墙体底宽 4.0~4.5 m,顶宽 2.0~2.5 m,但目前也有底部 8 m、顶部 3 m 的超厚墙体。

　　B. 砖砌空心墙体。用普通黏土砖、黏土空心砖和其他材料的砖砌成,利用不流动空气可以保温的原理,设计出了各种空心墙,既增加了保温性,也降低了成本。一般内侧砖墙厚 24 cm,外侧砖墙厚 12 cm,中间保温夹层厚 12 cm。

　　C. 复合墙体。复合墙体是由不同墙体材料组成,并复合上保温材料(图 2-8)。一般是在砖砌空心墙体的夹层内填充珍珠岩、蛭石、聚苯板等保温材料,近年来又新出现了加气混凝土砌块、泡沫板等材料,进一步增加了墙体的保温蓄热能力。

　　②后屋面。日光温室的后屋面要求既能承重,又能隔热、载热。后屋面一般分为 3 层:内层为支撑物,如木椽、水泥预制板、加厚无机瓦等材料;中间为保温蓄热层,用木板、秸秆、稻草、草泥、炉灰渣等轻质保温蓄热材料;外层为防水层,用炉渣、水泥、沥青等作为防渗材料(图 2-9)。

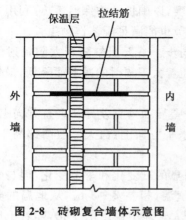

图 2-8 砖砌复合墙体示意图

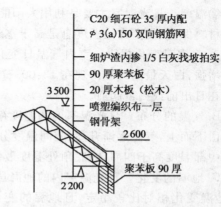

图 2-9 后屋面做法示意图

　　③前屋面。前屋面是日光温室的采光屋面,由拱架和透明覆盖材料组成。拱架由钢管钢筋、竹竿等材料加工成弧形,目前生产以钢管钢筋为主,分上弦、下弦和腹杆(拉花)。为

增加防锈能力，焊成拱回后刷防锈漆，也可采用镀锌钢材；透明覆盖材料主要是塑料薄膜，详见"项目3"。

④立柱。竹木结构、钢木混合结构的日光温室一般设有立柱，分中立柱和前排立柱两种，根据立柱的材料又分木柱、水泥预制柱和钢管柱，其中水泥预制柱较常用，其横截面规格为$(10\sim15)$cm$\times(10\sim15)$cm，一般埋深$40\sim50$ cm。全钢结构、装配式结构和钢筋混凝土结构的日光温室一般不设立柱，此类温室空间较大，农事操作方便，又减少了遮阳。

⑤保温覆盖材料。日光温室多在寒冷季节使用，而前屋面只有一层塑料薄膜，夜间保温性能差，温室热量损失多。因此在低温季节夜间要在前屋面覆盖保温材料，以减小室内热量损失，保持室内温度。生产上保温覆盖材料主要使用草苫（帘）、纸被、保温被、无纺布等，其中以草苫使用较多。

（3）日光温室的性能　日光温室的性能总体相对优越，在北方高寒地区实现了蔬菜作物的周年生产，其性能包括温室的温度、光照、湿度、气体和土壤条件等。

①光照。日光温室内的光照一般来源于室外太阳辐射，室内光照条件的变化规律与自然光照相同，但日光温室内的光照条件又明显不同于室外自然光照。

A.光照强度。室内的光照强度，要比自然光弱，首先是因为覆盖材料吸收、反射、折射等降低透光率，其次是透明覆盖材料的污染、老化等因素会加重对透光率的影响，另外温室的方位、屋面采光角及骨架结构或设备遮阳也会影响透光率。一般室内的光照度仅为露地的$50\%\sim80\%$（或更低），弱光已成为冬季影响喜光性园艺作物生产的主要因素。

B.光照分布。室内光照强度不论在水平方向还是垂直方向都存在差异：南北方向上部以南为强光区，中部以北为弱光区；东西方向中午时中部光照最强，东部和西部由于侧墙遮光，在早、晚各有一个弱光区；垂直方向上光照度由上向下逐渐减弱，差异明显。

C.光照时数。由于日光温室在寒冷季节多采用外保温覆盖，而这种保温覆盖物多在日出以后揭开，在日落之前盖上，从而减少了日光温室内的光照时数。比如在北方地区冬季，日光温室光照时数一般不过$7\sim8$ h，在高纬度地区甚至还不足6 h，远不能满足园艺作物对日照时数的要求。

②温度。日光温室主要是利用太阳能提高室内的温度，以围护结构保温蓄热，利用外保温覆盖材料保温，使室内的温度总是高于室外，在寒冷的季节也能满足园艺作物生长。

A.气温日变化规律。室内气温日变化一般与室外同步。晴天上午随着太阳辐射的变化逐渐增强，白天最高气温出现在13:00—14:00时，午后随着太阳辐射的减弱而降低，最低温度出现在日出前或揭苫起前。

B.气温的分布。日光温室内的温度存在明显的水平差异和垂直差异。垂直方向上：白天一般由下而上，气温逐渐升高，夜间温度分布正好相反；水平方向上：白天一般南部高于北部，夜间中部温度高于四周，前底角处温度最低。

C.地温的变化。日光温室内的地温虽然也存在着明显的日变化和季节变化，但与气温相比，地温变化相对比较稳定，且地温的变化明显滞后于气温，相差$2\sim3$ h。从地温的分布来看，日光温室中部的地温高于四周，而且地表的温度变化大于地中温度的变化，随着土层深度的增加，地温的变化越来越小。

③空气湿度。由于日光温室是一种封闭或半封闭的系统，空间相对较小，气流相对稳定，使得内部的空气湿度有着与露地不同的特点：

A. 空气湿度大。日光温室内相对湿度和绝对湿度均高于露地,平均相对湿度一般在 90% 左右,经常出现 100% 的饱和状态。空气湿度过大,加上弱光的影响,会引起作物发生徒长及诱发病害。

B. 存在季节变化和日变化。季节变化一般是低温季节相对湿度较高,高温季节相对湿度较低。日变化一般是白天湿度低,白天的中午前后湿度最低,夜间由于气温下降,空气的相对湿度也随之迅速增高,可达饱和状态。

C. 湿度分布不均匀。由于日光温室内温度分布不均匀,导致相对湿度分布也不均匀。一般情况下,温度较低的部位,相对湿度高,反之则低。

④气体条件。日光温室内气体条件变化与塑料大棚相似,表现在密闭条件下二氧化碳浓度不足和有害气体积累。

⑤土壤环境。由于覆盖物的存在,加之栽培方式的不同,日光温室内的土壤与露地土壤存在较大的差别。

A. 土壤养分转化和有机质分解速度加快。日光温室内土壤温度一般高于露地,再加上湿度较高,土壤中的微生物活动比较旺盛,这就加快了土壤养分转化和分解的速度。

B. 肥料的利用率高。日光温室的土壤一般不受或较少受雨淋和冲刷,土壤养分流失较少,因此施入的肥料便于作物充分利用,从而提高了肥料的利用率。

C. 土壤中病原菌集聚。因日光温室连作栽培十分普遍,周年利用,导致了土壤中病原菌的大量集聚,造成土传病害的大量发生。

2. 连栋温室

连栋温室(通常简称现代化温室或俗称智能温室)是园艺设施中的高级类型,设施内的环境实现了计算机自动控制,基本上不受自然气候条件下灾害性天气和不良环境条件的影响,能周年全天候进行园艺作物生产的大型温室。连栋温室的种类较多,依覆盖材料的不同通常分为玻璃连栋温室、塑料连栋温室、硬质塑料板材温室;依屋面形状又分屋脊型连栋温室和拱圆形连栋温室。

(1)连栋温室的结构　其结构由屋架结构和覆盖材料组成。

①连栋温室的规格尺寸。主要包括跨度、开间、檐高、脊高等。

A. 跨度。指温室的最终承力构架在支撑点之间的距离。通常的规格尺寸为 6.0 m, 6.4 m,7.0 m,8.0 m,9.0 m,9.6 m,10.8 m,12.8 m。

B. 开间。指温室最终承力构架之间的距离。通常开间规格尺寸为 3.0 m,4.0 m,5.0 m。

C. 檐高。指温室柱底到温室屋架与柱轴线交点之间的距离。通常檐高的规格尺寸为 3.0 m,3.5 m,4.0 m,4.5 m。

D. 脊高。指温室柱底到温室屋架最高点之间的距离。通常为檐高与屋面高度的总和。

E. 长度。指温室在整体尺寸较大方向的总长。

F. 宽度。指温室在整体尺寸较小方向的总长。

G. 总高。指温室柱底到温室最高处之间的距离,最高处可以是温室屋面的最高处或温室屋面外其他构件(如外遮阳系统等)。

②连栋温室的屋架结构。依屋面形状分屋脊型连栋温室和拱圆形连栋温室。

A. 屋脊型连栋温室。荷兰温室是屋脊型连栋温室的典型代表,其屋架结构主要由基础、骨架、排水槽等组成。如图 2-10 所示。

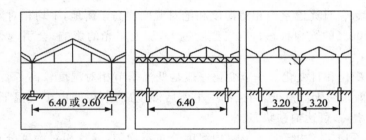

图 2-10 屋脊型连栋温室示意图(单位:m)

基础:连接结构和地基的构件,由预埋件和混凝土浇筑而成。

骨架:包括柱、梁或拱架,用矩形钢管、槽钢等制成,经过热浸镀锌防锈处理,具有很强的防锈能力;门窗、屋顶,用铝合金轻型钢材,经抗氧化处理,轻便美观、密闭性好,且推拉开启省力。

排水槽:又叫"天沟",它的作用是将单栋温室连接成连栋温室,同时又起到收集和排放雨(雪)水的作用。排水槽自温室中部向两端倾斜延伸,坡降多为 0.5%。

B.拱圆形连栋温室。目前我国引进和自行设计的拱圆形连栋温室较多,其透明覆盖材料为塑料薄膜,由于框架结构比玻璃温室简单,用材量少,建造成本低。如图 2-11 所示。

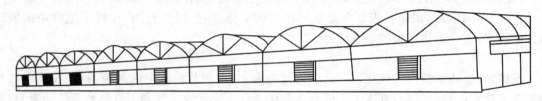

图 2-11 拱圆形连栋温室示意图

由于塑料薄膜的保温性比玻璃差,因此采用双层充气薄膜,提高保温性(图 2-12)。同单层薄膜相比,双层充气薄膜的内层薄膜内外温差小,在冬季可减少膜内表面的冷凝水量,同时由于外层薄膜不与拱架直接接触,而内层薄膜由于受外层薄膜的保护,避免风、雨、光的直接侵蚀,从而提高了内外层薄膜的使用寿命。用自动充气机进行充气,保证了双层塑料薄膜之间的间隔。但双层充气膜的透光率低,在光照弱的地区和生产喜光性作物时不宜使用。

③连栋温室的覆盖材料。主要为塑料板材、塑料薄膜和平板玻璃。详见"项目 3"。

(2)连栋温室的代表类型

①芬洛型玻璃温室(图 2-11)。芬洛型玻璃温室是我国引进玻璃温室的主要形式,是荷兰研究开发而后流行全世界的一种多脊连栋小屋面玻璃温室。温室单间跨度一般为 3.2 m 的倍数,开间距 3 m、4 m 或 4.5 m,檐高 3.5~5.0 m。根据桁架的支撑能力,可组合成 6.4 m、9.6 m、12.8 m 的多脊连栋型大跨度温室。覆盖材料采用 4 mm 厚的专用玻璃,透光率大于92%。开窗设置以屋脊为分界线,左右交错开窗,每窗长度 1.5 m,一个开间(4 m)设两扇窗,中间 1 m 不设窗,屋面开窗面积与地面积比率(通风比)为 19%。该温室由于其没有侧通风,且顶通风比小。在我国南方地区往往通风量不足,夏季热蓄积严重,降温困难。近年来,我国针对亚热带地区气候特点对其结构参数加以改进、优化,加大了温室高度,并加强顶侧通风,设置外遮阳和水帘——风机降温系统,增强抗台风能力,提高了在亚热带地区的效果。

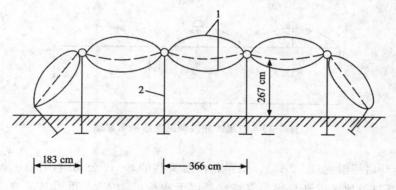

图 2-12 双层充气膜温室示意图
1. 薄膜；2. 支柱

②里歇尔温室（图 2-13）。里歇尔温室是法国瑞奇温室公司研究开发的一种塑料薄膜温室，在我国引进温室中所占比重最大。一般单栋跨度为 6.4～8 m，檐高 3.0～4.0 m，开间距 3.0～4.0 m，其特点是固定于屋脊部的天窗能实现半边屋面（50% 屋面）开启通风换气，也可以设侧窗卷膜通风。该温室的通风效果较好，且采用双层充气膜覆盖，可节能 30%～40%，构件比玻璃温室少，空间大，遮阳面少，根据不同地区风力强度大小和积雪厚度，可选择相应类型结构。但双层充气膜在南方冬季多阴雨雪的天气情况下，透光性受到影响。

③锯齿型温室（图 2-14）。适合南方温暖地区的开放型温室，侧窗可通过手动或机械卷帘装置双向开放，顶部锯齿型屋顶通风，可通过机械卷膜或双层充气开闭。这类温室如果配合外遮阳，降温可达 3～8℃。根据热空气流动原理，其自然通风效果优于一般的塑料温室。

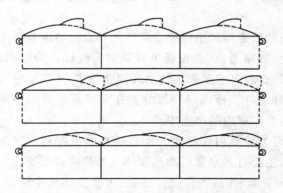

图 2-13 里歇尔型温室主要类型结构示意图

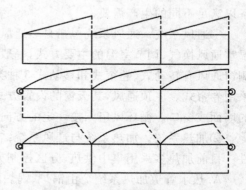

图 2-14 锯齿型温室主要类型结构示意图

④卷膜式全开放型塑料温室（图 2-15）。是一种拱圆形连栋塑料温室，这种温室除山墙外，顶侧屋面均可通过手动或电动卷膜机将覆盖薄膜由下而上卷起，达到通风透气的效果。可将侧墙和 1/2 屋面或全屋面的覆盖薄膜全部卷起成为与露地相似的状态，以利夏季高温季节栽培作物。由于通风口全部覆盖防虫网而有防虫效果，我国国产塑料温室多采用这种形式。其特点是成本低，夏季接受雨水淋溶可防止土壤盐类积聚，简易、节能、利于夏季通风降温。

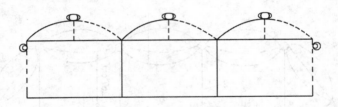

图 2-15　卷膜式开放型温室结构示意图

⑤屋顶全开启型温室(图 2-16)。最早是由意大利的 Serre 公司研制的一种全开放型玻璃温室,近年在亚热带地区逐渐兴起。其特点是以天沟檐部为支点,可以从屋脊部打开天窗,开启度可达到垂直程度,即整个屋面的开启度可从完全封闭直到全部开放状态。侧窗则用上下推拉方式开启,全开后达 1.5 m 宽。全开时可使室内外温度保持一致,中午室内光强可超过室外,也便于夏季接受雨水淋洗,防止土壤盐类积聚。其基本结构与芬洛型相似。

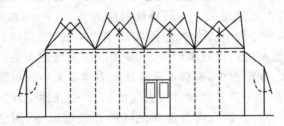

图 2-16　屋顶全开启型温室结构示意图

(3)连栋温室的配套设备与应用　连栋温室除主体骨架外,还可根据情况配置各种配套设备以满足不同的生产需要。

①通风系统。通风系统包括自然通风系统和设置排风扇两种系统。依靠自然通风系统使温室通风换气、调节室温的主要方式,一般分为:顶窗通风、侧窗通风和顶侧窗通风 3 种方式。侧窗通风有转动式、卷帘式和移动式 3 种类型。玻璃温室多采用转动式和移动式,薄膜温室多采用卷帘式。屋顶通风,其天窗的设置方式多种多样。排风扇一般放置在温室夏季背风一侧的墙面或窗口。循环风扇则按一定的方向安装在温室内的半空中。

②加热系统。加热系统与通风系统结合,可为温室内作物生长创造适宜的温度和湿度条件。目前加热多采用集中供热、分区控制方式,主要有热水管道加热和热风加热两种系统。

A.热水管道加热系统。由锅炉、锅炉房、调节组、连接附件及传感器、进水及回水主管、温室内的散热管等组成。热水加热系统在我国通常采用燃煤加热,其优点是室温均匀,停止加热后室温下降速度慢,水平式加热管道还可兼作温室高架作业车的运行轨道;缺点是室温升高慢,设备材料多,一次性投资大,安装维修费时费工。温室面积规模大的,应采用燃煤锅炉热水供暖方式。

B.热风加热系统。利用热风炉通过风机把热风送入温室内的加热方式。该系统由热风炉、送气管道、附件及传感器等组成。热风加热系统采用燃油或燃气加热,其特点是室温升高快,但停止加热后降温也快。热风加热系统还有节省设备资材,安装维修方便,占地面积少,一次性投资小等优点,适于面积小、加温周期短的温室选用。

此外,温室的加温还可利用工厂余热、太阳能集热加温器、地下热交换等节能技术。

③幕帘系统。幕帘系统包括帘幕系统和传动系统,帘幕依安装位置的不同可分为内遮阳保温幕和外遮阳幕两种。幕帘的传动系统有钢索轴拉幕系统和齿轮齿条拉幕系统两种。

A.内遮阳保温幕。系采用铝箔条或镀铝膜与聚酯线条间隔经特殊工艺编织而成的缀铝膜。按保温和遮阳不同要求,嵌入不同比例的铝箔条,具有保温节能、遮阳降温,防水滴,减少土壤蒸发和作物蒸腾,从而达到节约灌溉用水的功效。这种密闭型的膜,可用于白天温室遮阳降温、夜间的保温。夜间因其具有隔断红外长光波阻止热量散失,故具有保湿的效果,在晴朗冬夜盖膜的不加温温室比不盖膜的平均增温 3～4℃,最大高达 7℃,可节约能耗 20%～40%。而用于白天覆盖铝箔可反射掉光能 95%以上,因而具有良好的降温作用。目前有瑞典产和国产的适于无顶通风温室及北方严寒地区应用的密闭型遮阳保温幕,也有适于具自然通风温室的透气型幕等多种规格产品可供选用。

B.利用遮光率为 70%或 50%的透气黑色网幕,或缀铝膜(铝箔条比例较少)覆盖于距离顶通风温室顶上 30～50 cm 处,比不覆盖的可降低室温 4～7℃,最多时可降 10℃,同时也可防止作物日灼伤,提高品质和质量。

④降温系统。常用的降温系统有:

A.微雾降温系统。使用普通水,经过微雾系统自身配备的两级微米级的过滤系统过滤后进入高压泵,经加压后的水通过管路输送到雾嘴,高压水流以高速撞击针式雾嘴的针,从而形成微米级的雾粒,喷入温室,使其迅速蒸发以大量吸收空气中的热量,然后将潮湿空气排出室外而达到降温目的,适于相对湿度较低、自然通风好的温室应用,不仅降温成本低,而且降温效果好,其降温能力在 3～10℃,是一种最新降温技术,一般适于长度超过 40 m 的温室采用。

B.湿帘降温系统。是利用水的蒸发降温原理来实现降温的技术设备。通过水泵将水打至温室特制的疏水湿帘,湿帘通常安装在温室北墙上,以避免遮光影响作物生长。风扇则安装在南墙上,当需要降温时启动风扇将温室内的空气强制抽出并形成负压。室外空气在因负压被吸入室内的过程中以一定速度从湿帘缝隙穿过,与潮湿介质表面的水汽进行热交换,导致水分蒸发和冷却,冷空气流经温室吸热后再经风扇排出达到降温目的。如图 2-17 所示。

图 2-17 湿帘风机降温系统

⑤补光系统。采用的光源灯具要求有防潮设计、使用寿命长、发光效率高,如生物效应灯

及农用钠灯等,悬挂的位置宜与植物行向垂直。

⑥补气系统。补气系统包括两部分:

A. 二氧化碳施肥系统。CO_2 气源可直接使用贮气罐或贮液罐中的工业用 CO_2,也可利用 CO_2 发生器将煤油或石油气等碳氢化合物通过充分燃烧而释放 CO_2。如采用 CO_2 发生器则可将发生器直接悬挂在钢架结构上。采用贮气贮液罐则需通过配置的电磁阀、鼓风机和输送管道把 CO_2 均匀地分布到整个温室空间,为及时检测 CO_2 浓度需在室内安装 CO_2 分析仪,通过计算机控制系统检测并实现对 CO_2 浓度的精确控制。

B. 环流风机。在封闭的温室内,CO_2 通过管道分布到室内,均匀性较差,启动环流风机可提高 CO_2 浓度分布的均匀性。

⑦灌溉和施肥系统。包括水源、贮水池及供给设施、水处理设施、灌溉和施肥设施、田间管道系统、灌水器如喷头、滴头、滴箭等。进行基质栽培时,可采用肥水回收装置,将多余的肥水收集起来,重复利用或排放到温室外面;在土壤栽培时,作物根区土层下铺设暗管,以利排水。

⑧计算机自动控制系统(图 2-18)。计算机自动控制系统是连栋温室环境控制的核心技术,可自动测量温室的气候和土壤参数,并对温室内配置的所有设备都能实现优化运行和自动控制,如开窗、加温、降温、加湿、光照和补充 CO_2、灌溉施肥和环流通气等。一个完整的自动控制系统包括气象监测站、微机、打印机、主控制器、温湿度传感器、控制软件等。

温室自动控制系统　　　　　温室自动控制器

图 2-18　温室自动控制系统

(4)连栋温室的性能　连栋温室是园艺设施的高级类型,其性能先进完善,机械化、自动化程度高,劳动生产率很高。

①温度。连栋温室有热效率高的加温系统和湿帘风机降温系统,温度调节能力强,可四季生产园艺作物,而且温度分布较均匀。但控温费用很高,加大了生产成本。

②光照。连栋温室全部由透光率高的覆盖材料覆盖,全面进光采光,透光率高,光照时间长,而且光照分布比较均匀。

③湿度。连栋温室密封性好,空气湿度大,但连栋温室有完善的加温系统,可降低相对空气湿度;同时应用喷灌、滴灌、渗灌等先进灌溉技术,不仅节约用水,而且降低了空气湿度。在高温炎热的夏季,通过湿帘风机降温系统,在降温的同时,保持了适宜的空气湿度,为园艺作物尤其是一些名贵高档花卉,提供了良好的生态环境。

④气体。与其他园艺设施相似,中午会出现 CO_2 亏缺,应进行 CO_2 施肥。

⑤土壤。土壤连作障碍、土壤酸化、土传病害发生严重,但连栋温室便于使用无土栽培,克服了传统土壤栽培的弊端。同时通过计算机控制,准确提供园艺作物所需的各种营养元素,为园艺作物根系创造良好的土壤营养和水分环境。

★ 巩固训练

1.技能训练要求

通过对日光温室和连栋温室的实地调查、测量、分析,学会温室类型、结构的识别及性能的评价,以及温室规格尺寸和结构参数的测量方法。

2.技能训练内容

(1)实地考察各种类型的日光温室,判断其结构类型,测量当地有代表性的1～2种类型的规格尺寸和结构参数,调查日光温室在当地园艺生产中的应用。

(2)实地考察各种类型的连栋温室,判断其类型,有何特点,测量连栋温室的单体尺寸和总体尺寸,调查连栋温室配套设施及作用,调查连栋温室在当地园艺生产中的应用。

3.技能训练步骤

(1)观测日光温室和连栋温室的场地选择、建造方位和整体规划情况。

(2)观察日光温室的墙体材料、骨架材料、前屋面形状、后墙及后屋面长度,并判断其结构类型;观察记录连栋温室框架材料、屋面形状、覆盖材料,并判断其结构类型。

(3)测量记录常用日光温室的规格尺寸和结构参数、连栋温室的单体尺寸和总体尺寸。

(4)观察连栋温室配套设施。

(5)调查不同类型的温室在本地区的主要栽培季节、栽培作物种类、周年利用情况。

★ 知识拓展

1.日光温室的合理结构参数

日光温室主要作为冬季、春季生产应用,成本相对较高,属于半永久性建筑,所以在规划、设计、建造时,都要在可靠、牢固的基础上实施,达到一定的技术要求。日光温室由后墙、后坡、前屋面和两山墙组成,各部位的长宽、大小、厚薄决定了它的采光和保温性能,根据近年来的生产实践,温室的整体要求为采光、保温效果好、成本低、易操作、高效益。其合理结构的参数具体可归纳为"五度、四比"。

(1)五度　五度是指日光温室的角度、高度、跨度、长度和厚度。

①角度。包括前屋面角、后屋面角及方位角。

前屋面角是指日光温室采光面与地平面的夹角。这个角度直接决定日光温室的采光量。角度越大,冬季接受的太阳辐射越多。前屋面角度随纬度升高而加大。一般屋面角平均在20°～30°。前屋面的形状采用自前底角向后至采光屋面的2/3处为圆拱形坡面,后部1/3部分采用抛物线形屋面为宜。它的底角部分为60°～70°,中段30°左右,上段15°～20°。其中底角和中段,尤其是中段为冬春季的主要采光面,此段角度较大时,采光效果好。

后屋面角度是指后屋面与地平面的夹角。应比当地冬至太阳高度角大7°～8°。在北纬32°～43°地区,该角应在30°～40°。

方位角是指日光温室的方向定位,通常日光温室坐北朝南、东西向排列,向东或向西偏斜的角度不应大于10°。

②高度。包括脊高和后墙高度。

脊高是指温室屋脊到地面的高度。由于脊高与跨度有一定的关系,在跨度确定的情况下,高度增加,屋面角度也增加,从而提高了采光效果。但高度过大,散热面积增加,保温比变小,不利于保温;反之,低矮的日光温室,虽保温比加大,但总体效果不好。一般 7 m 跨度的日光温室,脊高以 3.1 m 为宜;8 m 以上跨度的日光温室,脊高应大于 3.3 m。跨度增加,脊高也要随之增加,但最高不超过 4 m。

后墙的高度以 2.0～2.8 m 为宜,过低影响作业,过高时后坡缩短,保温效果下降。随着跨度加大,后墙的高度也逐渐提高。

③跨度。跨度是指温室后墙内侧到前屋面南底脚的距离,以 7～9 m 为宜。一般跨度每加大 1 m,为保持适宜的前屋面角度,要相应增加脊高 0.2 m。在一定范围内,纬度高,跨度减少;纬度低,跨度加大。

④长度。长度是指温室东西山墙间的距离,以 50～80 m 为宜,过短,单位面积造价高,东西两山墙遮阳面积与温室面积的比例增大。过长操作不便。

⑤厚度。包括后墙、后坡和草苫的厚度。厚度的大小主要决定保温性能。

后墙的厚度根据地区和用材不同而有不同要求。华北地区土墙厚 80～100 cm,砖结构的空心异质材料墙体厚 50～80 cm。

后坡为草坡的厚度为 40～50 cm;预制混凝土的后坡,要在内侧或外侧加 25～30 cm 厚的保温层。

草苫的厚度 6～8 cm,即 9 m 长、1.1 m 宽的稻草苫要有 35 kg 以上,1.5 m 宽的蒲草苫要达到 40 kg 以上。

(2)四比　包括前后坡比、高跨比、保温比、遮阳比。

①前后坡比。指前坡和后坡垂直投影宽度的比例。在日光温室中前坡和后坡有着不同的功能。后坡起贮热和保温作用;而前坡面白天起着采光的作用,但夜间覆盖较薄,散失热量也较多,所以,它们的比例直接影响着采光和保温效果。从保温、采光、方便操作及扩大栽培面积等方面考虑,短后坡式,前后坡投影比例以 5∶1 为宜,即一个跨度为 6～7 m 的温室,前屋面投影占 5.0～6.0 m,后屋面投影占 1.0～1.2 m。

②高跨比。即指日光温室的高度与跨度的比例,二者比例的大小决定屋面角的大小,要达到合理的屋面角,高跨比以 1∶2.2 为宜。即跨度为 6 m 的温室,高度应达到 2.7 m 以上;跨度为 7 m 的温室,高度应为 3 m 以上。

③保温比。是指日光温室内的贮热面积与放热面积的比例。在日光温室中,虽然各围护组织都能向外散热,但由于后墙和后坡较厚,不仅向外散热,而且可以贮热,所以在此不作为散热面和贮热面来考虑,则温室内的贮热面为温室内的地面,散热面为前屋面,故保温比就等于土地面积与前屋面面积之比。

日光温室保温比(R)＝日光温室内土地面积(S)/日光温室前屋面面积(W)

保温比通常<1,越接近于 1,保温效果越好,一般日光温室的保温比在 0.8 左右。

④遮阳比(温室间距)。指在建造多栋温室或在高大建筑物北侧建造时,前面地物对建造温室的遮阳影响。为了不产生遮阳影响,应确定适当的无阴影距离。前排温室与后排温室的间距以互不遮光为宜。一般经验值为前排温室脊高的 2～3 倍。

2.植物工厂

植物工厂(plant factory)的概念最早是由日本提出来的。植物工厂是通过设施内高精度环境控制实现农作物周年连续生产的高效农业系统,是利用计算机对植物生育的温度、湿度、光照、CO_2 浓度以及营养液等环境条件进行自动控制,使设施内植物生育不受或很少受自然条件制约的省力型生产。植物工厂是现代农业的重要组成部分,是科学技术发展到一定阶段的必然产物,是现代生物技术、建筑工程、环境控制、机械传动、材料科学、设施园艺和计算机科学等多学科集成创新、知识与技术高度密集的农业生产方式。

1957 年世界上第一家植物工厂诞生在丹麦,1974 年日本等国也逐步发展起来。美国犹他州立大学试验用植物工厂种植小麦,全生育期不到 2 月,一年可收获 4~5 次;奥地利的一家番茄工厂,工作人员仅 30 人,平均日产番茄 13.7 t,生产 1 kg 番茄耗电 9~10 kW·h,成本只有露地的 60%;至 1998 年,日本已有用于研究展示、生产的植物工厂近 40 个。2004 年,中国农业大学开发了利用嵌入式网络式环境控制的人工光型密闭式植物工厂。

植物工厂的主要特征是有固定的设施,利用计算机和多种传感装置实行自动化、半自动化对植物生长发育所需的温度、湿度、光照强度、光照时间和 CO_2 浓度进行自动调控,采用营养液栽培技术,产品的数量和质量大幅度提高。

植物工厂以节能植物生长灯和 LED 为人工光源,采用制冷—加热双向调温控湿、光照—二氧化碳耦联光合与气肥调控、营养液在线检测与控制等相互关联的控制子系统,可实时对植物工厂的温度、湿度、光照、气流、二氧化碳浓度以及营养液等环境要素进行自动监控,实现智能化管理。

尽管植物工厂在产量和效率方面优点突出,但高昂的成本影响了它的推广。

任务 2　日光温室的使用与维护

【学习目标】

了解日光温室在设施园艺生产中的应用;掌握日光温室茬口类型、茬口安排原则及其种植制度;掌握日光温室结构的维护及在特殊季节和灾害性天气条件下的使用维护方法。

【任务分析】

本任务主要是学会日光温室的茬口安排、在日常使用过程中的结构维护以及在特殊季节和气象灾害性天气条件下的使用维护方法,为将来从事园艺生产打下基础(图 2-19)。

★ 基础知识

1.日光温室在设施园艺生产中的应用

日光温室由于其独特的采光、保温和蓄热性能,成为北方地区的主要园艺设施和冬季的主要生产方式。

(1)园艺作物育苗　可利用日光温室为大棚、小棚、露地果菜类蔬菜培育幼苗,也可培育果树、花卉等幼苗。

(2)蔬菜周年栽培　利用日光温室的性能,结合当地的气候特点,合理安排各种茬口,实现

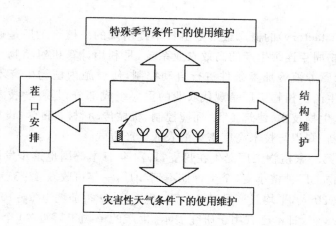

图 2-19 日光温室使用与维护任务分析图

了蔬菜的周年均衡供应,日光温室蔬菜生产,已成为我国北方地区蔬菜周年均衡供应的重要途径。

(3)花卉栽培 日光温室花卉生产近年来得到快速发展,主要生产盆花、切花和草花的周年生产。

(4)果树栽培 果树在温室中栽培正在不断发展,而且前景看好,主要是早熟栽培和促成栽培。如日光温室草莓、葡萄、油桃、樱桃等,都取得了很好的经济效益。

(5)其他应用 利用日光温室进行特种作物、中草药等经济作物、名贵树种及观赏树木等的栽培,还可进行动物、鱼类养殖,以及观光餐饮、休闲。

2.日光温室使用时的茬口安排

(1)茬口类型 日光温室生产中,依其生产季节一般可分为三茬:即秋冬茬、冬春茬(早春茬)和越冬茬,区别这几茬的关键是看它们生产开始和结束的时间,以及产品的重点供应期。

①秋冬茬。一般是在夏末秋初(7月下旬至8月中旬)开始播种育苗,秋末到初冬开始供应,直到深冬的月份结束。属于这种情况的如秋冬茬的黄瓜、西葫芦、番茄、芹菜、茄子、豆类蔬菜等。但也有春夏育苗,秋末转入日光温室生产的,如韭菜。除此之外,还有春提早的茄果类蔬菜,经过植株更新后转到温室进行秋冬茬生产的。

②冬春茬(早春茬)。冬春茬是从上年的11月到翌年1月播种育苗,深冬或早春定植,早春开始上市,到夏季先后结束。这是日光温室生产中采用最为普遍的一茬,如冬春茬的黄瓜、西葫芦、冬瓜、茄子、辣椒、番茄、西瓜、桃子、葡萄、速生蔬菜等。

③越冬茬。越冬茬是从上年的中秋(9月下旬至10月中旬)开始育苗,初冬定植,冬季开始上市。其收获期长达120~160 d,直到第二年的夏季结束。属于这一茬生产的有黄瓜、西葫芦、番茄、茄子、辣椒、芹菜等。这是目前日光温室生产中难度比较大,经济效益也比较好的一茬。

(2)茬口安排的原则 在日光温室生产中,如何安排好一年的生产,提高日光温室的利用率,降低生产成本,增加经济效益,是生产者非常关心的问题。所以,在确定日光温室生产茬口和选择作物时,应遵循以下原则:

①根据温室条件和当地气候条件安排茬口和作物。各地气候不同,日光温室的采光和保

温性能不同,要根据当地的气候特点以及生产者日光温室的设施条件作出客观的评估。温光条件优越,极端最低气温不低于 8℃的温室,进行越冬一大茬喜温果菜的生产,性能稍差的温室安排秋冬和冬春两茬生产,有意地躲过低温寡照的时段,性能很差的温室种植耐寒的蔬菜,如韭菜、芹菜等。

②根据市场安排种植茬口和品种。冬淡季鲜细菜的生产是一项商品性极强的产业,它的经济效益好坏首先取决于市场的需求。利用市场经济杠杆来调整日光温室的种植结构,是温室指导者和生产者基本的素质条件。

③要有利于轮作倒茬。日光温室占地相对稳定,必然会使日光温室里的连作障碍日趋严重,各种毁灭性土传病害猖獗,土壤缺素症加重。因此,在进行栽培品种选择和茬口安排上,必须要有利于轮作倒茬。不仅要减少同种蔬菜的连作,而且要尽量避免同一科或感染相同病害的作物连茬种植。

④要从稳产保收和提高效益上安排品种和茬口。日光温室的生产受自然界温、光条件的制约。冬季温度条件差的高寒地区,安排在对其比较适宜的生产季节,把换茬安排在一年之中光照最差、温度最低的时段。对于那些性能优良的高效节能型日光温室来说,则应采取相应的配套技术措施,生产具有较高季节差价的蔬菜品种和茬口,并要延长生产期,提高单位面积产量,稳定地增加收入。

⑤要根据生产者种植水平安排作物与茬口。日光温室生产是一种技术、劳力和资金密集型的产业,对生产者的素质、技能和资金都有一定的要求。刚开始种植日光温室,宜选择种植技术比较简单的作物和茬口,比较容易获得成功。对于一些经验丰富,技能较高,有一定资金实力的生产者来说,则可以安排效益更高的品种和茬口。

(3)日光温室的种植制度

①越冬一大茬生产。越冬一大茬生产,其生产过程要经历从光照强到光照弱,从温度高到温度低,再从光照弱到光照强,从温度低到温度高,跨越一年之中光照最弱、温度最低的低温寡照时期。所以,首先要求温室必须具有良好的采光和保温能力,同时也要有配套的技术。目前,从越冬一大茬生产推广面积和积累的经验来看,黄瓜应占首位,其次是番茄、西葫芦、茄子、辣椒、香椿和草莓等。

②秋冬、冬春两茬生产。秋冬、冬春两茬生产是日光温室传统的接茬方式,不仅能把栽培作物安排在相对有利的生产季节,而且可以利用换茬的有利时机,采取措施避免低温寡照对栽培作物的不利影响使日光温室的生产相对安全可靠。

③秋冬、冬春连茬生产。又称年头年尾一大茬,对于冬季比较寒冷(特别是1—2月份),夏季相对凉爽的地区,可采用此种模式。既可避开一年之中光照最弱,温度最低的低温寡照时期,又能消除冬春和秋冬两茬衔接之间的空隙期,延长了采收供应期。

④三茬生产。在寒冷地区,秋冬和冬春两茬衔接之间有较长的时间(12月至次年2月),此间插种一茬(冬茬)速生蔬菜,就形成了三茬生产的制度。

⑤多茬生产。有的温室种植速生蔬菜,排开播种或连续生产,就形成了多茬生产的形式。

⑥空间和边角地的利用。日光温室是一个高投入、高产出的场所。因此,利用好温室里每一寸土地和空间,都可为生产者带来经济收益。利用长后坡温室的后坡,种植高秆或喜温作物,在温室前部闲留的地带,种植耐阴、耐寒的蔬菜;在不影响主栽作物光照的前提下,在温室的空间吊挂栽培;种植高棵作物时,前期在行间可以寄养育苗,中后期可以把发酵好的蘑菇袋

横置到垄上,利用植株的遮阳和形成的高湿条件,满足食用菌的生长。都可以使温室的空间得到充分利用。

3. 日光温室结构的维护

日光温室在长期的使用过程中,会出现种种问题,比如塑料薄膜破损、竹木结构的温室出现竹竿折断、钢架生锈、墙体坍塌等。因此,必须注意对日光温室的维护、整修,以保持其良好的功能,延长其使用寿命,从而提高经济效益。

(1)墙体维护 墙体是日光温室的围护结构,起承重、保温和蓄热的作用,墙体一旦出现问题,将影响到结构的安全性和保温性。因此,在温室使用过程中要对墙体进行维护。其维护方法有:

①"护坡"。对于新建的土墙日光温室,后墙土比较疏松,不可使后墙长期暴露于空气中,一旦遇上大雨,极易将其冲垮。在平整好"后屋面"土层后,最好使用1~2层一整幅塑料薄膜覆盖后墙,确保雨雪无法渗透,保护墙体。而后,再在塑料薄膜之上,加盖一层无纺布等防晒材料,可保证"护坡"年限在4年以上,同时又能起到防除杂草的作用,避免通过放风口传播虫害及病害。最后,棚顶和后墙根两处各东西向拉根钢丝将其固定,或用编织袋装满土每隔1 m压盖1次。对于多年的旧温室而言,其护坡方法基本相同,唯一的区别是,要事先通过人工或挖掘机将脱落碎土重新堆砌到温室后坡上,而后再进行一系列的护坡工作。另外可以使用水泥或砖瓦护墙。在棚室建成后,可在后墙使用水泥或砖瓦将墙体覆盖,这样既可防雨,又可保温,但是由于比较费工,且价格较高,因此应用得相对较少。

②防漏水。对于砖砌墙体,检查是否渗水,做好防水处理,避免进水,冬季结冰,保温性降低,同时由于冻融交替,墙体开裂,降低保温性,缩短使用寿命。

③护后墙内侧。对于温室北侧靠近后墙内侧的地方,最好留取宽50 cm左右经压实过的土层,且在后墙内侧用水泥涂抹,或者设置水泥水渠,以防浇水时冲洗墙根下部。对于走廊前置的棚室,在不使用滴灌浇水时,水流到后墙基部时,也会对后墙基部形成冲刷,可在距离后墙20 cm以内的地方,用土垫高15 cm左右,并进行夯实,预防水流冲刷。

(2)后屋面维护 一些棚龄在5年以上的日光温室,其后屋面的覆盖物会因年久失修而出现损坏。因此,对日光温室的后屋面进行合理维护是非常有必要的。其方法是:

①重新更换棚膜钢丝。因后屋面承载力大,需密集铺拉钢丝,以钢丝间距10~15 cm为宜。可先在蔬菜大棚一头的底部埋设地锚,而后拴系好钢丝,将其横放在后砌柱子之上,并每间隔一后砌柱子捆绑一次,最后将钢丝的另一头用紧线机固定牢即可。

②覆盖保温、防水材料。选用的保温、防水材料有塑料薄膜、草苫、毛毡、无纺布、苇箔等。首先,选一宽为5~6 m、与棚同长的新塑料薄膜,一边先用土压盖在距离后墙边缘20 cm处,而后再将其覆盖在后屋面的钢丝棚面上。棚面顶部可再东西向拉一条钢丝,固定塑料薄膜的中间部分。然后,再把事先准备好的草苫或苇箔等保温材料(3 m长、1.6 m宽)依次加盖其上。最后,为防雨雪浸湿保温材料,需再把塑料薄膜剩余部分"回折"到草苫和毛毡之上。还要注意,保温材料上边的塑料薄膜要超出温室后墙边缘,把保温材料包裹严实。

(3)前屋面维护 前屋面关系到温室采光性能和结构稳定的关键部位,主要针对棚膜清洁及完整,压膜线的断裂及松弛,拱架的防护等。

①棚膜的维护。日光温室薄膜共分两幅,一幅为屋面棚膜,另一幅为放风棚膜。前者应选购透光率高、无滴消雾性强、寿命长的聚氯乙烯或乙烯-醋酸乙烯高温复合膜,后者应选购使用

聚乙烯成分棚膜，不要选用聚氯乙烯的棚膜，原因是由于聚氯乙烯成分的棚膜伸缩性大，在低温季节，由于棚膜的收缩，导致闭风不严实，易造成作物冻害发生。

在日光温室使用过程中，注意不要用尖锐物碰撞棚膜，以免划破棚膜。万一棚膜出现裂口，可用黏合剂修补或用透明胶带修补，聚乙烯膜可用聚氨酯黏合剂进行修补。经常保持棚膜清洁，一般棚膜使用 2 年以上必须更换，以免影响透光率。

②压膜线的维护。要经常检查压膜线，查看其是否破损、断裂及松弛，发现后应及时调整、更换。

③拱架的维护。钢架温室应每年涂刷一次防锈漆，尤其应注意生锈部分和易生锈的连接部件。对于竹木结构的温室，棚架上的竹片露出后，应进行打磨、包裹，以免划破棚膜。个别断裂的竹竿应及时更换，以免影响整体牢固性。还应注意主拱架、立柱等是否倾斜，要及时对入土部位填土踏实，扶正骨架。

（4）附属材料及设备的维护

①立柱维护。有立柱日光温室的立柱的主要作用是支撑拱杆，防其弯折、断裂现象。如果立柱出现轻微断痕，可采取在其一旁增设加固短立柱（1.2 m 左右）进行维护。

②附属设备维护。附属设备维护主要是指卷帘机等。其使用和维护是保证机械正常运转和寿命长短的主要方法。卷帘机在使用和维护中要注意以下问题：

卷帘机启用前，必须加足润滑油，主机每年清洗换油一次；在主机控制开关附近应再接一刀闸以确保安全；卷帘机启动后，无关人员应远离卷轴，以免发生危险；运行中如发现故障应先停机再做处理；使用中应经常检查主机及各连接处螺丝是否松动、焊接处有无断裂，开焊等现象；发现立杆倾斜、卷轴弯曲，应及时校正，以免发生故障；苫帘卷到位后应及时关机；每次使用停机后，应及时切断电源；每年对部件涂一遍防锈漆。

4. 日光温室在特殊季节的使用与维护

（1）日光温室冬季的使用与维护　冬季是日光温室进入生产管理的关键时期，也是日光温室生产到了一年中条件最不利的阶段。此时期的气候特点是低温、短日、寡照、高湿。因此，应加强日光温室内温度、湿度、水肥、光照的调控管理。

①利用栽培措施提高地温。根据作物的需要，栽培时使用高垄或高畦栽培，再辅以地膜的使用，来间接增加地温。还可增施有机肥或利用秸秆生物反应堆，利用其发热特性，以达到增加地温的目的。另外应加强中耕松土，提高土壤通透性，以提高地温。

②挖防寒沟、增防寒土。在温室后墙 100 cm、棚前 10 cm 处顺棚各挖一条防寒沟，防寒沟宽 40 cm、深 50～80 cm，沟里填充杂草、稻壳、杂稻草、锯末等物，此措施能起到隔绝室内土壤向室外冻层传导散热的作用。在温室的东西墙、后墙培土约长、宽各 100 cm。因为增加了墙根厚度，散热速度减弱，起到了保温作用。

③温室保温。及时修缮棚膜和草苫，雪后要及时清除覆盖物上的积雪并晒干，温室后墙覆玉米秆、稻草或用大泥抹盖，夹层旧塑料膜能提高保温效果。温室草苫下加盖纸被能起到减弱散热的作用。在畦面上扣小拱棚，还可以用塑料膜拉天幕，形成多层覆盖。

④临时加温。在寒冷的冬季，夜间温度如果低于极端最低温度 8℃，为避免作物受到冻害，就要临时利用一些取暖设备来提高温室内的温度。这些设备主要有：火炉、热风炉、土暖气等，应及时进行加温，保证温室夜间温度不低于 10℃。

⑤增加室内光照。保持棚膜表面清洁，每天拉起草帘后要及时清扫棚面灰尘和杂物，增加

室内透光度,延长日照时间。温室内利用反光幕补光增温,将反光幕张挂于温室栽培畦北侧或靠后墙部位,使其与地面保持 75°～85° 角为宜,可增加光照约 5 000 lx,提高地温和气温约 2℃。合理揭盖草苫,适当早揭晚盖草苫,一般太阳出来后 0.5～1 h 揭苫,太阳落山前 0.5 h 再盖帘,特别是在阴天里,也要适当揭帘,以充分利用太阳的散射光。合理布局作物,应遵循"北高南低"的原则,使植株高矮错落有序,尽量减少互相遮挡现象。搞好植株整理,及时进行整枝、打杈、绑蔓、打老叶等田间管理,有利于棚内通风透光。

⑥合理浇水、降低棚内湿度。冬季浇水要做到晴天浇,阴天不浇;午前浇,午后不浇;浇小水和温水,不浇大水和冷水;浇暗水,不浇明水。浇水后注意在温度上升后立即通风降湿;久阴骤晴不浇水,要采用叶面喷洒的方法来进行补水。采用膜下灌水,减少沟灌。裸露地面尽量覆盖稻草和稻壳等。

⑦合理施肥和用药。因为在低温条件下根系吸收力弱,植株长得慢,对肥水的需求量也少。因此,在保证底肥、底墒的情况下,在 1—2 月份低温期尽量不追肥,可配合叶面追肥,如用 15 kg 水中加 75 g 尿素和 30 g 磷酸二氢钾。室内空气湿度较大时,应采用烟雾剂或粉尘剂进行防病,避免用水剂增加湿度。

(2)日光温室在夏季休闲期的管理与维护　夏季相对而言是日光温室的空闲时期,但如果抓住时机,及时进行适当管理,可延长日光温室使用寿命,改良其土壤性能。同时,夏季也是病菌和害虫的高发期,做好夏季日光温室管理可彻底消除日光温室病菌和害虫存在的隐患,为下茬栽培做好准备。

①及时清洁田园。上茬作物采收结束后,应及时拔秧,并清理干净落叶、杂草,以免传播病虫;对于栽培时所覆盖的地膜也要及时撤除,已破裂的地膜碎块要拣拾干净,以免污染土壤和对下茬生产造成影响。解下吊蔓时所用的绳子,避免日光的长时间照射发生老化。地面清除干净后深翻 25～35 cm 晒垡以减轻病害发生。

②收好薄膜、草苫,保养卷帘机。将草苫收起,然后选晴天晾晒,并用塑料薄膜盖好,于干燥通风处垛藏;在上茬作物收获后及时将薄膜小心地从温室上撤下,用软布和软刷轻轻将其擦洗干净,于阴凉通风处将其晾干再卷成卷收藏;卷帘机经过长时间的使用趁空闲要及时进行维修保养,同时应对卷帘机进行遮挡,防止日晒雨淋,影响其使用寿命。

③维修、保养温室。温室经使用一季后,要及时检查墙体、后屋面,封堵漏洞、裂缝,防止雨水进一步冲刷。墙体倾斜严重时,可增设加固柱(桩)。其次检查拱架,如发现弯度过大,应及时修整。另外,应及时对拱架进行除锈、涂漆。检查拉筋、拉杆的松紧度、坚固度,如发现有变形现象,立即检出原因,及时焊接,防止整体毁坏。竹(木)棚架可不撤膜,或铺设防晒网,避免阳光直接照射棚架,防止竹竿(木杆)爆裂,延长使用年限。对于雨水较多的地区,土筑温室墙体要在雨前用塑料布遮盖,雨后撤去覆盖物,接受阳光照射,保持墙体干燥。砖墙的后坡要用塑料布盖严实,防止后坡泥土吃水过多,以防过度挤压造成墙体倒塌。在温室四周要挖好排水沟,夏季降雨后及时将雨水排走,以防浸泡墙体,引起墙体坍塌,同时防治长时间浸泡引起细菌滋生。

④改良土壤。对于使用 3 年以上的温室,由于不合理施肥造成土壤严重酸化,施用生石灰,提高 pH。翻耕前将生石灰和有机肥分别撒施于田间,然后通过耕耙使生石灰和有机肥与土壤尽可能混匀。

⑤消毒,杀菌。首先,进行高温闷棚。在使用前 1 个月内,选一两个晴天,用薄膜将全室密

闭,使室内形成高温缺氧的小环境,以杀死低温型好气性微生物和部分害虫、卵、蛹。其次,要土壤消毒。可用 60% 代森锰锌和 50% 多菌灵,稀释至 400 倍左右,均匀喷洒在土表和墙体上。药土撒施则每 667 m² 用 50% 多菌灵 1 kg 与 50 kg 干细土混合,均匀撒于土表后深翻土地。最后,进行空间消毒。将 40% 百菌清烟剂 200~250 g 置于温室四角,用暗火点燃发烟熏蒸一夜。或用硫黄熏蒸,硫黄用量为 15~20 g/m³,密闭温室一夜后再打开通风换气。

5.日光温室在气象灾害性天气条件下的使用与维护

日光温室种植季节主要在秋、冬、春季节,室内小气候环境受室外大气候的影响大,经常出现的灾害性天气,主要有强寒潮降温、连阴天、久阴骤晴天、大风、降雪天、雾天和高温热害等7 种类型,上述灾害性天气一方面可破坏日光温室的建筑,另一方面影响植株的正常生理代谢,引发多种生理障碍。因此,应做好日光温室在灾害性天气下的使用与维护,确保日光温室生产安全度过危险期,将气象灾害造成的损失减少到最低程度。

(1)强寒潮降温 强寒潮降温天气常使气温急剧下降,对于日光温室中种植的不耐寒蔬菜如黄瓜、番茄、辣椒、茄子等遭受冷害、冻害并导致植株枯萎死亡。生产中常采用以下管理和维护措施:

①提高日光温室保温能力。堵塞温室墙体破缝,采取多层覆盖保温,在棚膜外加盖草苫,在草苫上加盖防雨雪塑料薄膜,以保持草苫干燥,前屋面底脚一定范围室内增加立膜,室外设置围裙苫,室内加挂保温帘等措施增强保温性能,对于处于苗期和植株矮小的作物,棚内搭小拱棚,也可在床面覆盖草木灰、麦秸或麦糠,以阻止土壤中热量向空间散发,提高地温。

②适当辅助加温。如果极端低温出现时间长,室内温度持续下降,就要及时补充热量,以确保植株不受寒害,人工补充热量,可利用火炉、电炉子、电暖气、热风炉、浴霸灯、碘钨灯等辅助设备增温,确保室内夜间气温不低于 6℃,补温须掌握不能使室内温度上升过快以免影响作物正常发育。冻害多发生在温室的前部,夜间在靠近前底脚处,按 1 m 间距点燃一支蜡烛,可保持前底脚处不受冻害。

③松土、增施有机肥。松土可提高土壤温度,促进发根,在温室内开沟覆盖碎麦草或腐熟有机肥,可增加土壤有机质,提高土壤通透性,从而使植株根系强,长势壮,提高植株的抗逆性,增强对灾害性天气的抵抗力。

④对已遭受到不同程度的冷害或冻害的作物,在晴天揭苫前,可先在叶面上喷施清水,缓慢升温,逐步缓解冷害和冻害症状。

(2)连阴天 在冬春季节,常出现持续 5~7 d 以上低温寡照的连阴天气,此时温室蓄热量减少,室内温度低,室内热量得不到及时补充,随着气温、地温下降,植株根系活力下降,加上缺乏光照,作物处于饥饿状态,低温寡照使室内作物光合作用能力下降,进而影响作物正常的生长发育。在连阴天,管理上要以保温、增温和增加光照为主,生产上可采取以下管理和维护措施:

①尽量利用阴天的散射光,只要揭苫后温度不下降就要揭苫。即使外界温度较低,揭开草苫后温度有所下降,也要在中午前后揭开草苫,让植株见 0.5~1 h 的散射光,或者前揭后盖,以保证植株每天见光。张挂反光幕,能增加温室中后部光照,改善温室中后部的温光条件,能起到一定的增光、增温作用,提高抗寒能力;每天上午揭苫前和下午盖苫后采用高压钠灯或高瓦白炽灯人工补光 1~2 h,以促进植物的光合作用,提高抗性。

②降低室内湿度,连阴天温室内应停止浇水追肥,以免造成作物沤根,加重病害发生。通

风排湿不可太猛,应缓慢通风,防止冷风吹进棚内,造成植株萎蔫。有限放风,降低室内湿度,阴、雪、雾天温室内湿度大作物极易发生病害,在温室内温度不低于 6℃ 的条件下,要适当放风排湿,以降低室内湿度。

③健株保秧,增强植株抗逆能力。在连阴天到来之前,应提早采摘果实,减少植株营养消耗,有利于保护叶片和幼果,使养分向根系回流,促进根系生长,增强植株抵御不良环境的能力。

④发生冷害或冻害后要及时补救,采取喷水,剪除受冻组织,叶面喷肥,防病治虫等措施,尽快恢复植株正常生长。

(3)久阴骤晴　久阴骤晴天气光、温度变幅大,天气骤晴,揭苫后如果处理不当,室内作物很难适应强光照射和温度急剧上升,极易造成植株叶片急速生理失水而萎蔫甚至死亡。久阴天晴后应采取以下管理和维护措施:

①骤晴后白天不能将草苫等覆盖物一次全部揭开,采取“早晚见弱光,中午遮强光”的措施,使植株在较低的温度下逐步适应光照条件,要由少到多,反复交替揭盖草苫,防止闪苗,草苫揭开后,一旦发现植株打蔫,就要间相放下一部分草苫,待植株恢复后再将草苫揭开,当植株再度出现萎蔫时,立即把上次没有放下过的草苫放下,如此反复,交替晒热地面,直到全部揭苫后室内作物不再发生萎蔫为止,处理时间长短,取决于连阴天持续时间及室内作物生长状况,一般连阴 2～3 d,处理 1 d 基本可以恢复;连阴 5～6 d 时,需要处理 2～3 d;连阴 10 d 以上,需要处理 5～6 d 以上,待植株适应后再转入正常揭盖苫管理。

②晴天后,要尽量缓浇水。由于连续低温,作物的根系生长很弱,必须使根系恢复活力后再浇水,否则易造成沤根死苗。如果需要浇水追肥,应浇小水,可随水施入肥料,浓度要稀,且选择速溶性的肥料,最好是腐殖酸肥,有利于发根。可选用一些促根的药剂进行灌根,促进根系快速恢复。中耕松土,可提高地温,增加土壤透气性,以促新根生长。

③在植株上喷洒清水或营养液。揭苫后若发现植株有萎蔫情况,可向叶面喷洒与室温相同的清水或营养液(尿素 300 倍液、磷酸二氢钾 500 倍液混合液),具有降低植株体温,减少植株蒸腾,补充营养作用,喷清水可视情况多次进行。秧苗出现花打顶现象时,要及时疏去幼果和雌花,及时采收成熟果和未成熟果,并追施速效氮肥、适量浇水,促进养分向营养生长部位转移,恢复茎叶的正常生长。

(4)大风　大风对日光温室设施的影响主要在于风力的机械损毁等破坏作用,生产上应采取以下措施进行管理和维护:

①检查和加固压膜线,修补好损坏的棚膜。及时修补破损之处,防止强风吹入破坏棚膜,降低室温,以防造成更大的破坏。拉紧压膜线,把原有平行的压膜线拉紧、固定拴好。

②室内加立顶柱,棚内有吊蔓栽培的作物,屋架承重加大,遇风力作用,屋架易变形下凹,尤其是跨度大、后屋面仰角小、过平过陡、屋架质量差的日光温室,极易损坏塌陷,在这种温室的屋架中部要加立顶柱,提高抗风抗压承重能力。

③要密切关注天气预报,大风到来前关闭温室放风口,防止大风进入温室,造成棚膜损坏,要加密斜拉几道压膜线,以防大风使棚膜闪动造成破坏。下放部分草苫或保温被压在棚膜的中部位置,起到压膜防风的作用。

④夜间遇到大风,易将草苫吹乱吹散,使温室内的作物发生冻害。因此,遇到大风的夜间最好在盖好草苫后,扣紧固定绳索,并再斜拉几道绳索,拉紧固定,并把草苫底端用石块等重物

压牢,保证草苫紧贴在棚膜上,以防侧风把草苫吹起掀翻。夜间被风吹开的应及时拉回到原来的位置,最好在温室前底脚横盖草苫,再用竹竿或石块压牢。

(5)降雪天　降雪天对日光温室的影响主要是雪压超过日光温室的负荷,将日光温室压塌,另外积雪融化的水分渗入草苫降低了草苫的保温效果,给日光温室管理作业带来不便,生产上应采取以下管理和维护措施:

①要预防日光温室倒塌,对一些跨度大、立柱少、骨架牢固性差的棚室要及时增加立柱。

②白天下雪时不必盖草苫,雪停后立即扫去棚上积雪,下午提前盖苫,再在草苫上盖一层薄膜以加强保温。夜间降雪,雪停后也要及时扫雪,防止降雪融化,及时晾晒草苫,保证覆盖物干燥,减轻湿草苫对温室的压力,提高草苫保温效果,如果天气预报夜间有大(暴)雪,简易型日光温室要在下雪时揭苫,雪后及时清扫棚面积雪,牺牲室内温度换取温室安全。

(6)雾天　雾天对温室作物带来的影响表现为光照时间短,光照强度不够,室内温度过低,不利于光合作用;空气湿度大,容易引发病害。生产上应采取以下管理和维护措施:

①草苫早揭晚盖,增加温度。雾散后立即将草苫揭开,晚上尽量推迟盖棚时间,延长光照时间,有利于室内温度的升高。对植株较矮的作物,加盖小拱棚,起到增温保温的作用。

②清洁棚膜,增加光照。清除棚膜上的尘土、草屑等污物,增加棚膜的透光度,提高室内光照强度,有利于温度的提高和有机物质的制造和积累。

③科学浇水,减少病害。雾天空气中的水汽含量非常大,并且温室内湿度也很大,此时尽量不要浇水,防止室内湿度增加,给各种病害发生创造条件。

(7)高温热害。因通风不及时,使棚室温度过高,超出了作物正常生长发育的要求,作物体内生物酶活性降低,导致生理机能障碍。生产上应采取以下管理和维护措施:

①根据天气状况,适当调节放风口大小,每日适时放风。

②当放风降温效果不理想或不能采用放风降温时,采用遮阳降温的方法,可在棚膜上覆盖草苫或遮阳网,降温效果可达 4～6℃。

③往植株上适量喷水,以提高土壤中含水量和增加空气相对湿度。以水降温,适时灌水可以改善田间小气候条件,使气温降低 1～3℃,从而避免高温对花器和光合器官的直接损害,减轻高温危害。

④叶面喷肥。用磷酸二氢钾溶液、过磷酸钙等溶液连续多次进行叶面喷施。这样既有利于降温增湿,又能够补充蔬菜生长发育必需的水分及营养;可提高植株的抗热性,增强抗裂果、抗日灼的能力,但喷洒时必须适当降低喷洒浓度,增加用水量。

★ 知识拓展

温室卷帘机

温室卷帘机是温室专用机械,已被农业园区和广大种植户所认识,它的作用越来越明显,是今后大棚种植必需的机械装备和发展方向。它不仅节省劳力,减轻劳动强度,更重要的是可增加大棚光照时间,提高棚内温度。因而提高温室作物的质量和产量,增加广大种植户的经济收益。

(1)卷帘机的工作形式及适用范围　目前卷帘机工作形式主要有两种:

①固定式卷帘机。卷帘机固定在温室后墙或棚梁上,利用机械动力把苫帘卷上去,靠苫帘

的自重和温室的坡度使苫帘自行滚放下去,此种卷帘机要求温室坡度较陡,棚架与水平面成30°角以上,并且造价较高。安装较复杂。

②走动式卷帘机。在棚前安装,采用机械手原理利用卷帘机的动力上下自由卷放苫帘,此种机型体积小,重量轻,输出扭矩大,适用范围广,不受坡度及结构限制。安装方便,是目前较多用的一种机型。

（2）卷帘机的结构型式及特点

①固定式卷帘机以温室后墙或棚梁、棚架做固定点,根据温室长度竖立起若干间距相等的立柱管,立柱管上装有塑料轴套,支承卷轴。主机与卷轴连接。当主机工作时,卷轴转动拉动卷帘绳完成卷放苫帘。本机型主机减速过程一般为链条式三级转化,具有自行、自放、无电自放和手动上卷功能。

②走动式卷帘机。采用二联支杆滚动起重原理,属棚前安装式,主机一般采用两级蜗杆蜗轮传动减速;输出轴联接联轴器,联轴器通过法兰盘与卷轴联接,本机型一般采用中跨式安装,卷轴安装在主机两侧,当主机工作时带动卷轴滚动,完成苫帘卷放,本机型安装简单,可在任何时停车、开车,可行到大棚的任何一个位置。

以上两种型式的卷帘机均以 220 V 或 380 V 电源电机为动力源。

（3）卷帘机的安装与调试

①安装完后要对主机、卷轴、电器等各零部件进行全面检查。

②把卷帘绳的长度(松紧度)调整一致,以使卷起的苫帘处在一条直线上,苫帘同步卷放可保证机械性能,延长苫帘使用寿命。

③在卷起过程中如有的地方走得慢,调整绳子不起作用时,可在慢的地方垫一小片苫帘,增加苫帘厚度,加大直径解决。

任务 3　连栋温室的使用与维护

【学习目标】

了解连栋温室在我国目前的应用情况;掌握连栋温室主体及配套设备的使用与维护方法;掌握连栋温室在气象灾害条件下的使用与维护方法。

【任务分析】

本任务主要是在掌握连栋温室主体结构、配套设备及作用的基础上,学会连栋温室及配套设备的使用与维护方法,以及其在气象灾害条件下的使用与维护方法,为将来从事园艺生产打下基础(图 2-20)。

★ 基础知识

1.连栋温室的应用

连栋温室作为园艺设施的最高类型,是我国设施园艺的发展方向,但根据现阶段我国的国情,还不能在广大农村大面积使用。目前连栋温室的建设在我国尚处于发展阶段,主要有以下几个方面的应用。

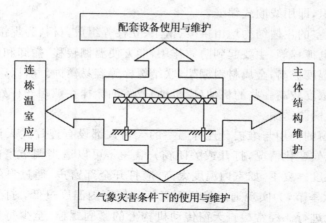

图 2-20　连栋温室使用与维护任务分析图

（1）园艺生产　工厂化育苗，高附加值的园艺作物生产，如喜温性瓜果类蔬菜、切花、盆栽观赏植物、果树等。随着我国设施农业的大发展，以及规模化、标准化的要求，连栋温室作为工厂化育苗设施是将来的发展趋势。

（2）试验研究　由于连栋温室能人工调节气候，用于科学研究。

（3）商业　连栋温室能提供作物生长的适宜环境，再配套交通通道和展销台架，可用于花卉等展览、批发和零售。

（4）餐饮、休闲观光　用于都市观光农业园区，对温室进行整体规划设计，种植各种奇花异草、稀特蔬菜、反季节果树等来吸引游客的眼球，建造生态餐厅，满足人们回归自然和休闲观光的需求。主要以门票收入、观光采摘和餐厅收入来赢利。

2.连栋温室及配套设备的使用与维护

连栋温室的建造成本高，其生产系统相对精密，且自动化程度高。长期处于高温高湿环境。因此一定要注意其使用方法，加强维护，以充分发挥其性能，延长其使用寿命。

（1）日常维护　日常维护主要是针对其各零部件、透明覆盖材料等的日常维护。

①零部件。连栋温室构架的零部件经过热镀锌防锈处理，防腐蚀性强，如发现零件表面泛出白点，属正常情况，用蘸有机油的布条轻擦即可。

②PC 板。连栋温室在使用中，如 PC 板紧固螺钉松动，遇到风极易造成损坏，应及时紧固并打好密封胶；如 PC 板破裂，应及时更换，更换时必须将有破裂的整块板更换。

③塑料薄膜。薄膜在使用一定时间或大风过后，由于老化和在压力作用下引起的拉长，需要重新装卡，以保持薄膜张紧，防止夹层内形成积水。此项工作最好在春、秋季无风的天气情况下进行，以免影响安装质量；同时也防止热变形的影响。例如，如果冬季操作，到夏季薄膜显得过松，失去了重新卡紧的意义；而在夏季操作，如果安装得过紧，到冬季薄膜收缩引起撕裂或加速拉长变形，从而加速老化。经常巡视顶膜及四周围薄膜时，如发现薄膜卡具有脱开现象，应及时复位。塑料薄膜很脆弱，不能用硬物或树枝钩挂。若有破损，要及时进行修补，否则破损处会越拉越大，破损处可使用专用的补膜胶布修补。

④铝箔遮阳网。它是用铝箔与联结线编织而成。所以，在使用时，要注意对联结线的保护。不要用金属物钩挂或拉坠。有掉线时，可用剪刀将掉线头剪断，不要人为将织线抽拉。如

破损过大,可人工修织,即用线顺式编缝。

⑤钢架。连栋温室的主体结构均由拱架、檩条、立柱等组成,材料为焊接管、方管等。加工时,有的为热镀锌或电镀锌等,主要起到防锈作用,能方便温棚转移、撤卸和延长使用寿命。但是,在温室内,温度、湿度极高,金属材料棚架,联结螺栓等容易锈蚀。所以,在使用、维护时,要注意防锈处理,可用浓度较高一些的机油(废机油)或黄油涂抹在螺帽丝杆处,钢架如出现大面积锈蚀,要及时除锈,刷防锈漆。

(2)连栋温室天窗的使用与维护 连栋温室的天窗大都设有连片式天窗,在正常使用下,应根据使用要求和气候变化情况,打开或关闭窗户,一是可以适当调节室内气温,二是通过通风换气减少室内湿度。夏季,如室内温度太高,应打开全部窗户,通过自然通风换气带走室内积聚的热量。春秋季节,为实现通风换气而又不致使室内温度过低,打开窗户应在中午或下午气温较高的时段进行。经常检查天窗传动机构上的紧固螺栓,至少每年检查一次。如有松动,要及时拧紧,否则会加快机构磨损,甚至损坏。驱动电机每年检查一次,机油不足应及时添加,传动齿条和驱动轴轴承每年上黄油一次。在使用中应观察各活动部件,如发现有异常变化,要及时维修或更换。天窗提不动或阻力明显增大多是传动机构松脱,可在复位后紧固。冬季下雪后,由于室内温度高,雪有可能融化,在天窗的连接处再结成冰,将天窗冻住,使打开天窗的阻力急剧增大,此时如开启天窗,将会造成天窗机构的损坏。故在每年下雪后至来年完全解冻前,严禁开启天窗。

(3)连栋温室侧窗的使用与维护 连栋温室的侧窗主要是配合湿帘风机使用,必要时也可以单独使用。经常检查齿轮齿条和连杆上的紧固螺栓,如有松动,要及时拧紧,否则会加快机构磨损,甚至损坏。减速机每年检查一次,机油不足应及时添加,传动齿条和驱动轴轴承每年上黄油一次。

(4)连栋温室室内遮阳系统的使用与维护 连栋温室室内遮阳机构的使用较为简单,主要是根据天气情况及作物的要求,及时关闭或开启遮阳网。一般情况下,在强光、高温时段,应打开遮阳网,用以遮光、降温;早晚或阴天时,光照不足,应收拢遮阳网,以保证光照。使用过程中,如遮阳网开闭时未到位就停止运行,或传动机构出现异常声音,应立即断开电源,查明原因并排除故障后再启动,未排除故障前不能再使用,以防机构损坏。驱动电机每年检查一次,机油不足应及时添加,传动齿条和驱动轴轴承每年上黄油一次。在日常使用中应观察各个活动部件有无异常变化,如发现驱动管和遮光网牵引铝材之间或驱动齿轮与齿条之间松动,要及时紧固;遮阳网破损,要及时修补或更换。遮光机构的各轴承应每年加油一次。如出现异常响声或遮光网卡住现象,要立即关机,查明原因及排除故障后再启动,否则会加剧机构的损坏。遮阳网拉不动或阻力明显增大,多因传动齿条阻力过大,或遮阳网尾部松脱卷入传动齿条内或传动齿条接头勾住遮阳网,查明原因后作相应处理。

(5)连栋温室湿帘风机的使用与维护 在夏季高温时可启动湿帘风机系统,利用流过湿帘的水的蒸发进行降温。其使用与维护应注意以下事项。

①关闭其余门窗。湿帘风机运行时温室内为负压,为防止热空气短路(即不经湿帘降温循环),除湿帘侧打开侧窗通气外,其余门窗必须密闭,否则会严重影响降温效果。

②水量控制。供水应使湿帘均匀湿透,有细小的水流沿湿帘波纹往下流。可通过调节供水阀控制水量。

③水质控制。保持水源清洁,水的酸碱度在 pH 6～9,电导率小于 1 000 μΩ。定期清洗水

池、循环水系统等,保证供水系统清洁(通常每周一次)。保持所供水质良好,为阻止湿帘表面藻类或其他微生物滋生,短时处理可向水中投放 3~5 μL/L 氯或溴,连续处理时浓度为 1 μL/L。

④漏水处理。水滴溅离湿帘。检查供水量是否过大;是否有损坏的湿帘,边缘出现破损或"飞边"。接缝处漏水,在停止供水后,加抹硅胶。

⑤帘纸垫干湿不均。调节供水阀控制水量或更换较大功率水泵、较大口径供水管。及时冲洗水池、水泵进水口、过滤器、喷供水管等,清除供水循环系统中的脏物。

⑥湿帘清理。湿帘表面的水垢和藻类物清除。在彻底晾干湿帘后,用软毛刷上下轻刷,避免横刷。然后只启动供水系统,冲洗湿帘表面的水垢和藻类物。

⑦日常保养。在水泵停止 30 min 后再关停风机,保证彻底晾干湿帘。系统停止运行后,检查水槽中积水是否排空,避免湿帘底部长期浸在水中。为防止水泵缺水运行而损坏,回水池的水在静止时要加至离盖板 5~10 cm。风机应每年检查一次,皮带过松要及时调整,水泵底阀和过滤器滤网每个月检查清洗一次,避免堵塞。水流过湿帘后水质会变差,夏季使用时,每个月应将回水池的水全部更换一次。在不使用湿帘的季节,可通过加装防鼠网或在湿帘的下部喷洒灭鼠药。

(6)连栋温室电气系统及电气设备的使用与维护

①电气系统使用注意事项。控制箱周围不得含有爆炸和易燃气体,否则有引发爆炸和火灾的危险;对控制箱的任何电气维护、检修,应由专业人员操作,否则有触电的危险;确认输入电源处于完全断开的情况下,才能进行检修及维护工作,否则有触电的危险;在通电的情况下,不要用手触摸裸露端子,否则有触电的危险;不要将螺钉、垫片及金属棒之类的导电异物掉进控制箱内部,否则有火灾及设备损坏的危险;非专业技术人员不得私自更改、变动控制箱内配线,各设备电机的行程已经调定,不得随意变动,以免行程错乱,损坏电机及其他设施;长期不用时,应断开控制箱内电源;漏电开关应每月试验一次,检查是否失灵。漏电开关对从漏电开关出线后的相线、零线间触电和相线间的触电不起漏电保护作用。

②电控箱(柜)。是集各类电气开关、指示灯、控制变压器、接触器、各电气联接导线为一体的箱体。正确的使用各类开关、仪器、仪表能起到控制各类设备事半功倍的效果。而这些开关、仪器、仪表等又都怕湿、怕尘,要在干燥、清洁的环境中工作和使用。所以,该箱体要在既通风、干燥,又便于安全操作的室内。在使用前,要注意检查箱体是否安全接地。输入、输出电源导线绝缘层是否有破损或有断路、短路现象。输入电压是否在安全使用范围内(合闸时,查看电压、电流表)。在这些都确定无误时,方能正式使用。

③电动卷膜器、拉幕电机。电动卷膜器、拉幕电机在高温、高湿的环境中工作,导线极易损伤和老化。所以,在每季育秧或育苗前都要认真检查电动机的导线是否完好。在可能的情况下,可使电机空载转动或用手盘动电机转轴,以确认电机转动部分没有锈蚀、咬死;检查油箱润滑油是否是正常标定内;检查传动轴及负载部分(遮阳网或塑料薄膜)有无阻碍物或转动位置是否改变,只有在这些都无误时方能启动电机和使用。

3.连栋温室在气象灾害条件下的使用与维护

连栋温室属于轻体建筑,其空间、面积较大,在生产使用中经常遭受风、雪、雨灾的危害,影响其性能,甚至破坏结构,给生产带来不利影响。因此应采取必要的措施,加强其抗灾能力。

(1)风季使用与维护 连栋温室设计的抗风能力大多为 9 级左右,但在使用过程中经常忽视一些细节问题,出现严重的后果。连栋温室在风季的管理与维护上主要注意以下几个方面。

①检查覆盖材料,注意保持 PC 板、塑料薄膜的密封性,各部分的透明覆盖材料都不能有破裂,对温室覆盖物的破损部分要及时地进行修补、更换,即使是很小的孔也应消除。检查塑料薄膜的所有固定部分,尽可能地紧固卡槽、卡簧等,防止有漏风和松动的部分。否则一旦大风进入室内,就可能对温室整个构架造成破坏。

②对于塑料薄膜连栋温室,如果风利用一个小的破损把整个覆盖物撕开,就很容易使温室局部受力不均,并导致结构变形或倒塌。如果来不及修补,那就要果断采取措施,必要的情况要考虑破坏整个覆盖物。

③注意检查温室的门窗是否可以正常关闭,对不能正常关闭的要立刻采取措施进行修复或加固。对有外遮阳系统的温室,要及时收起并固定外遮阳网,不要被风吹散,一方面减少外遮阳系统的受力,一方面降低对遮阳网的直接损坏。

④注意检查温室骨架结构的节点部分,尤其是"立柱—横梁—屋面梁"的节点部分,尽可能地拧紧螺丝和其他紧固件以保证其强度。检查温室的地面基础部分,对有松动的部分要及时进行加固,要尽可能地拧紧螺丝和其他紧固件以保证其强度。

(2)雪天的使用与维护　一般的下雪天气是很难在温室顶部形成有效积雪的,因为温室内的温度通过覆盖材料,可以使落在屋顶的雪花很快融化掉,即使产生小面积积雪,也会因为最下层的积雪融化成水而从屋顶滑落。但如果是强降雪,积雪难以及时融化,积雪自重会逐渐增加,最终使温室结构变形发生倒塌。雪天温室的使用与维护方法如下。

①在下雪天气,应安排专人负责巡视,开启屋顶除雪装置或人工定期、及时清理温室顶部积雪;随时注意天沟两侧的积雪不要过多,或采取人工清除,必要时开启融雪管,加快天沟附近的积雪融化速度。尽量减少有效积雪的聚集,以减轻结构压力。

②有加温设备的温室,在下雪天气要增加供热,必要时可以打开内保温幕,快速提高温室内温度,加快顶部积雪最下层的融化速度;非加温温室需采用临时加温设备,如热风机、热风炉或其他任意可起到加温作用的措施,以提升温室内的温度。

③在清除屋顶积雪的同时,应同时注意对侧面积雪的清理,不要形成过高侧压。

④由于积雪覆盖或为保温而增加覆盖物,都会直接影响温室内的透光率,对部分喜光植物,应打开补光灯进行补光。另外雪天会引起温室内温、湿度异常,应随时观察,进行必要的调控。

(3)雨天使用与维护　暴雨会在短时间内倾注大量雨水,在得到预报后要迅速关闭天窗,以防雨水飘入室内。要及时排除水槽上的积存杂物,并检查和保持下水道畅通无阻,防止排水不畅致使雨水从水槽漫出。

★ 巩固训练

1.技能训练要求

掌握连栋温室环境调控设备的使用与维护方法。

2.技能训练内容

(1)各种环境调控设备所在位置、总体要求、技术参数、各系统基本组成。

(2)各种环境调控设备基本操作、使用注意事项、动态演示操作及维护保养方法。

3.技能训练步骤

(1)了解环境调控设备所在位置、系统基本组成。

（2）了解环境调控设备总体要求、技术参数。

（3）掌握基本操作方法。

（4）在技术人员指导下进行动态演示操作，并观察其工作过程。

（5）维护保养方法。

★ 知识拓展

巨 型 大 棚

巨型大棚是我国中原地区农民根据多年的种植经验，在塑料大棚的基础上，发明创造的一种新型超大型园艺设施。巨型大棚多为竹木结构，以水泥预制柱作柱脚。占地面积 $1\sim$ $1.5~hm^2$，棚体高大，操作方便，单位面积土地投资少，容易实现规模化、产业化生产。

（1）巨型大棚的特点　与传统的塑料大棚比较，巨型大棚占地面积大，并且不受地块走向限制，土地利用率高，便于规模化和产业化生产；棚体高大，棚内空间大，操作方便；可以进行多层覆盖，保温性能优于普通大棚，延长了采收期，从而增加效益；由于边沿地区所占比例较小，小气候环境条件稳定；坚强耐用，建棚采用武夷山的竹竿和风钩相结合，棚体抗风、抗压能力较强，可抵御 8 级阵风。

（2）巨型大棚的结构形式　巨型大棚的结构多采用竹竿，每个棚的跨度为 $20\sim90~m$，长度因地块而定，高度 $2.6\sim3.5~m$。立柱间距 $1.2\sim1.3~m$，立柱行距 $1.9\sim2.2~m$ 不等，拱杆搭建在立柱之上，立柱用纵横竹竿连接，使之成为一个整体，立柱固定于下部预制好的水泥柱脚上。膜外用 $8\sim10$ 号钢丝压膜，早春多采用二膜、三膜或四膜覆盖，外膜多采用聚乙烯防老化无滴膜，内膜采用无滴地膜。

（3）巨型大棚的生产模式　巨型大棚生产多采用一年两茬生产制度，即"早春"和"秋延"茬。早春茬一般以黄瓜为主，2月上旬定植于棚内，采取三膜覆盖，7月初结束。越夏秋延茬以种番茄为主，7月上旬定植，11月底结束。还可以采取早春番茄或秋延番茄栽培模式或早春黄瓜加越夏菜豆，菜豆生长末期套种西兰花模式，以及早春黄瓜、越夏叶菜加西芹等三茬栽培模式。

项目 3　园艺设施覆盖
材料的选用与维护

任务 1　透明覆盖材料的选用与维护

【学习目标】

1.了解设施园艺生产对透明覆盖材料的基本要求及透明覆盖材料的种类;掌握不同透明覆盖材料的性能及在园艺设施中的应用。

2.能根据不同类型的设施与用途选择合适的透明覆盖材料;具备识别、区分常用透明覆盖材料的能力。

3.能计算棚膜的用量,并根据园艺设施的规格正确裁剪和焊接棚膜;熟悉棚膜覆盖的基本步骤,能熟练完成棚膜的安装与固定;学会对透明覆盖材料的科学管理和维护。

【任务分析】

本任务主要是在掌握不同透明覆盖材料的种类、性能及应用的基础上,掌握透明覆盖材料的选用与维护方法(图 3-1)。

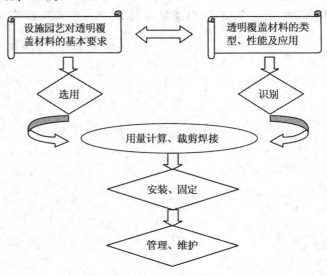

图 3-1　透明覆盖材料选用与维护任务分析图

★ 基础知识

1.设施园艺生产对透明覆盖材料的基本要求

（1）光学特性 透明覆盖材料最主要的功能是采光。在透明覆盖材料中添加特定的紫外线阻隔、吸收剂、转光剂、红外线阻隔剂，使波长 350～3 000 nm 的可见光、近红外线透光率高，在波长＜350 nm 的近紫外区域和波长＞3 000 nm 的红外线区域透过率低。

（2）机械特性 透明覆盖率在安装和使用过程要经受以下几种力：下落的冰雹、刮风引起的冲击力，积雪对覆盖物施加的稳定而持久的横向负荷，安装时受到的拉伸力，园艺设施不光滑的骨架对覆盖材料的磨损等。

（3）耐候性 就是防止老化的性能，关系到覆盖材料的使用寿命。透明覆盖材料的老化包括两方面的含义：一是覆盖材料在强光和高温作用下，变脆从而自动撕裂；二是光衰弱，随着覆盖材料使用时间的增长，透光率变低，失去使用价值。为了抑制老化进程，需要添加光稳定剂、热稳定剂、抗氧化剂和紫外线吸收剂等助剂。

（4）湿度特性 设施内经常是一种高湿环境，当降温到露点以下时，就有可能在室内形成雾，或在覆盖材料的内表面形成露，将大大地降低覆盖材料的透光率，也影响室内的增温；同时雾滴和露滴容易使作物的茎叶露湿，诱导病害的发生和蔓延。因而需要在塑料原料中添加防雾滴剂，降低设施内的湿度，从而降低病害发生。

（5）热特性 设施园艺生产要求透明覆盖材料具有一定的保温性能，阻挡设施内向外界失散的热辐射，保持室内的温度。因此，为了提高透明覆盖材料的保温性能，在生产塑料膜或塑料板时，需要添加红外阻隔剂，阻挡设施内向外界失散的热辐射，保持室内的温度。

2.透明覆盖材料的种类、性能及应用

用于园艺设施采光的透明覆盖材料种类较多，按原料的不同，主要分为塑料薄膜、硬质塑料板和玻璃三类。

（1）塑料薄膜 塑料薄膜按其母料不同可分为聚氯乙烯（PVC）薄膜、聚乙烯（PE）薄膜、乙烯-醋酸乙烯（EVA）多功能复合膜三类。

①聚氯乙烯（PVC）薄膜。以聚氯乙烯树脂为母料，并添加增塑剂、稳定剂、润滑剂、功能性助剂和加工助剂等经高温压延制成的膜。一般厚度为 0.10～0.15 mm，有效使用期为 4～6 个月。

性能：初始透光性能好、保温性好、气密性强、耐高温、抗拉伸力强、柔软易造型、易粘接、易修补等优点；但使用成本高（密度大）、耐候性差、低温变硬脆化、高温软化松弛、透光率衰减快（助剂析出后膜面易吸尘）、残膜不可降减和燃烧处理等缺点。

针对普通聚氯乙烯薄膜有效使用期短等缺点，在聚氯乙烯薄膜的基础上添加不同辅料，形成了功能性聚氯乙烯薄膜，依据所添加辅料不同，功能性聚氯乙烯薄膜又可分为以下三类：

A.聚氯乙烯长寿膜。该膜是在聚氯乙烯母料中，加入一定比例的紫外线吸收剂、防老化剂和抗氧化剂经高温压延制成。一般厚度为 0.10～0.12 mm，有效使用期为 8～10 个月。

性能：有良好的透光、保温和耐候性，但膜内壁易形成水滴，对采光和作物生长不利。

应用：是塑料拱棚的主要覆盖材料。

B.聚氯乙烯长寿无滴膜。该膜是在聚氯乙烯母料中，加入防老化剂和防雾滴助剂压延制成。厚度为 0.12 mm，有效使用期达到 12～18 个月，无滴持效期达 4～6 个月。

性能:有良好的透光性、保温性和耐候性;防雾滴剂能增加薄膜的临界湿润能力,使薄膜表面发生水分凝结时不形成露珠附着在薄膜表面,而是形成一层均匀的水膜,水膜顺倾斜膜面流入土中,可使透光率大幅度提高,而且由于没有水滴落在植株上,减少病害的发生。

应用:日光温室果菜类越冬栽培覆盖。

C.聚氯乙烯长寿无滴防尘膜。在聚氯乙烯长寿无滴膜的基础上,增加了一道表面涂敷防尘工艺,使薄膜外表附着一层均匀的有机涂料。

性能:除具有聚氯乙烯长寿无滴膜的性能外,经过处理的薄膜外表面助剂析出少,起到防尘、提高透光率的作用,同时进一步延长了无滴持效期和耐老化性。

应用:日光温室冬春茬生产。

②聚乙烯(PE)薄膜。由低密度聚乙烯(LDPE)树脂或线型低密度聚乙烯(LLDPE)树脂吹塑而成。厚度为0.03~0.08 mm,有效使用期短,为4~5个月。

性能:质地柔软、易造型、透光性能好、无毒、不易吸尘、耐低温、密度小、幅宽大、容易覆盖等优点;耐候性差、保温性差、雾滴性重、不耐高温、破损后不易黏结等缺点。

在聚乙烯薄膜的基础上形成功能性聚乙烯薄膜,依据所添加辅料不同,功能性聚乙烯薄膜又可分为以下五类:

A.聚乙烯长寿膜。以聚乙烯为基础树脂,添加一定量的紫外线吸收剂、防老化剂和抗氧化剂吹塑而成。厚度为0.08~0.12 mm,有效使用期延长为12~18个月。

性能:耐老化、耐高温性能提高,耐候性能好,延长使用寿命,增加产量、产值;用量、厚度较普通PE膜增加,雾滴性较重,但由于延长了使用寿命,比普通PE膜更为经济。

应用:园艺设施周年覆盖,用量为100~120 kg/667 m²。

B.聚乙烯长寿无滴膜。以聚乙烯为基础树脂,添加防老化剂和防雾滴助剂吹塑而成。厚度为0.10~0.12 mm,有效使用期达到18~24个月,无滴持效期达2~4个月。

性能:具有流滴性、耐候性能提高、透光性提高。

应用:适合各种设施选用,用量为100~130 kg/667 m²,还可以在设施内做二道幕。

C.聚乙烯多功能复合膜。以聚乙烯为基础树脂,在其中加入防老化剂、防雾滴助剂、保温剂等多种添加剂吹塑或三层共挤而成。一般把防老化剂置于外层,延长薄膜寿命;保温剂置于中层,提高保温性;防雾滴剂置于内层,使其具有流滴性。厚度为0.08~0.12 mm,有效使用期延长为12~18个月,无滴持效期达3~4个月。

性能:透光性和保温性好、防雾滴、防老化,升温快,使50%左右的直射光变为散射光,减小拱架的遮阳,夜间保温性能提高。

应用:塑料拱棚、温室外覆盖和棚室内二道幕,用量为60~100 kg/667 m²。

D.薄型多功能聚乙烯膜。以聚乙烯塑脂为基础母料,加入光氧化和热氧化稳室剂提高薄膜的耐老化性能,加入红外线阻隔剂提高薄膜的保温性,加入紫外线阻隔剂以抑制病害的发生和蔓延,厚度为0.05 mm。

性能:透光率较普通聚乙烯膜低,但散射光比例高,作物上下层受光均匀,有利于提高整株作物的光合效率,提高了保温性、强度,使植株的病情指数下降。

应用:塑料拱棚、温室外覆盖。

E.聚乙烯保温膜。在聚乙烯塑脂中加入保温剂(远红外线阻隔剂)吹塑成膜。

性能:阻止设施内远红外线向大气中的长波辐射,提高保温效果1~2℃。

应用:寒冷地区的设施覆盖。

③乙烯-醋酸乙烯(EVA)多功能复合膜。是以乙烯-醋酸乙烯共聚物树脂为主体的三层复合功能性薄膜。外表层添加耐候、防尘等助剂,使其机械性能良好,耐候性强;中层添加保温、防雾滴助剂,使其有良好的保温和防雾滴性能;内表层添加保温、防雾滴助剂,使其具有较高的保温和流滴持效性能。其厚度 0.08～0.12 mm,幅宽 2～12 m,使用期可达 18～24 个月,无滴持效期达 8 个月。

性能:在初始透光率、透光率衰减、耐候性、无滴持效期、保温等方面有优势,既解决了 PE 膜无滴持效期短、初始透光率低、保温性能差的问题;又解决了 PE 膜、PVC 膜比重大,幅宽窄,需要较多粘接,易吸尘,透光率下降快,耐候性差等问题。

应用:是较理想的 PE 膜和 PVC 膜的更新换代材料,适合高寒地区温室、大棚覆盖。

(2)硬质塑料板　硬质塑料板以其耐久性强、透光性好(可达 90% 以上)、机械强度高、保温性能好等优点,近年来在园艺设施中的使用量逐年增加,但其对紫外线的通透性较差,特别是 PC 板几乎不透过,不适用由昆虫授粉受精和含花青素较多的作物,且价格高,仅在科研单位、农业示范园区、观光生态餐饮园区等大型温室应用较多。硬质塑料板主要有下四种类型。

①玻璃纤维增强聚酯树脂板(FRP 板)。是以不饱和聚酯为主体加入玻璃纤维制成的复合材料,表面有涂层或覆膜(聚氟乙烯薄膜)保护。厚度为 0.7～0.8 mm,波幅 32 mm,使用寿命一般在 10 年以上。

性能:透光率高、强度高、安装容易、价格相对便宜,但抗紫外线能力差、易吸尘、易出现龟裂、随使用时间的推移颜色变黄。

②玻璃纤维增强聚丙烯树脂板(FRA 板)。是以聚丙烯树脂为主体,加入玻璃纤维制成,厚度为 0.7～1.0 mm,波幅 32 mm。由于紫外线对 FRA 的作用仅限于表面,所以它比 FRP 板耐老化,使用寿命可达 15 年。

性能:与 FRP 板具有同等的物理、机械性能,更耐老化、不发黄,采光性能比 FRP 板更优;易划伤、热胀冷缩、随使用时间的增加而变脆,价格高,耐高温、耐火性差。

③丙烯树脂板(MMA 板)。以丙烯树脂为母料,不加玻璃纤维,厚度为 1.3～1.7 mm,波幅 63 mm 或 130 mm,使用寿命长(10～15 年)。

性能:MMA 板透光率高,保温性能强(比使用其他塑料板可节能 20%),污染少,透光率衰减缓慢,能透过 300 nm 以下的紫外线,适合花卉、茄子等栽培覆盖;但热线型膨胀系数大,耐候性能差,价格贵。

④聚碳酸酯树脂板(PC 板)。由聚碳酸酯树脂制成,又称阳光板。园艺设施上常用的 PC 板有双层中空平板和波纹板两种类型。双层中空的厚度为 6～10 mm,波纹板的厚度为 0.8～1.1 mm,波幅 76 mm,波宽 18 mm。防老化的 PC 板使用寿命 15 年以上。

性能:强度高,抗冲击力是玻璃的 40 倍,透光率高达 90% 以上,且衰减缓慢(10 年内透光率下降 2%),保温性是玻璃的 2 倍,重量则为玻璃的 1/5,不易结露,阻燃,但防尘性差,热膨胀系数高,价格昂贵。PC 板是目前在园艺设施上应用最多的硬质塑料板材。

(3)玻璃　玻璃的主要成分是二氧化硅,是一种较透明的硅酸盐类固体。用于园艺设施采光的玻璃主要有平板玻璃、钢化玻璃和红外线吸热玻璃三种。

性能:玻璃在所有覆盖材料中耐候性最强,使用寿命达 40 年,透光性能好,其透光率很少随时间变化,增温保温性能强,防尘、耐腐蚀性好,线性热膨胀系数也较小,安装后较少因热胀冷缩而损坏。但玻璃重量重，要求支架粗大，不耐冲击，破损时容易损伤人和作物。

应用：常用在光照不足的国家和地区，如荷兰，但用玻璃作为透明覆盖材料的正在减少。

★ 工作步骤

● 第一步　透明覆盖材料的选用

透明覆盖材料种类较多，要满足设施生产必须具备：良好的采光性、较高的密闭性和保温性，必要时还可进行换气，强度大，耐候性强，较低的成本。不同设施与用途对透明覆盖材料有不同的要求（表 3-1），而透明覆盖材料的种类不同，性能不同，用途各异，生产中应根据不同的设施与不同的用途选择合适的透明覆盖材料。

表 3-1　不同设施与用途对透明覆盖材料特性的要求

用途		光学特性			机械特性				耐候性	湿度特性			热特性		
		透光性	选择性	散光性	强度	展张性	开闭性	伸缩性		防滴性	防雾性	透湿性	保温性	隔热性	透气性
外覆盖	温室	▲	▲	□	▲	▲	△	□	▲	▲	△	×	▲	×	×
	塑料拱棚	▲	□	□	▲	▲	▲	×	△	□	□	□	▲	×	□
内覆盖	固定	▲	▲	×	□	□	△	△	△	▲	△	△	▲	△	×
	移动	△	□	×	△	▲	▲	▲	△	▲	△	△	▲	×	△

注：▲选择时应特别考虑的特性，△选择时应注意的特性，□选择时可参考的特性，×选择时不必考虑的特性。

● 第二步　透明覆盖材料的识别

（1）普通 PVC 膜和 PE 膜的识别　常用感官、燃烧、密度三种方法识别。

感官识别法：用手触摸感觉其质地，PE 膜有蜡状滑腻感、柔软有韧性、质轻，PVC 膜表面光滑，没有 PE 膜柔软；PE 膜没有味道，而 PVC 膜有异味（增塑剂）。

燃烧识别法：限少量进行燃烧，PVC 膜燃烧火焰发黑，冒黑烟，有刺激性气味，不滴油，没有火源会自动熄灭；PE 膜易燃烧，离开火源后继续燃烧，火焰外表呈现黄色、中心蓝色，燃烧时滴油，没有刺激性气味。

密度识别法：取少量放入水中，PVC 膜沉入水中（密度 $1.3 \ g/cm^3$）；PE 膜浮于水面上（密度 $0.9 \ g/cm^3$）。

（2）普通膜和长寿膜的识别　取同一种母料的普通膜和长寿膜，从颜色、薄厚、质感等方面对二者进行识别。

（3）有滴膜和无滴膜的识别　观察有滴膜和无滴膜的园艺设施，观察薄膜内表面形成的水滴或水膜，并测量其相对湿度大小；从颜色、质感等方面对二者进行识别。

（4）硬质塑料板的识别　观察聚酯树脂板（FRP 板）、玻璃聚丙烯树脂板（FRA 板）、丙烯树脂板（MMA 板）、聚碳酸酯树脂板（PC 板）四种板材，从产品规格、颜色、用手触摸感觉其质地、掂量轻重、闻气味、对着太阳观察其透光性等进行识别。

● 第三步　透明覆盖材料（塑料薄膜）的用量计算、裁剪焊接

（1）棚膜用量的计算　测量设施的长度、跨度、高度、拱架外弦长度，计算出完全覆盖设施表面所需棚膜的长和宽，再加上埋入地下或夹入卡槽部分。

以塑料大棚扣三幅膜为例,每幅底裙宽度为 1.5 m,长度大于大棚长度 30～50 cm 即可;顶部整块棚膜的长度为大棚的长度加棚高的 2 倍再加 1～2 m,宽度等于拱架外弦长减去围裙高的 2 倍再加上 60 cm。然后根据所选棚膜的密度,计算出所需棚膜的质量。

(2)棚膜的裁剪与焊接

①棚膜的裁剪。根据通风口的位置、所用棚膜的幅宽,确定裁剪几幅棚膜,以及长、宽,同时考虑棚膜的延展性。测量好尺寸后用剪刀裁好,准备焊接。

②棚膜的焊接。各种类型的棚膜均可采用热粘接法。将要粘接在一起的两块薄膜的两个边重叠置于木架上,两边抻平,重叠的宽度两边在木板外侧多 0.5 cm 左右,再把事先准备好的纸条(最好为硫酸纸)平铺于重叠的薄膜上,然后手持预热好的电熨斗平稳、匀速地在铺好的纸条上熨烫,最后将纸条揭起。如此一段接一段地重复,将两幅薄膜黏合在一起。另外在通风口的上下边卷入塑料绳黏合,防止放风时撕裂。

● 第四步　透明覆盖材料(塑料薄膜)的安装、固定

(1)用具准备　选无风的晴天上午进行。准备好压膜线、塑料绳、钳子、紧线器等用具。如大棚已安装卡槽,要清理好卡槽和卡簧。

(2)挖棚沟　将大棚四周挖出浅沟,准备好四周压膜用土。四周也安装卡槽的大棚除外。

(3)确定正反面　若使用的是无滴膜,需事先确定正反面。

(4)上围裙　将焊接好的围裙用塑料绳或卡簧将围裙上端固定在拱架上,下端埋入土中踏实,四周也安装卡槽的用卡簧固定。

(5)上顶棚　将焊接好、卷好的棚膜顺着大棚延长方向,放于上风头一侧,先将棚头一侧压住,再把棚膜移到棚顶,向大棚另一侧移动。要求进度一致,速度不能过快,避免弄破棚膜。棚膜完全覆盖棚架后,将棚膜校正,使大棚四周膜边宽窄均匀,且顶膜两侧要搭在围裙膜外面,搭叠 30～40 cm。

(6)固定棚膜　先将顶棚的棚膜在棚头的一端埋入事先挖好的沟内固定,把棚膜纵向充分拉紧,再把另一端埋好。然后再把棚膜横向拉紧、用土埋好。注意纵横向棚膜除拉紧外,还要拉正,不出现皱褶。将四周所埋的土踏实。

(7)上压膜线　在两拱架之间上压膜线,充分拉紧,将其固定在两侧的地锚上。

● 第五步　透明覆盖材料的日常管理和维护

(1)防破裂　由于搭架大棚的材料多用竹竿、铁丝等,这些硬而尖的材料容易将棚膜戳破。因此,搭架的材料最好用光滑的软材料,于棚膜接触面要磨平、削光。

(2)防松弛　塑料薄膜使用一段时间后,特别是在温度回升的春季,会出现棚膜松弛现象,应及时调整压膜线,绷紧棚膜,以防被风掀起。

(3)防污染　由于静电吸附,棚膜经常黏附灰尘,降低透光率,日光管理中要经常用长拖布擦拭透明覆盖物,保持棚膜的清洁,以免影响设施光照。

(4)防脱缝　在焊接棚膜时,如果拼缝太窄,黏合面小,用力拉扯或风刮,就会出现脱缝。因此,在棚膜焊接时要加大黏合面,提高黏结强度。

(5)防水滴　由于棚室内外温差较大,所覆盖的普通塑料膜会经常附着水滴,即使用的是无滴膜,超过一定时间后也会出现水滴。这些水滴严重降低棚膜的透光率(使透光率下降 20%～30%),降低室内温度,使作物引发病害。防除水滴的方法有:一是用专用的除水滴剂喷雾;二是用 7.5～10 g/m² 磨细的大豆粉(越细越好),加水 150 mL,浸水 2 h,过滤去滓,装入喷

雾器向棚膜内侧喷雾，可使棚膜上的水滴落下，并能保持棚膜10～20 d不产生水滴。

(6)防破损　棚膜在使用过程中经常出现破洞、开裂、脱缝，日光管理中应及时修补棚膜的破洞、开裂处，以保温和防止进一步扩大。

(7)防老化　设施生产结束后，将薄膜洗净、晾干、叠好，用旧薄膜包裹好，选择土壤干湿适中的地方挖坑，把包裹好的薄膜放入坑内，且薄膜上层距离地面不低于30 cm。此法可有效防止薄膜老化发脆，缩短使用寿命。

★ 巩固训练

1.技能训练要求

明确透明覆盖材料选用与维护的主要内容，熟练掌握塑料薄膜覆盖的各操作步骤的基本要求，完成当地温室或塑料拱棚透明覆盖材料的选用与维护。

2.技能训练内容

(1)根据当地气候条件和栽培设施(温室、塑料大棚)，选择透明覆盖材料。

(2)对所选透明覆盖材料进行巩固识别。

(3)依据所用设施计算出用量。

(4)完成透明覆盖材料的裁剪、焊接、安装和固定。

(5)现场回答所用透明覆盖材料日常管理和维护要点。

3.技能训练步骤

技能训练步骤见图3-2。

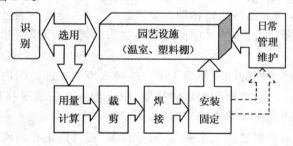

图 3-2　透明覆盖材料选用与维护技能训练

★ 知识拓展

新型覆盖材料

随着科技的发展，透明覆盖材料的种类越来越多，功能日益完善，近年来，又开发出多种新型多功能透明覆盖材料。但目前大多还处于开发研究阶段，或价格昂贵，尚未达到大面积应用。

(1)PO系特殊农膜　以PE、EVA优良树脂为基础材料，加入保温强化剂、防雾剂、光稳定剂、抗老化剂、爽滑剂等系列高质量适宜助剂，通过二三层共挤生产的多层复合功能膜。有较高的耐候性和保温性，使用寿命3～5年；高透光性，达到PVC初始透光率水平，紫外线透过率高；质轻、不沾尘、抗风和雪压，有破损不易扩大；省力、不用压膜线，只在肩部用卡槽固定即可；燃烧不产生有害气体，安全性好。但延伸性小、不耐磨，变形后复原性差。主要用于塑料拱棚、温室的外覆盖及棚室内的保温幕。

（2）氟素膜（ETFE） 以四氟乙烯为基础母料。这种膜的特点是高透光和极强的耐候性,其可见光透过率在 90% 以上,而且透光率衰减很慢,经使用 10～15 年,透光率仍在 90%,抗静电性强,尘染轻。可连续使用 10～15 年。但价格昂贵,废膜要由厂家回收后用专门的方法处理。

（3）病虫害忌避膜 病虫害忌避膜除通过改变紫外线透过率和改变光反射和光扩散来改变光环境外,还可通过在母料中加入或在薄膜表面粘涂杀虫剂和昆虫性激素,从而达到病虫害忌避的目的。

（4）F-CLEAN 薄膜 F-CLEAN 薄膜是由日本旭硝子株式会社在 20 世纪 80 年代开始生产的新型温室覆盖材料,为现代化设施农业研发的处于世界先进水平的绿色环保覆盖资材。是以氟素树脂为原料,兼具多种优异特点的高性能薄膜。F-CLEAN 薄膜的种类有:自然光品种、折射光品种和防紫外线品种。自然光品种的 F-CLEAN 薄膜能够透过 90% 以上的自然光,能够透过大量的紫外线,可以在温室内创造出自然光照环境;F-CLEAN 薄膜基本不会因紫外线的照射而损伤,并且能够长时间保持其原有的超高的光线透过率和机械强度;F-CLEAN 薄膜对光线反射较低,能够让更多太阳光线进入温室内部,给温室内的作物提供最佳的光照条件;F-CLEAN 薄膜强度高,能够持久(160 μm 厚度薄膜可以使用 20 年以上)使用不易变色,具有超强的耐候性和抗污性;F-CLEAN 薄膜能够保持 7～8 年无水滴,以后防雾滴处理可以使用专业无滴剂喷涂保持;F-CLEAN 薄膜具有难燃性和再生性等特性。

★ 自我评价

评价项目	技术要求	分值	评分细则	得分
材料的识别	能正确识别常用透明覆盖材料	20 分	常用透明覆盖材料识别每错误 1 种扣 5 分	
材料的选用	选用材料合理,符合生产要求,兼顾节约成本	10 分	材料选用不合理扣 5 分、成本不合理扣 5 分	
用量计算	预算准确	10 分	预算不准确或错误扣 5～10 分	
裁剪焊接	方法正确、裁剪整齐、焊接牢固	20 分	方法不正确、裁剪不整齐、焊接不牢固每项扣 5 分	
安装固定	安装方法正确、平整,固定牢固	20 分	安装方法不正确扣 5 分、安装不平整、固定不牢固扣 5 分	
日常管理与维护	掌握日常管理与维护方法	20 分	不能掌握日常管理与维护方法扣 5～10 分	

任务 2 半透明覆盖材料的选用与维护

【学习目标】

1. 掌握半透明覆盖材料的种类、性能。

2. 具备识别、区分常用半透明覆盖材料的能力,能根据实际应用情况选用合适的半透明覆盖材料;学会半透明覆盖材料的覆盖方式、方法及日常维护和科学管理。

【任务分析】

本任务主要是在掌握遮阳网、无纺布、防虫网等园艺设施常用半透明覆盖材料的种类、规格及性能的基础上,能够结合当地气候条件、不同设施及用途对半透明覆盖材料进行选用,并正确应用覆盖方式,掌握半透明覆盖材料使用的注意事项(图3-3)。

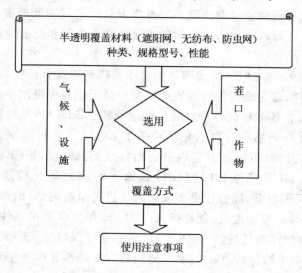

图 3-3　半透明覆盖材料选用与维护任务分析图

★ 基础知识

半透明覆盖材料也叫透气性覆盖材料,主要包括遮阳网、无纺布、防虫网等,生产上主要是为了调节温度、减轻冷害和冻害、遮阳降温、防治害虫、减轻台风及暴雨危害。

1. 遮阳网

遮阳网又称寒冷纱、遮阳网、遮光网、寒冷纱或凉爽纱,是以聚乙烯、聚丙烯和聚酰胺等树脂作基础原料,并加入防老化剂和其他助剂,熔化后拉成编丝,编织成的一种轻型、高强度、耐老化的网状新型农用塑料覆盖材料,使用寿命3~5年。

(1)遮阳网的种类和规格　目前我国生产的遮阳网其遮光率有20%~75% 5种型号(表3-2),生产上多用遮光率35%~55%、45%~65%;幅宽有 90 cm、150 cm、160 cm、200 cm、220 cm、250 cm等6种规格;网眼有均匀排列的和稀密相间排列2种规格;颜色有黑色、银灰色、白色、果绿色、黄色及黑色与银灰色相间排列等7种,生产上使用较多的是黑色网和银灰色网。

表 3-2　不同规格遮阳网的遮光率　　　　　　　　　　　　　　　　　%

遮阳网规格	SIW8	SIW10	SIW12	SIW14	SIW16
黑色网	20~30	25~45	35~55	45~65	55~75
银灰色网	20~25	25~40	35~45	40~55	50~70

注:以一个密区(25 mm)中所用编丝数量(8根、10根、12根、14根、16根)划分为5种型号。

（2）遮阳网覆盖的性能

①遮光降温。覆盖遮阳网能够削弱光强，有效防止强光直射对园艺作物造成的灼伤；同时显著降低了设施温度，有利于高温季节园艺作物的正常生长。

②增湿保墒。通过遮阳网的降温防风作用，降低了覆盖区内外的气体交换速率，显著地提高了覆盖区内的空气相对湿度，同时有效地减少地面水分蒸发，起到增湿保墒的作用。

③保温防霜。晚秋及早春用遮阳网进行夜间保温覆盖，可保持近地面温度，防止和减轻霜冻危害，减小冷害和冻害的发生。

④防暴雨、抗台风。夏季暴雨及台风较多的地区，覆盖于棚架上的遮阳网能有效地缓解暴雨、冰雹和台风的冲击，避免土壤板结、危害作物和防止作物倒伏。

⑤防病避虫。夏季利用遮阳网进行覆盖栽培，植株生长健壮，抗逆性增强，病毒病的发病率可减轻 50% 以上。采用全封闭覆盖可防止害虫飞入产卵，减轻虫害发生。选择银灰色遮阳网覆盖具有避蚜作用，能防止病毒病的传播。

2. 无纺布

无纺布是以聚酯或聚丙烯为原料经熔融纺丝，堆积布网，不经纺织，热压黏合，最后干燥定型成棉布状的轻型半透明覆盖材料，又称"丰收布"或"不织布"。无纺布具有防寒、保温、透光、透气、质量轻、结实耐用等特点，使用寿命 3～5 年。

（1）无纺布的种类　根据纤维长短，无纺布可分为长纤维无纺布和短纤维无纺布，短纤维无纺布多以聚乙烯醇、聚乙烯为原料，长纤维无纺布多以聚丙烯、聚酯为原料。短纤维无纺布由于其强度差，不宜在园艺设施上应用，而目前应用于园艺设施上的是长纤维无纺布。根据平方米重量，可将无纺布分为薄型无纺布和厚型无纺布。无纺布有黑、白、银灰 3 种颜色，农业生产上应用以白色为主。

（2）无纺布的规格及性能参数　无纺布的规格是根据每平方米的质量来划分的，一般薄型为 $20～50 \text{ g/m}^2$，其规格不同、性能参数不同（表 3-3）。

表 3-3　无纺布的规格及性能参数

规格/(g/m^2)	厚度/mm	透水率/%	透光率/%	通气度/[mL/(cm^2·s)]
20	0.09	98	65	500
30	0.12	98	50	320
40	0.13	30	36	200
50	0.17	10	34	145

厚型无纺布单位面积重量为 100 g/m^2 或以上，主要用于园艺设施外保温覆盖，厚型无纺布保温性能与其厚度有关（表 3-4）。

表 3-4　厚型无纺布的导热系数(λ)与其厚度的关系
（日本筑波大学，1993）

规格/(g/m^2)	λ/[W/(m·h·℃)]	规格/(g/m^2)	λ/[W/(m·h·℃)]
100	0.25	200	0.12
165	0.23	350	0.10
180	0.18		

（3）无纺布的性能

①保温性。覆盖无纺布，提高了气温、地温，其保温能力随着厚度的增加而提高。

②透光性。无纺布的透光性与厚度相关，随着厚度的增加，透光率随之下降。因此，无纺布在冬季覆盖可增加透光率，在夏季覆盖可遮强光、降高温。

③透气性。因无纺布有很多微孔，具有透气性，覆盖后不需揭盖通风，省工省力。其透气性与内外的温差、外界风速成正比，覆盖无纺布能自然调节温度，不会受高温危害。

④吸湿性。因其质地疏松，具有一定的吸湿性，能起到降低空气湿度的作用。

⑤保湿性。无纺布直接覆盖畦面，能降低畦面水分蒸发，保持较高的土壤湿度。其保湿性随厚度的增大而增强。

3. 防虫网

防虫网是以高密度聚乙烯为主要材料，并添加防老化、抗紫外线等化学助剂，经拉丝编织而成的一种形似窗纱的新型覆盖材料。由于防虫网覆盖能有效地将害虫阻隔在网外，防止虫害发生，减少农药污染，实现无公害栽培的有效措施之一。使用寿命3～5年。

（1）防虫网的种类和规格　防虫网的颜色一般为白色、黑色和银灰色，生产上多使用白色和银灰色；按所用材料不同可分为尼龙筛网、锦纶筛网和高密度聚乙烯筛网等类型；按网格大小有20目、24目、30目、40目，目数越大，网孔越小，防虫效果越好，以20～30目最为常用；按幅宽有100 cm、120 cm、150 cm等规格。

（2）防虫网的作用

①防虫防病。由于防虫网物理阻隔作用，使外界的害虫不能进入防虫网保护区为害，达到物理防虫的目的。病毒病主要由昆虫特别是蚜虫传毒，由于防虫网切断了害虫传毒途径，大大减轻了病毒病的发病率，防效达80%左右。

②缓解暴雨对作物的冲击和减弱风速。防虫网的纵横网线能使进入网内的雨点变成更加细小的雨滴，对作物的打击力大大削弱。在25目防虫网覆盖下，大风速度比露地降低15%～20%，30目网下可降低20%～25%。

③调节气温、地温和湿度，创造适宜作物生长的温度条件。覆盖防虫网后，中午棚内气温比露地降低3～5℃，地温降低2～4.5℃，防虫网可阻挡部分雨水落入棚内，降低田间湿度，减少发病，晴天能降低大棚内的水分蒸发量。夏秋高温季节有利蔬菜生长。

④降低作物生长期内农药的施用量，降低生产成本。由于有效降低生产区内的害虫数量，从而大大降低防治这些害虫的防治成本，也相应地降低防治由这些害虫传播的病害的防治成本，从而减少了农药对作物的污染。

⑤遮强光。夏季强光会抑制园艺作物营养生长，特别是叶菜类蔬菜，而防虫网可起到一定的遮光和防强光直射作用，20～22目银灰色防虫网一般遮光率在20%～25%，低于遮阳网和农膜，银灰色防虫网为37%，灰色防虫网可达45%。

⑥保持天敌。防虫网构成的生活空间，为天敌的活动提供了较理想的环境，又不会使天敌逃逸到外围空间去，这为应用推广生物治虫技术创造了有利条件。

★ 工作步骤

• 第一步　半透明覆盖材料的选用

（1）遮阳网的选用　遮阳网主要用于夏季保护设施的覆盖，其品种规格较多，在覆盖栽培时应根据不同的需要加以选择。

①颜色。可根据使用的时间和不同的作物加以选择。一般以黑色、银灰色两种在蔬菜覆盖栽培上用得最普遍。黑色遮阳网的遮光降温效果比银灰色遮阳网好,一般用于伏暑高温季节和对光照要求较低、病毒病为害较轻的作物。银灰色遮阳网的透光性好,且有避蚜作用,一般用于初夏、早秋季节和对光照要求较高,易感染病毒病的作物。用于冬春防冻覆盖,黑色、银灰色遮阳网均可,但银灰色遮阳网比黑色遮阳网好。

②遮光率。遮阳网在编织过程中可调节不同的纬线密度,生产出遮光率25%～75%的不同产品,甚至高达85%～90%的产品。在生产中可根据不同的需要加以选择。夏秋覆盖栽培,对光照的要求不太高,不耐高温的可选用遮光率较高的遮阳网;对光照要求较高,较耐高温的可选用遮光率较低的遮阳网;冬春防冻防霜覆盖,以遮光率较高的遮阳网覆盖效果好。为了使用方便、节省成本,普遍选用遮光率为65%～75%的遮阳网。

③幅宽。目前一般以1.6 m和2.2 m的使用较为普遍。在覆盖栽培中,一般多采用多幅拼接,形成大面积的整块覆盖,使用时揭盖方便,便于管理,省工、省力,也便于固定,不易被大风刮起。可根据覆盖面积的长、宽选择不同幅宽的遮阳网来拼接。

(2)无纺布的选用 无纺布厚薄不同,透水率、遮光率、通气度有差异,覆盖方式及用途亦不同。一般20～30 g/m² 的薄型无纺布透水率和通气度较大,质量轻,可用于露地及大棚、温室内浮面覆盖,也可用于小拱棚、大棚、温室内保温幕,夜间起保温作用,可提高气温0.7～3.0℃;40～50 g/m² 的无纺布透水率低、遮光率较大,质量较重,一般用作大棚、温室内保温幕,也可代替草帘套盖在小棚外,加强保温作用。加厚型无纺布(100～300 g/m²)代替草帘、草苫,与农膜一起进行温室、大棚内的多层覆盖。

(3)防虫网的选用

①颜色。防虫网有黑色、白色、银灰色等多种颜色,单独使用时,应选择银灰色(银灰色对蚜虫有较好的拒避作用)或黑色,与遮阳网配合使用时,以选择白色为宜。

②网目。在选取防虫网网目时,首先要确定防止什么害虫,若防止对象为斑潜蝇、温室白粉虱、蚜虫等体形较小的害虫,可选用40～50目的防虫网;若防止对象为棉铃虫、斜纹夜蛾、小菜蛾等体形较大的害虫,可选用20～25目的防虫网,育种防止昆虫和花粉用50目以上的防虫网。

③材料。用户在防虫网材料选用上,主要应考虑耐用性及成本两个方面。网线由不锈钢线或铜线构成,这种材料耐用性最久,但是成本高。网线用聚乙烯材料,这类防虫网分为两类,用单线编成的防虫网,单线的形态类似钓鱼线;另一种是利用乙烯制成的薄膜加以打洞制成,此种防虫网造价便宜,但是强度差,抗紫外线能力差,风阻大。

● 第二步 半透明覆盖材料在园艺设施上的覆盖方式

(1)遮阳网的覆盖方式

①浮面覆盖。也叫直接覆盖或畦面覆盖,是将遮阳网直接覆盖在畦面或植株上的栽培方式(图3-4)。一般用在塑料小拱棚或大棚及露地夏、秋蔬菜出苗期覆盖,播种后用遮阳网覆盖畦面,以防风吹,可遮光、降温、保湿,出苗后将网揭除。为防霜冻也可在秋季、早春等作物上直接覆盖。

②中、小拱棚覆盖。是在中、小拱棚的支架上覆盖遮阳网(图3-4)。小拱棚覆盖有单网覆盖、网膜结合覆盖和大棚内小拱棚覆盖。单网覆盖适用于夏秋遮光、降温或早春夜间防霜,网

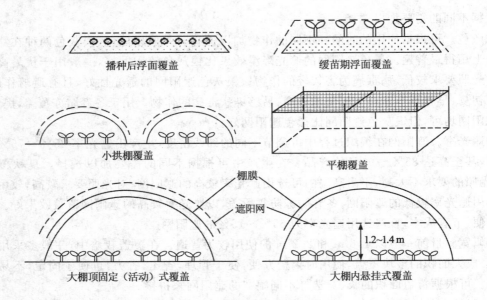

图 3-4　遮阳网覆盖方式示意图

膜结合覆盖适用于雨季防雨、遮光或冬春夜间保温。一般将网覆盖在拱架上,两侧留 20~30 cm 宽的空隙,以利于早晚见光和四周通风。避虫防病,可采用全封闭的覆盖方式。

③平棚覆盖。利用竹竿、木棍等材料在畦面上搭成平面或倾斜的支架,然后将遮阳网覆盖在支架上,网要拉直、拉平(图 3-4)。夏季一般覆盖 15~20 d,不宜全生育期覆盖。

④塑料大棚覆盖。可在大棚内外覆盖、单网覆盖、网膜结合覆盖和棚外四周覆盖,棚内覆盖离地 1~1.5 m,单网及网膜结合覆盖时,只覆盖大棚的中上部,大棚两侧离地 1 m 处不覆盖(图 3-4)。

⑤温室遮阳网覆盖。夏季在温室的玻璃屋面上覆盖遮阳网,如为连栋温室,在室内平挂即可。在高温时覆盖黑色或银灰色遮阳网,能防止植物早衰,延长开花结果期,提高产量。

(2)无纺布的覆盖方式

①浮面覆盖。将薄型无纺布(20~30 g/m²)直接覆盖于露地、设施内栽培畦的畦面或植株上,能起到保温、保湿、防风、防寒的效果,可促进种子发芽、植株生长、提早上市、增加产量、改善品质。

②小拱棚覆盖。在早春覆盖时,选用规格为 20 g/m² 以上的白色无纺布直接覆盖在拱架上,再覆盖地膜,可提高棚内气温;在夏秋季育苗时,可选用规格为 20 g/m² 或 30 g/m² 的银灰色或黑色无纺布盖在拱架上代替农膜,由于具有透气性,可避免通风不及时造成烤苗。

③二层幕覆盖。在棚室内用厚型无纺布(30~50 g/m²)做两层幕帘。低温季节昼开夜闭,可提高室内温度 3~5℃;高温季节昼闭夜开,可起到遮光降温的作用。

④外覆盖保温。选用规格为 50~100 g/m² 的厚型无纺布,在温室草苫下加盖一层无纺布,进一步提高保温效果;遇寒流天气,夜间直接用无纺布覆盖在棚室外,防止作物受冷害。

(3)防虫网的覆盖方式

①浮面覆盖。将防虫网直接覆盖在畦面上或幼苗上,能有效防止害虫和暴雨台风。生产上于夏季直播的速生叶菜或定植后的幼苗上。

②拱棚覆盖。拱棚覆盖是防虫网的主要覆盖形式,生产上常用以下3种方式:

A.大棚覆盖。可将防虫网直接覆盖在棚架上,四周用土或砖压严实,棚管(架)间用压膜线扣紧,留大棚正门揭盖,便于进棚操作。

B.小拱棚覆盖。可将防虫网覆于拱架顶面,四周盖严,以后浇水直接浇在网上,一直到采收,实行全封闭覆盖。

C.水平棚架覆盖。将1 000 m² 左右的蔬菜地,全部用防虫网覆盖,这种覆盖方式节省防虫网和网架,操作方便。

③局部覆盖。在园艺设施通风口、门等处安装防虫网,起到防虫效果。此种覆盖方式最适合于连栋大棚和大型温室。

● 第三步 半透明覆盖材料使用的注意事项

(1)使用遮阳网注意事项

①遮阳网覆盖时间。夏秋季使用遮阳网覆盖栽培,其主要目的是遮光和降温,其中遮光起主导作用,除选用适宜的遮阳网外,还须加强揭、盖网管理。根据天气情况和作物种类对光照强度和温度的要求,灵活掌握,一般是晴天盖,阴天揭;早晨盖,傍晚揭;生长前期盖,后期揭。温室大棚在日出后将遮阳网盖在棚架上,中午前后光照强、温度高时及时盖网,清晨及傍晚温度不高,光照不强时及时揭网。采收前5~7 d揭去遮阳网,以免叶色过淡,降低品质。

②遮阳网覆盖方法。遮阳网紧贴棚膜,热量易传到棚膜再传到棚内,不能发挥遮阳网降温的作用,同时热量不能散发,增加了遮阳网本身的温度,加速其老化,所以,在覆盖遮阳网时,最好在棚内覆盖,若覆盖在棚膜上面,应用竹竿与棚膜隔开,不宜紧贴棚膜。

③其他配套管理措施。生产中在覆盖遮阳网的同时,配合通风、保湿等配套措施,降温效果更佳。

A.加大通风。加大通风是降温的一个关键措施。大棚放风时不仅要开背风口,必要时上风口和门都要打开。但是在放风的同时应覆盖防虫网,防止害虫飞入棚内。

B.保持田间湿润。以湿度调控棚内温度,在湿度较高的情况下,气温增长幅度慢,可起到降低温度的作用,因此应及时浇水,但田间不可积水。若土壤板结,可小水勤浇,以湿控温。

④遮阳网的拼接与切割。遮阳网拼接可用尼龙线、涤纶线缝制。切割时最好用电热丝,以免边缘松散。如用剪刀剪裁后,用蜡烛或其他热源将裁边粘牢。

⑤清洗收藏。遮阳网一年可多次利用,妥善收藏可延长其使用寿命。宜选阴天将网晾干卷起,露地覆盖的,待晨露干后再揭网卷起。遮阳网要避免泥浆污染,或用喷雾器喷水清洗,晾干后收起,放在通风、避光的架子上贮藏,防虫蛀和鼠咬。

(2)使用无纺布注意事项

①苗期可适当减少浇水次数,以防秧苗徒长。

②无纺布覆盖时,最好综合其他配套措施。如6—8月份夏秋季节育苗,为防止高温强光危害,可加盖遮阳网;为防止暴雨、冰雹袭击,外面还可临时覆盖塑料薄膜。

③妥善使用、保管。无纺布可重复使用,可降低成本。无纺布易破损,使用中要注意尽量避免与硬物碰撞或用力拉扯;使用后应及时拆收,洗净,晾干,叠好,无纺布在紫外线的长期照射下,会逐渐老化,因此无纺布适宜贮藏保存在弱光、干燥的室内架上。

(3)使用防虫网注意事项

①清理网室。播种、定植前需清理网室内残株、病叶、杂草,降低害虫基数。应防止网脚里

外四周杂草丛生,消灭害虫栖息地,避免害虫产卵通过网眼落入网内孵化危害。

②覆盖前进行土壤消毒和化学除草。覆盖前土壤翻耕,晒垡,消毒,采用喷雾、浇灌、毒土等方法、杀死土壤病菌虫卵,切断传播途径;为保证防虫网的严密性,不宜入网进行人工除草、间苗。故在覆盖防虫网前对杂草较多的田块施用除草剂来防除草害,为作物提供有利的生长环境;精细整地,施足基肥,生长期一般不再追肥。施用有机肥时要施用腐熟的有机肥,以免将带有虫卵和病菌的生肥施入菜田。

③稳定棚体。覆盖防虫网后,若遇大风,风既能通过网眼,网又能挡风,产生巨大的力,易造成棚体倒塌。因此在台风、暴雨等自然灾害的多发季节,上网前需对原有大棚加固,如棚架两头加斜撑,或安装地锚用钢丝绳斜拉。

④盖网严实。一方面能有效防止害虫的进入,另一方面可增强抗风力。开始盖网需把网脚压严实,可采用在四周开沟,一般需 20 cm 以上,先把网压入四周沟内,然后覆土压实即可。同时要经常检查防虫网有无损伤,一旦发现问题需及时修复,防止网体继续破损及害虫的侵入。受灾害性天气影响后,检查网上压绳是否绷紧或断裂,防止强风掀网引起棚体损坏。

⑤其他配套管理措施。严密加强棚室日常管理,进出大棚要将棚门关闭严密,防止害虫乘虚而入;在进行农事操作前要对有关器物进行消毒,防止病毒从伤口传入,以确保防虫网使用效果;防虫网遮光不多,不需日盖夜揭或午盖后揭,应全程覆盖,不给害虫入侵机会;在夏季高温季节,一般网内温度较网外高 2~3℃,需选用抗热性高的品种;防虫网覆盖目前广泛应用于叶菜类生产,当田间蔬菜生长十分郁闭时,应及时采收。

⑥保管防虫网。田间使用结束后,应及时收下,洗净、晾干、卷好,以延长使用寿命,降低生产成本,增加经济效益。

★ 巩固训练

1. 技能训练要求

掌握半透明覆盖材料的选用、覆盖方式及使用注意事项。

2. 技能训练内容

依据当地气候条件、设施类型及用途、栽培茬口及作物种类,为一栋设施选用所需半透明覆盖材料的种类及规格型号、制订购买计划、选择合适的覆盖方式进行覆盖、根据其使用注意事项进行日常管理和维护、并观测其性能。

3. 技能训练步骤

(1)学生分成小组,通过查阅资料、参观走访等方式了解遮阳网、农用无纺布、防虫网等半透明覆盖材料的种类、规格型号、性能和价格,形成调查报告。

(2)根据当地气候条件、栽培设施类型、茬口和栽培作物种类,与调查报告对照,选定需购买的材料种类和规格。

(3)制定购买计划,包括生产厂家、材料用量、价格等,做出预算。

(4)完成半透明覆盖材料的裁剪、拼接,选择合适的覆盖方式进行覆盖。

(5)结合使用注意事项进行日常管理和维护,并观测半透明覆盖材料下设施内温度、光照度、相对湿度等气象子,同时与外界进行对比,列出数据表。

★ 知识拓展

1.反光膜

反光膜是一种调节光、温环境的新型覆盖材料,是在 PVC、PE 膜的基础上,加入铝粉,利用光的反射原理,冬季生产张挂在温室的北侧,起到补光增温的辅助设施。

(1)反光膜的类型　根据材料制作工艺的不同,反光膜可分为三类。一是在 PVC 膜或 PE 膜成膜过程中混入铝粉;二是以铝粉蒸气涂于 PVC 或 PE 膜表面;三是将 0.03～0.04 mm 的聚酯膜进行真空镀铝,光亮如镜,又称镜面反射膜。

(2)反光膜的作用

①提高了对可见光的反射能力,增加棚室内的光照。据研究报道:反光膜前 0～3 m,地表增光率为 44.5%～9.1%,空中增光率为 40.0%～9.2%。

②铝箔的长波辐射系数很小,可阻挡热射的散失,有保温作用。同时由于反光膜增加了光照强度,明显地影响气温和地温,反光膜前 2 m 内气温提高 3.5℃,地温提高 1.9～2.9℃。

③可缩短日历苗龄,秧苗素质提高,作物抗病能力提高,同时能提高产量。

(3)反光膜的使用方法　其使用方法一般有 4 种,即单幅垂直悬挂法、单幅纵向粘接垂直悬挂法、横幅粘接垂直悬挂法和后墙板条固定法。生产上多随温室走向,面向南,东西延长,垂直悬挂。张挂时间一般在 11 月份至翌年 3 月份。

(4)使用注意事项　反光膜必须在保温达到要求的温室内使用,否则夜间难免受到低温危害;在蔬菜作物定植初期,靠近反光膜处要注意灌水,以免因光强、温高造成灼苗;每年使用结束,要经过晾晒再存放于通风干燥处。

2.浮膜(浮动)覆盖材料

浮膜覆盖栽培是直接盖在田间生长中的作物上,随作物生长而顶起的一种特殊覆盖方式。材料及比例各国不一样,一般有长纤维不织布、短纤维不织布和遮阳网等组成。日本的组成是:长纤维不织布占 40%,短纤维不织布占 25%,遮阳网占 12%,其他网制品占 16%。浮膜覆盖栽培能防止和减轻低温、冷害和霜冻的不良影响。防风、防虫、防鸟害,防土壤板结、水土流失和防旱保湿,能有效地促进作物生长,保持产品洁净卫生、鲜嫩等作用。

3.新型铝箔反光遮阳保温材料

由瑞典劳德维森公司研制开发的 LS 反光遮阳保温膜和长寿强化外覆盖膜,具有高效节能和遮阳降温的特点,产品性能多样化,达 50 余种,在欧美国家及日本发展很快,在世界发展设施园艺的国家推广应用。LS 反光遮阳保温材料是经特殊设计制造的一种反光遮阳保温膜,它具有反光、遮阳、降温功能,保温节能与控制湿度功能,及防雨、防强光、调控光照时间等多种功能。有温室遮阳膜和温室外遮光膜 2 种类型。

★ 自我评价

评价项目	技术要求	分值	评分细则	得分
透明覆盖材料的选用	能根据栽培要求、设施类型选择合适的透明覆盖材料	30 分	材料选用不合理、不符合生产要求扣 10 分,没有兼顾节约成本扣 5 分	
覆盖方式	完成裁剪、拼接,覆盖方式合理,安装、固定方法正确	40 分	裁剪、拼接,覆盖方式、安装、固定方法不正确使用每项扣 5 分	
使用注意事项	能根据所选材料的使用注意事项进行日常管理维护	30 分	日常管理维护不合理每项扣 5 分	

任务3 不透明覆盖材料的选用与维护

【学习目标】

1.掌握不透明覆盖材料的种类、性能及应用。

2.具备识别、区分常用不透明覆盖材料的能力,能根据实际应用情况选用合适的不透明覆盖材料;学会不透明覆盖材料的覆盖方法及日常科学管理和维护保养。

【任务分析】

本任务主要是在了解设施园艺生产对不透明覆盖材料的基本要求,掌握草苫(帘)、保温被等园艺设施常用不透明覆盖材料的种类、性能的基础上,能够结合当地气候条件、不同设施类型及栽培作物对不透明覆盖材料进行选择,能正确计算用量并进行覆盖,掌握不透明覆盖材料的日常科学管理和维护保养方法(图3-5)。

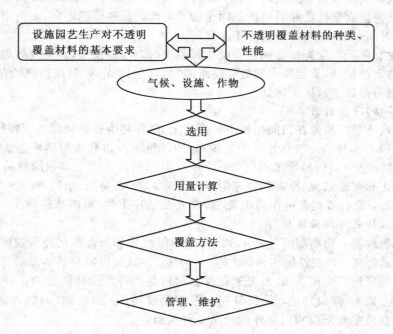

图3-5 不透明覆盖材料选用与维护任务分析图

★ 基础知识

不透明覆盖材料也叫保温覆盖材料,在设施栽培中,为提高防寒保温效果,需覆盖草帘、草苫、纸被、保温毯、保温被等不透明的覆盖保温材料。

1.设施园艺生产对不透明覆盖材料的基本要求

①有较高的保温能力,传热系数低,以减少夜间的热损失量。

②要求覆盖材料重量轻,以减轻卷铺时的劳动强度,也有利于机械化和自动化操作。

③由于外覆盖保温材料直接盖在塑料薄膜上,因此要求表面光滑、洁净,以免污染和磨损薄膜。

④要求表面防雨水浸湿,经久耐用,所以对外覆盖保温材料要进行表面防老化和防水处理。

2. 不透明覆盖材料的种类、性能

(1)草苫(帘)　我国在很久以前的设施栽培中已开始用草帘或草苫进行保温覆盖,近年来由于设施的快速发展,草帘或草苫作为中小拱棚及日光温室的外覆盖保温材料,需求量很大。南方多用草帘,是用稻草编织而成,保温效果为 1~2℃;北方用草苫,是用稻草、蒲草、谷草、蒲草加芦苇编制而成,保温效果为 5~6℃,但实际保温效果则因草苫厚薄、疏密、干湿程度的不同而有很大差异,同时也受室内外温差及天气状况的影响。稻草苫一般宽 1.5~1.7 m,长度为采光屋面之长再加上 1.5~2 m,厚度在 4~6 cm,大径绳在 7~9 道,蒲草苫一般宽 2.2~2.5 m。草苫的优点是取材方便,价格便宜,保温性能好。缺点是编制比较费工,耐用性不很理想,一般最多在 3 年,遇到雨雪吸水后重量增加,即使在平时卷放也很费工。

(2)纸被　在严寒冬季,为进一步提高保温防寒效果,可以在草苫或草帘下面加盖纸被,不仅可以防止草苫或草帘划破棚膜,而且弥补了草苫或草帘的缝隙,使保温性能进一步提高。纸被是用 4 层旧水泥袋或 4~6 层新的牛皮纸,缝制成与草苫大小相仿的一种保温覆盖材料,或直接从造纸厂定做。据测定,严寒冬季用 4 层牛皮纸的纸被与 5 cm 厚草苫配合使用,可使温室内温度比单独使用草苫提高 7~8℃。纸被质轻,保温能力好,但在冬季多雨雪地区,被雨雪浸湿后,保温性能下降,且极易损坏。

(3)保温被　保温被是 20 世纪 90 年代研究开发出来的新型外保温覆盖材料,它克服了传统保温覆盖材料的笨重,卷放费工、费力,被雨雪浸湿后,既增加了重量,又使保温性能下降,而且对薄膜污染严重,容易降低透光率等缺点。目前常见保温被由多层不同功能的化纤材料组合而成,厚度 6~10 mm。典型的保温被由防水层、隔热层、保温层和反射层 4 部分组成。防水层位于最外层,多由防雨绸、塑料薄膜、喷胶薄型无纺布和镀铝反光膜等制成,具有耐老化、耐腐蚀、强度高、寿命长等特点,隔热层主要由阻隔红外线的保温材料构成,其作用是减少热量向外传递,增强保温效果;保温层多用膨松无纺布、针刺棉、塑料发泡片材等制成,是保温被的主要部分;反射层一般选用反光镀铝膜,主要功能是反射远红外线,减少辐射散热。

★ 工作步骤

● 第一步　不透明覆盖材料的选用

不透明覆盖材料主要用于棚室夜间的外保温覆盖,目前在设施园艺生产上常用草苫和保温被。选用时除满足设施园艺生产对不透明覆盖材料的基本要求外,还应根据当地气候条件、设施类型及栽培作物种类选择适宜的覆盖材料类型,同时要兼顾使用成本和效益。

1. 草苫的选用要求

(1)草苫要厚　一般草苫的平均厚度应不小于 4 cm。

(2)草苫要新　新草苫的质地疏松,保温性能好;陈旧草苫质地硬实,保温效果差。另外,要选用新草打制的草苫,不要选用陈旧草、发霉草打制的草苫。选用时可扒开草苫,看看稻草的颜色,发白、发绿最好,如果是发黑、发黄则要慎重购买。

（3）草苫要干燥　干燥的草苫质地疏松，保温性能好，而且重量轻，也容易卷放。

（4）草苫的密度要大　密度大的草苫保温性能好，最好选用人工打制的草苫，不用机器打制的草苫，机打的草苫比较疏松，保温性能差，也容易损坏。

（5）草苫的经绳要密　经绳密的草苫不容易脱把、掉草，草把间也不容易开裂，草苫的使用寿命长，保温性能也较好。一般幅宽1.2 m的草苫，经绳道数应不少于8道。而且两边最外沿的经线不宜太靠近草帘内侧，以免发生划伤薄膜的现象。

（6）草苫的经绳线要有韧性　经绳线的韧性是保证草苫不散架的前提。若其韧性差，特别是在使用卷帘机进行草苫拉放情况下，易断线、断苫，使用年限明显降低。一般熟丝尼龙绳手感柔软，韧性强、亮度高，打线时本身就不易起刺，用熟丝打的草帘结实而牢固。选用草苫时还要看看两头有没有锁头，以免出现散架现象。

2.保温被的选用要求

（1）保温被面料要有一定的密度，有相应的伸长率和抗断裂强度，克罗值应不小于2.0 m² · ℃／W。

（2）保温被正反两面应形成凹凸均匀的行纹，行缝间距及针脚码均匀。防水型保温被行缝完毕后，针眼做防水喷浆处理。

（3）保温被两端剪切应平齐，包边缝合均匀。

（4）保温被仅在短边两边打扣订气眼，标准为每隔20 cm打一个，长边不打扣订气眼。

（5）保温被单位面积质量应不小于1 100 g／m²，其中涤纶短纤内芯应不小于600 g／m²，保温被内设置的隔热层薄膜应不小于100 g／m²，保温被外包装面料应不小于400 g／m²。

（6）防水型保温被应有一定的抗渗水性能。试验时可在同一水平面上，将1 m×1 m的保温被试样的4个角夹住，使试样形成器皿状，均匀加水2 kg，观察试样渗水情况，记录从加水到第3滴水渗出后的时间，时间不少于4 h则抗渗水性符合要求。

● 第二步　不透明覆盖材料的用量计算

1.草苫的用量计算

所需草苫块数＝棚室长度÷（单块草苫幅宽－20 cm）（注：最少用量）

所需草苫块数＝（棚室长度÷单块草苫幅宽）×2－1（注：双层覆盖）

2.保温被的用量计算

所需保温被块数＝棚室长度÷（单块保温被幅宽－10 cm）

● 第三步　不透明覆盖材料的覆盖

1.草苫的覆盖

（1）草苫的覆盖形式　棚室草苫覆盖主要分"品"字形法、"川"字形法和混合法3种。

①"品"字形法。采用"品"字形法，草苫容易卷放，操作灵活，但防风能力差，草苫间叠压不严密，保温效果一般，适于风害较轻、冬季不太严寒的地区。

②"川"字形法。该方法是顺风叠放草苫，防风效果好，草苫间叠压严实，保温效果比较好，适于多风地区及冬季较寒冷的地区。另外，该法覆盖的草苫排列整齐，适合于机械卷放草苫。其主要缺点是草苫卷放不方便，只能从一边开始卷放，人工操作需时间较长，造成棚室内部环境差异过大。

③混合法。该方法是将草苫分成若干组，一般每10个左右草苫为一组，组内采用斜压法，组

间草苫采用平压法。该方法较好地综合了以上两种方法的优点,在冬季多风地区应用较广泛。

(2)草苫的覆盖方法

①布设固定钢丝。草苫安装完毕后,为了防止其下滑脱落,需在棚室后墙上东西向布设一条固定钢丝,将草苫一头固定在钢丝上。方法:先在棚室后墙的东西两侧,埋设深 50 cm 的地锚,而后,钢丝一头拴在地锚扣上,另一头再用紧线机拉紧即可。

②摆放草苫。根据棚室的长度和草苫的规格,确定使用草苫的数量。而后,把所有草苫一一摆放在蔬菜大棚的后墙上,待用。

③覆盖草苫。在草苫按照顺序摆放在棚室后墙上后,先用铁丝将草苫的一头固定在东西向的钢丝上,再一一把草苫沿着棚面滚放下来,形成"品"或"川"字形摆设,采用"川"字形应从温室东侧开始。假若使用人工拉放草苫,宜提前把拉绳放在草苫下面;若使用卷帘机拉放,在草苫摆设调整好后,将其下端固紧在卷杆上,而后开动卷帘机,试验一下拉放效果。若草苫出现倾斜,应先停下卷帘机,再进行调整,以防意外事故发生。

2.保温被的覆盖

保温被的覆盖方法基本与草苫相似,但要把相邻保温被两边子母扣粘连在一起。

● 第四步　不透明覆盖材料的管理与维护

1.草苫的管理与维护

(1)草苫的揭、盖时间

①上午揭草苫。首先是根据太阳光照满棚室屋面,然后再根据棚内气温来判断揭草苫子的时间是否合适,揭开草苫子棚室内气温会降低,但降低不能超过 1℃,超过 1℃说明草苫子揭早了;揭开草苫子棚内气温没有降低,说明草苫揭晚了。

②下午盖草苫。应该根据棚室内气温来确定盖草苫的时间。当棚室内气温降到 17～18℃时就开始盖草苫子,盖好苫子后棚内气温可能会升高,升温也不能超过 1℃为适宜,否则盖早了;如果盖草苫气温没有回升,而是下降较快,说明盖晚了。

③连续阴雨后忽然晴天,不要把草苫子全部揭开,前 3 d 应花揭苫子,揭开的面积逐渐增大,3 d 后才能全部揭开。

④冬季和早春连续雨雪,特别是雪后晴天放风要特别小心,放风口一定要小,如果放风口大,进入棚内的冷空气过多,就会使叶片受冷害而干枯死亡。正确的做法是:第一天放风口很小,以后两三天逐渐加大;或者在中午气温升高后短时间放风。

(2)草苫的维护保养

①在草苫下端边缘捆绑一根细竹竿,其长度略比草苫宽度小些,通过捆绑此竹竿,不仅草苫下端得到了加固,避免了拉绳直接摩擦草苫,延长了使用年限,而且利于人工拉放草苫。

②遇到雨雪天气时,草苫子上多用废旧塑料薄膜覆盖,防止因潮湿霉烂。

③要轻拉轻放,以防脱把、掉草、散架等现象。

④草苫不用时,要将草苫晒干,棚垛好,加防鼠药剂,用塑料布封严,以防雨淋。

2.保温被的管理与维护

(1)保温被的使用注意事项

①上保温被时两床之间衔接不能少于 10 cm,在使用过程中若走偏应及时调整。

②保温被在大棚后墙顶端应注意防止下雨时被浸湿。

③保温被覆盖后,棚体东西墙上应固定好压紧压严,以防被风吹起降低保温效果。

④保温被覆盖大棚低端时,若遇地面有水,应及时清除积水,防止浸湿保温被。

(2)保温被的维护保养

①保温被覆盖后应在上面覆盖防水膜,下雪后应及时清理积雪,然后再卷起。若遇下霜或霜雾时,让太阳照射一段时间后再卷起。

②若遇大棚塑料膜被破损,遇强冷天气可能使保温被与防水膜冻结,此时应让太阳照射一段时间,至冰块水化后再卷起。

③如果保温被雨水浸湿,应在次日被卷起前让阳光照射一段时间,基本干燥后再卷起。

④保温被在运输过程中轻搬轻放,严禁撕裂、刺破、磨损。

⑤不用时选择晴天干燥后保存在后墙上或运回家用防水膜密封保存,严禁日晒雨淋。

★ 巩固训练

1. 技能训练要求

掌握不透明覆盖材料的选用、用量计算、覆盖方法及管理与维护。

2. 技能训练内容

依据当地气候条件、设施类型及栽培作物种类,为一栋日光温室选用保温覆盖材料、制定购买计划、选择合适的覆盖方式进行覆盖、并进一步巩固设施保温覆盖材料的管理与维护。

3. 技能训练步骤

①根据当地气候条件、栽培设施类型、栽培作物种类,选定购买的材料种类和规格。

②制定购买计划,包括生产厂家、材料用量、价格等,做出预算。

③选择合适的覆盖方式进行覆盖。

④现场回答所用不透明覆盖材料的管理与维护方法。

★ 知识拓展

设施园艺覆盖材料的五大发展趋势

(1)致力于节能材料的研发　目前能源价格居高不下,而温室冬季加温、夏季降温耗能很大,如冬季加温占生产成本的40%~70%。较高的运行成本是制约温室生产经济效益的主要因素。新型覆盖材料GRP(玻璃纤维增强塑料)膜在冬季弱光条件下,透光率增强,温室蓄热升温效果好,室内温度较高,而在夏季强光条件下,透光率减小,在一定程度上减少了室内高温危害。另外,新材料也具有良好的防雾、防滴性能。因此,GRP等新型覆盖材料的应用有利于降低冬季加温和夏季降温能耗。

(2)注重覆盖材料的环保性　随着设施园艺的发展,由废旧塑料薄膜造成的"白色污染"开始严重影响生态环境,因此国外每年塑料薄膜的回收数量在逐年增加。近十几年来,包括中国在内的一些国家也逐渐加强了可控降解地膜的研发,目前被看好的以聚烯烃为材料的可降解地膜主要有两种,一种是添加淀粉、纤维素等材料的生物降解地膜;另一种是添加光敏剂和淀粉、纤维素等材料的双降解地膜。另一个趋势是改变降解地膜的材质,采用其他可降解高分子材料来替代聚烯烃。

(3)重视设施光环境的优化　透明覆盖材料主要功能是采光,根据实际生产需要,改变覆盖材料下的光质,从而在一定程度上调解植物生长发育,近年来成为一个研发热点。

(4)不断提高材料的耐候性　国内外在增强塑料薄膜的耐候性方面做了大量工作。因为延长塑料薄膜的使用寿命,一方面可以减少园艺设施更换覆盖材料的频率,另一方面也便于废旧塑料薄膜的回收。例如通过在 PE、EVA 树脂中加入光稳定剂、抗老化剂等系列助剂,采用多层共挤工艺生产的 PO 膜,其使用寿命达到 3～5 年。再如由四氟乙烯为基础母料制成的氟素膜(ETFE),使用寿命可达 10 年以上,而且高透光,防尘性好。

(5)拓展覆盖材料的功能　现代化温室内广泛使用的缀铝遮阳保温幕,不仅可以遮阳,还可以调节温室内的昼夜温度和湿度。以色列近年来研发的彩网,除了可以遮阳降温外,还可以减少害虫,提高园艺产品品质,调节成熟期。美国研发的红色地膜不仅除草效果好,还可提高作物的早期产量和单株产量。

★ 自我评价

评价项目	技术要求	分值	评分细则	得分
不透明覆盖材料的选用	选用材料合理,符合生产要求,兼顾节约成本	25分	材料选用不合理、不符合生产要求扣10分、没有兼顾节约成本扣5分	
用量计算	预算准确、材料购买计划可行	25分	预算不准确扣5～10分、材料购买计划可行性差扣5～10分	
覆盖方式、方法	完成拼接,覆盖方式合理,安装、固定方法正确	30分	拼接,覆盖方式、安装、固定方法不正确每项扣5分	
管理与维护	能正确进行日常管理与维护	20分	日常管理与维护不正确扣5～10分	

项目4 温室采暖设备的使用与维护

任务1 温室采暖设备的类型与应用

【学习目标】

1. 根据温室的作用和功能特点，能正确地选择不同的采暖设备。

2. 熟悉不同类型采暖设备的功能，并能够掌握其使用方法。

3. 了解温室采暖设备的应用范围。

【任务分析】

本任务主要是通过了解温室采暖设备的种类和型号，并对其性能和用途有更深入的认识，在此基础之上，还要学会如何使用这些设备。

首先要了解目前在生产中经常用到的一些采暖的设备有哪些类型，它们的性能如何，有什么特点。其次要学会如何使用，特别是生产中这些设备的型号、功率、适用的范围等，还要学习如何安装，最后要了解温室采暖设备在哪些方面有应用。同时通过实地考察或者实训，进一步提升本任务的学习效果。

★ 基础知识

1. 温室温度环境的特点

温室是一个可以调控密封的小环境，包括温度、湿度、气体、光照等，都可以调控，特别是温度的调控对园艺设施生产尤其重要。在我国北方地区，普遍使用冬暖式日光温室来增温保温。

日光温室大棚在不需要人工加温的情况下，所以能在冬季严寒地区反季节种植喜温蔬菜，是由于白天太阳光透过棚膜射入棚内地面上，使地面获得太阳辐射热量，经过分子传导逐渐提高下层土壤温度。同时地面上也放出长波辐射，使热能留在棚内，加快提高棚内气温和其他物体的温度。所以白天棚内的气温始终高于外面的气温。这种透明覆盖物的保温作用，称之为"温室效应"。棚内白天温度高的原因虽然与覆盖物的保温作用有关，但主要是棚内被加热的空气不易被风吹走的缘故。

白天棚内的空气由于地面受太阳辐射而温度逐渐被提高，到13:00时左右达到最高点；之后，随着太阳的辐射量逐渐减少，气温逐渐下降，到日落后只剩下棚内土壤中和墙体及后坡层贮存的热量，继续向周围红外辐射放热，直至日出前。所以，大棚内的温度在日出前最低，日出

后又受太阳的辐射的影响升高温度,如此形成了大棚内的日温差,即白天温度高,夜间温度低的情况。大棚内的日温差有以下特点:

一是大棚内白天最高温度和夜间最低温度,都比外界的温度高,由于棚内的容积小,其对流圈比大气的对流圈也小,所以棚内白天温度比大气升得快且高。棚内的容积越小,白天温度升得越快、越高。如果在密闭的情况下,小拱棚内的最高温度要比大棚内的最高温度高出10℃左右,夜间大棚内要通过覆盖物向外放热,所以棚内温度比大气温度下降得慢,并因土壤、植物吸收率大,贮热多。射出率大,所以夜间棚内的长波辐射多于大气,故此春天棚内的最低温度比大气的温度高出 2～4℃。

二是棚内的日温差比大气的日温差大,大的程度与棚室的容积大小有关,棚室容积愈小,热容量愈小,温室下降得愈快、愈低;但也回升得也愈快、愈高。在棚室密闭情况下的日温差比大气的日温差大;且棚室的容积愈小,日温差愈大。

三是大棚的日温差随季节、地理纬度和天气等条件不断变化而变化;大棚的日温差是由太阳辐射热和大棚的保温性决定的,即为辐射收支差额。太阳辐射是随太阳高度、纬度和天气等条件不断变化而变化的。

四是在棚室内栽培作物中,保持一定范围内的日温差是十分重要的温度条件;如温度昼高夜低,有利于作物增加光合积累,提高同化率,有利于促进叶芽及花芽分化和生长发育。

2.温室热量散失的原因

温室自身不能加热,必须依靠太阳的辐射能和人工加热才能加热升温,在不加温的情况下,设施内的热量来源主要是太阳辐射。设施内热量支出方式包括地面、覆盖物、作物表面有效辐射失热;以对流方式,在设施内土壤表面与空气之间、空气与覆盖物之间热量交换,并通过覆盖物表面失热;设施内土壤表面蒸发、作物蒸腾、覆盖物表面蒸发,以潜热形式失热;通过排气将显热和潜热排出;土壤传导失热。

以下是设施热量支出的几种主要途径。

(1)贯流放热 透入日光温室内的太阳辐射能,转化为热能后,以对流、辐射方式把热量传导到与外界接触的围护结构(后墙、山墙、后屋面、前屋面)的内表面,从内表面传导到外表面,再以辐射和对流的方式散发到大气中去。这个过程叫贯流放热,也叫透射放热。贯流放热是温室热量损失的主要途径,快慢,放热量多少,决定于围护结构的导热系数。

贯流放热是几种传热方式同时发生的,分为 3 个过程:

①保护设施内表面吸收了从其他方面来的辐射热和从空气中来的对流热,在覆盖物内外表面形成温差。

②以传导的方式,将内表面的热量传至外表面。

③在保护设施的外表面,又以对流的方式将热量传至外界空气中。

贯流放热在设施全部放热中占有大部分,影响也最大,必须给予足够的重视。减少贯流放热的有效途径是降低覆盖物及维护结构的导热系数,如采用导热率低的建筑材料,采用异质复合型建筑结构作为墙体和后屋面,前屋面用草苫、纸被、保温被、室内张挂保温幕、低温期多风地区加强防风等措施,都可以降低贯流放热,取得良好的保温效果。

(2)缝隙放热 设施内的热量通过放风口、覆盖物及围护结构的缝隙、门窗等,以对流的方式将热量传至室外的放热过程,称为缝隙放热。缝隙放热包括潜热热量和显热热量两部分。

(3)地中传热 白天设施接受太阳辐射使室内气温升高外,大部分热量纵向传入地下贮存在土壤中。冬季夜间设施土壤是个"热岛",热量向四周空间、土壤下部等低于土温的地方传热。这种热量在土壤中横向和纵向传导的方式称为地中传热。

垂直方向的传导失热,除与土壤质地、成分等有关外,还随土壤湿度的增大而增大。土壤垂直方向的热传导仅发生在一定层次,在 $40\sim45$ cm 土壤温度变幅很小,所以可认为该深度以下热传导量很小。土壤水平方向上的横向传热是由于室内外土壤温差较大。据测定,土壤横向传热占温室总失热的 $5\%\sim10\%$。加强设施的保温覆盖是增加土壤贮热,减小温差,从而减少土壤纵向传热损失的主要途径;增加墙体地基厚度,前底角外侧设置防寒沟是减少土壤横向传导的有效方法。

据测定,不加温的温室贯流放热占总耗热的 $75\%\sim80\%$,缝隙放热占总耗热的 $5\%\sim6\%$,地中传热占总耗热的 $13\%\sim15\%$。综上所述,根据能量守恒原理,蓄积于设施内的热量(ΔQ)=进入设施内的热量(Q_j)-散失的热量(Q_i)。当 $Q_j \geqslant Q_i$ 时,设施蓄热升温;当 $Q_j \leqslant Q_i$ 时,设施失热降温;当 $Q_j = Q_i$ 时,设施热量收支平衡,温度不发生变化。不过,平衡是相对的、暂时的和有条件的,不平衡是绝对的、经常的。对于不加热的日光温室内热量收支平衡可用图 4-1 加以概括。

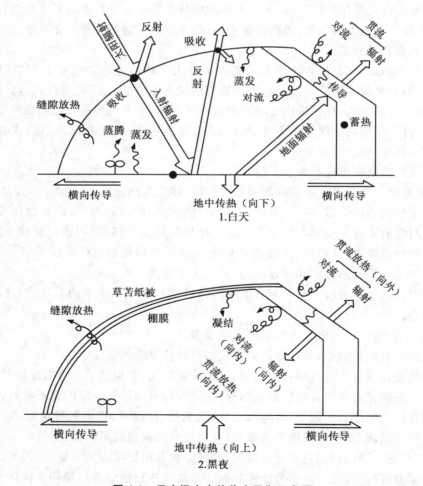

图 4-1　日光温室内热收支平衡示意图

3.温室加热的原因

前面已经提到,温室会因为贯流放热、地中传热和缝隙放热等途径散失热量,保温效果就会下降。目前的温室大多覆盖的是透明覆盖材料,如塑料薄膜和玻璃,他们的热阻很小,在北方低温气候条件下,温室内外温差加大,热量散失速度加快,气温下降速度也快,最终会导致整个温室内气温降到植物无法正常生长发育的临界值以下。因此,除非温室所处区域一年四季温度适宜,要保证植物能再低温气候下能正常生长发育,进行园艺设施栽培和种植必须要对温室安装加热系统以保证生产。

4.温室采暖系统的类型

目前温室采暖的系统有很多种,在大多数项目中,同一温室加热的最佳解决方案是使用混合加热系统。目前植物采暖系统分为5种类型,分别为热风机、电热取暖、热水采暖、蒸汽采暖、辐射采暖。

(1)热风机　热风机现在应用越来越广泛,特别是在美国,约占整个温室加热系统的60%。热风机取暖主要通过热交换器将加热空气直接送入温室提高室温的加热方式。这种加热方式由于是强制加热空气,一般加温的热效率较高。热风采暖加热空气的方法可以是热水或蒸汽通过换热器换热后由风机将热风吹入室内,也可以是加热炉直接燃烧加热空气,前者称为热风机,后者称为热风炉。热风机根据加热热媒的不同分类而有电热热风机、热水热风机、蒸汽热风机等类型;根据燃烧的燃料不同,热风炉也有燃煤热风炉、燃油热风炉和燃气热风炉。输送热空气的方法有采用管道输送和不采用管道输送两种方式,前者输送管道上开设均匀送风孔,室内气温比较均匀。输送管道的材料可以是塑料薄膜筒或帆布缝制的筒,输送管道的布置可以在空中,也可以在栽培床下,视种植需要确定。

热风采暖系统由于热风干燥,温室内相对湿度较低,此外由于空气的热惰性较小,加温时室内温度上升速度快,但在停止加温后,室内温度下降也比较快,易形成作物叶面积水,加温效果不及热水或蒸汽采暖系统稳定。由于加温筒内的空气温度较高,在风筒出风口附近容易出现高温,影响作物生长,设计中应控制风筒出风口温度,减小对作物的伤害,相比热水加温系统,热风加温运行费用较高,但其一次性投资小,安装简单。主要使用在室外采暖设计温度较高($-10\sim-5$℃以上),冬季采暖时间短的地区,尤其适合于小面积单栋温室。在我国主要是用在长江流域以南地区。

(2)电热取暖　是一种利用电流通过电阻大的导体将电能转变为热能进行空气或土壤加温的加温方式,主要为电加热线。温室中使用的电加热线有空气加热线和地热加热线两种。加热线的长度是采暖设计的主要参数。其值取决于采暖负荷的大小,由加温面积、加热线规格(材料、截面面积和电阻率大小)以及所用电源和电压等条件确定。对于局部加热,例如育种苗床的加热来说,电阻加热能够为土壤升温提供一种清洁且安静的加热方式,使之适宜于作物的早期健康生长。采用电热采暖具有很多其他采暖方式所不具备的优势,如不受季节、地区限制,可根据种植作物的要求和天气条件控制加温的强度和加温时间,具有升温快。温度分布均匀、稳定,操作灵便等优点,缺点是耗电量大,运行费用高、多用于育苗温室的基质加温和实验温室的空气加温等。

(3)热水采暖　热水采暖系统是世界上现代温室中最常用的加热系统。以热水为热媒的采暖系统,由提供热源的锅炉、热水输送管道、循环水泵、散热器以及各种控制和调节阀门等组成。该系统由于供热热媒的热惰性较大,温度调节可达到较高的稳定性和均匀性,与热风和蒸汽采暖相比,虽一次性投资较多,循环动力较大,但热损失较小,运行较为经济。一般冬季室外采暖设计温度在－10℃以下且加温时间超过 3 个月者,常采用热水采暖系统。我国北方地区大都采用热水采暖,对面积较大的温室群供暖,采用热水供暖在我国长江流域有时也是经济的。中心锅炉加热系统产生的热水,既可进行地板加热、苗床下加热、苗床上加热、作物周围加热,也可以加热灌溉水或用来化雪融冰,甚至可以给热水式热风机提供热源。

(4)蒸汽采暖 以蒸汽为热媒的采暖系统,其组成与热水采暖系统相近,但由于热媒为蒸汽,温度一般在 100～110℃,要求输送热媒的管道和散热器必须耐高压、高温、耐腐蚀,密封性好。由于温度高、压力大,相比热水采暖系统,散热器面积就小,亦即采暖系统的一次性投资相对较低,但管理的要求比热水采暖更严格。一般在有蒸汽资源的条件下或有大面积连片温室群供暖时,为了节约投资,才选用蒸汽采暖系统。

(5)辐射采暖 温室辐射采暖技术是 20 世纪 70 年代初首先在美国开始应用的一种加热技术。它是利用辐射加热器释放的红外线直接对温室内空气、土壤和植物加热的方法。其加温原理就像白天太阳照射进温室一样,辐射红外线在照射到所遇到的物体后光能转换为热能使其表面温度升高,进而通过对流和传导将物体及周围空气温度提高。辐射加温管可以是电加热,也可以是燃烧天然气加热。辐射源的温度可高 420～870℃。其优点是升温快(直接加热到作物和地面的表面)、效率高(不用加热整个温室空间),设备运行费用低.温室内种植作物叶面不易结露,有利于病虫害防治,对直接调节植物体温、光合作用及呼吸、蒸腾作用有明显效果,但设备要求较高,设计中必须详细计算辐射的均匀性,对反射罩及其材料特性要慎重选择。对单栋温室由于侧墙辐射损失较大,使用不经济.目前国内还没有专门的厂家生产温室专用的辐射采暖器。

5.地下水热交换采暖

地热水属于宝贵的地下资源和能源,同时也是一种洁净的绿色资源。除了洗浴、旅游,还可以供热、采暖、发电、热水养殖等。

地热资源运行成本也比较低。地热资源用来采暖,地热运行费用为 15.4 元/m²,燃油和燃煤两项分别是 45 元/m² 和 26 元/m²,而且地热资源可以循环利用。如果大力推广起来,这将节约大量的社会资金。

利用地下水作为热源有 3 种方式:即水帘式、地下水热泵和热交换器供热。

(1)水帘式温室供热装置 在温室、大棚内设置坡度很小的“人”字形泄水装置,在泄水装置与温室棚顶间的空间内铺设喷嘴的管道。用深井泵抽出地下水(20℃上下),通过安装在管道上的喷嘴将地下水均匀地喷洒到泄水装置与温室棚顶间的空间内,喷出的地下水先产生雾,随着浓度加大就会成水帘顺泄水装置泄落,将所带的热量传到温室内部,同时也会防止从保温帘的放热。

(2)地下水热泵 这是利用热泵抽出地下水供给温室利用的一种方式。目前有热风暖气方式和热水暖气方式两种类型。

(3)热交换器供热 将深井泵抽出的热水输入安装在温室内的热交换器,温度较高的地热水与温度较低的室内空气实施热交换,使温室内气温上升并保持稳定。热交换后的温水通过回灌井向地下回灌。

在地下水资源丰富的地方,可把地下水抽出来,通过特制的热交换器,把其热量取出后再把水回灌到地下,原理上是一个比较经济可行的方法,在南方地区应该比较适用。不过该方法只适用于冬季平均气温较高,地下水丰富且水温较高的地区。

6.采暖方式和设备的选择

温室采暖费用是决定温室运行成本的重要因素,采暖设备的选用很大程度上影响着温室投资、运行成本和以后的经济效益,因此在温室设计阶段就应该慎重考虑,科学合理地选择。温室采暖设备与温室类型、所处区域关系密切,在设计之初都要进行温室热负荷的计算。根据设计计算所得出的需要供热量进行散热器的布置,同时对热源的容量进行确定。只有根据自己的温室形式和当地气候进行设备的选择,才能最大程度地避免材料浪费。

上面提到的所有系统温室有效的采暖方式,对于不同的加热需求,每种系统都有其值得考虑的特点,在针对所有系统进行选择时,最好的方法将这些系统作为一种必须完成的特别任务的"工具"来考察甄别,可以参考以下几点:

(1)热风机 优点是价格便宜,响应速度快而且易于分区加热。缺点是没有集中加热,效率低,在温室环境中使用寿命短,遮阳面积大。

(2)热水加热系统 优点是适应性强、易操作、能更换燃料而不影响温室本身。缺点是初期投资大、系统复杂、安装难度大。

(3)辐射加热系统 优点是效率高、室内环境干燥、减少病虫害。缺点是遮阳面积大、近距离加热、加热不均匀等。

★ 知识拓展

1.几种热风机的规格参数

热风采暖系统设备的选型主要根据采暖热负荷和热风机或热风炉的产热量大小确定,一般要求热风采暖供暖热负荷应大于温室计算采暖热负荷5%~10%。目前国内外有关热风采暖的设备和规格都较多,表4-1是目前国内燃油(气)热风炉的常用规格及其耗能参数,表4-2为一公司生产燃煤热风炉的规格参数,表4-3为一公司生产电热风机的规格参数。

表 4-1 燃油(气)加温机主要技术指标

额定发热量		设计风温	煤柴油	天然气	液化气	城市煤气
/(kcal①/h)	/kW	/℃	/(kg/h)	/(N·m³/h)	/(N·m³/h)	/(N·m³/h)
5×10⁴	60	60	4.9	5.85	2.27	11
10×10⁴	120	60	9.8	11.70	4.54	22
20×10⁴	230	60	19.6	23.40	9.10	44

① 1 kcal=4.186 kJ,下同。

表 4-2 燃煤热风炉主要规格参数

规格型号	发热量/kW	最大温升/℃	热风温限/℃	配套电机/kW	热风量/(m³/h)	耗煤量/(kg/h)
SFMRL 5	60	<150	≤130	1.1	2 000	15
SFMRL 10	120	<150	≤130	1.5	3 600	25
SFMRL 15	180	<150	≤130	2.2	5 400	38
SFMRL 20	230	<150	≤130	3.0	7 200	50

表 4-3　电热风机主要规格参数

规格型号	风机				加热		
	风量 /(m³/h)	全压 /Pa	电机功率 /W	出口风速 /(m/s)	功率 /kW	加热 /(kcal①/h)	气体温升 /℃
SFDNT800/5400	800	28	120	2.5	5.4	4.64	18
SFDNT800/10800	800	28	120	2.5	10.8	9.28	37
SFDNT1600/10800	1 600	110	120	5.0	16.2	13.9	18
SFDNT800/16200	800	28	120	2.5	16.2	13.9	56
SFDNT1600/16.2	1 600	110	120	5.0	6.3	5.4	28

① 1 kcal=4.186 kJ。

2.温室地下热交换系统

地下热交换系统的设想是 20 世纪 60 年代由日本学者山本雄二郎首先提出,但直到 70 年代世界性的石油危机爆发之后,研究工作才大量开展起来。

地下热交换系统的基本思想是将白天超过作物适宜生育上限的多余热量暂存于地下,待夜间室内温度降低后再从地下取出,一方面可以降低白天室内的高温,另一方面储存于地下的热量还可以用于补充温室夜间热量的不足。从而使温室内的温度波动趋于缓和,更有利于作物的生长。

地下热交换系统用于春、秋季节温室、大棚的春提早和秋延后栽培效果尤为明显。据测定,在北京地区塑料大棚春季生产,在不用燃料的情况下,可使夜间室内外温差保持在 10℃ 左右,同时还使棚内地温得到提高。采用地下热交换系统的塑料大棚在春季能比普通塑料大棚提早 20～30 天达到喜温果菜定植的小气候要求。

地下热交换系统在工程上实施的常用办法是在温室(大棚)地表以下 50 cm 深处,间距 50 cm 左右埋设陶土管或补砌砖通道,使其一端直接通出地面,另一端通过砖砌暗沟与轴流风机相连。

白天当室内温度超过设定上限温度时,开启风机贮热,将室内热空气抽进埋设在地下的管道,通过空气与管道的热交换使空气温度降低,相应地将空气携带的热量通过换热管道储存于地下土壤中,使土壤温度升高;夜间当室内空气温度降到室内下限温度时,开启风机提热,将室内冷空气通过风机抽进地下管道,冷空气与高温土壤发生热交换,使空气温度升高后重新送到温室。

一般,白天当室温超过 25℃ 后即开始贮热,在室温降到 25℃ 以下时,关闭风机,停止贮热,直到室内温度降到 15℃ 以下后再次开启风机提热。试验测定表明,管道出口风温和进口风温相比,白昼降低 2～4℃,夜间升高 2～4℃,而且因为温室土壤的巨大贮热能力,在寒冷或连阴天时仍能保持一定的效果,而不致引起土壤温度的巨大波动,据测定,经过一夜放热后,土壤平均温度仅降低 1℃。

地下热交换系统对温室的环境调控除夜间增温外,还在白天具有降温作用。一般,白天风机运行 5 h,可使室内温度降低 2.5～6.5℃,这对稳定室内温度波动有显著的效果,而且也节约了白天温室的降温费用。

任务 2　温室采暖设备的使用与维护

【学习目标】

1. 熟悉温室采暖设备的类型，了解不同采暖设备的性能。

2. 针对常用的温室采暖设备，掌握其使用方法。

3. 对常用的温室采暖设备能够进行维护。

【任务分析】

本任务主要是熟悉目前生产中常用的采暖设备的各项性能，并熟练掌握各种采暖设备的使用方法，对使用过程当中出现的问题要能够分析原因，能进行简单的维护。

生产中目前使用的采暖设备有很多种，不同的地区，生产方式不同，可以选用不同的采暖设备，这些设备加热的原理和使用方法都有不同之处。在学习本任务时，要从生产实践出发，结合实际情况，不断学习常用采暖设备的性能指标，熟悉使用方法，了解设备维护相关的知识，为从事相关岗位的工作积累技术。

★ 基础知识

温室采暖设备的维护保养是设备在使用阶段，减慢设备磨损，防止意外事故，延长使用寿命的最有效的措施。

1. 加强设备维护保养的意义

设备在使用过程中由于设备的物质运动和化学作用，必然会产生技术状况的不断变化和不可避免的不正常现象，以及人为因素造成的损耗，例如松动、干摩擦、腐蚀等。这是设备的隐患，如果不及时处理，会造成设备的过早磨损，甚至形成严重事故。做好设备的维护保养工作，及时处理随时发生的各种问题，改善设备的运行条件，就能防患于未然，避免不应有的损失。实践证明，设备的寿命中很大程度上决定于维护保养的程度。

因此，在生产过程中，不仅要正确地使用设备，还必须要对设备进行维护，才能保证设备正常运行，减少损耗。

2. 设备使用、维护规程的内容

（1）设备使用规程

①设备技术性能和允许的极限参数，如最大负荷、压力、温度、电压、电流等；

②设备交接使用的规定，两班或三班连续运转的设备，岗位人员交接班时必须对设备运行状况进行交接，内容包括设备运转的异常情况，原有缺陷变化，运行参数的变化，故障及处理情况等；

③操作设备的步骤，包括操作前的准备工作和操作顺序；

④紧急情况处理的规定；

⑤设备使用中的安全注意事项，非本岗位操作人员未经批准不得操作本机，任何人不得随意拆掉或放宽安全保护装置等；

⑥设备运行中故障的排除。

（2）设备维护规程

①设备传动示意图和电气原理图；

②设备润滑"五定"图表和要求；

③定时清扫的规定；

④设备使用过程中的各项检查要求，包括路线、部位、内容、标准状况参数、周期（时间）、检查人等；

⑤运行中常见故障的排除方法；

⑥设备主要易损件的报废标准；

⑦安全注意事项。

3.润滑的基本原理

把一种具有润滑性能的物质，加到设备机体摩擦面上，使摩擦面脱离直接接触，达到降低摩擦和减少磨损的手段称为润滑。

润滑的基本原理是润滑剂能够牢固附在机件摩擦面上，形成一种油膜，这种油膜和机件的摩擦面结合力很强，两个摩擦面被润滑剂隔开，使机件间的摩擦变为润滑剂本身分子间的摩擦，从而起到减少摩擦和磨损的作用。

设备润滑是设备维护工作的重要环节。设备缺油或油脂变质，会导致设备故障甚至破坏设备的精度和功能。搞好设备润滑，对减少故障、减少机件磨损、延长设备寿命都起着重要作用。

4.润滑剂的主要作用

润滑剂主要有以下作用：

（1）润滑作用　减少摩擦、防止磨损。

（2）冷却作用　在循环中将摩擦热带走，降低温度防止烧伤。

（3）洗涤作用　从摩擦面上洗净污秽、金属粉粒等异物。

（4）密封作用　防止水分或其他杂物侵入。

（5）防锈防蚀　使金属表面与空气隔离，防止氧化。

（6）减震卸荷　对往复运动机构有减震、缓冲、降低噪声的作用；压力润滑系统有使设备启动时卸荷和减少启动力矩的作用。

（7）传递动力　在液压系统中，油是动力传递介质。

5.润滑工作的"五定"

设备润滑"五定"是把日常润滑技术管理工作规范化、制度化，保证搞好润滑工作的有效方法，其内容是：

（1）定点　确定每台设备的润滑部位和润滑点，实施定点给油。

（2）定质　确定润滑部位所需油脂的品种、牌号及质量要求。所加油质必须经化验合格。

（3）定量　确定各润滑部位每次加、换油脂的数量，实行耗油定额和定量换油。

（4）定期　确定各润滑部件加、换油脂的周期，按规定周期加油，添油和清洗换油。对贮油量大的油箱，按规定周期抽样化验，确定下次抽验或换油时间。

（5）定人　确定操作工人、维修工人、润滑工人对设备润滑部位加油、添油和清洗换油的分工，各负其责，共同完成润滑。

6.设备润滑良好应具备的条件

(1)所有润滑装置,如油嘴、油杯、油窗、油标、油泵及系统管路等齐全,清洁、好用、畅通。

(2)所有润滑部位、润滑点按润滑图表中的"五定"要求加油,消除缺油干磨现象。

(3)油线、油毡,齐全清洁,放置正确。

(4)油与冷却液不变质、不混杂、符合要求。

(5)滑动和转动等重要部位干净,有薄油膜层。

(6)各部位均不漏油。

★ 工作步骤

1.设备使用和维护的常识

操作工人应掌握"三好"、"四会"和"五项纪律"。

三好:即管好、用好、修好。

(1)管好设备 操作者应负责保管好自己使用的设备,未经批准,不准其他人操作使用。附件、零部件、工具及技术资料保持清洁,不得遗失。

(2)用好设备 严格遵守设备操作规程,正确使用、合理润滑。

(3)修好设备 严格执行维护规程,弄懂设备性能及操作原理,及时排除故障;配合检修工人检修设备并参加试车验收工作。

四会:即会使用、会保养、会检查、会排除故障。

(1)会使用 熟悉设备的性能、结构、工作原理,学习和掌握操作规程,操作技术熟练、准确。

(2)会保养 学习和执行维护、润滑要求,按规定进行清扫、擦洗,保持设备及周围环境的清洁。

(3)会检查 熟悉设备结构、性能、了解工艺标准和检查项目;能鉴别出设备的异常现象及发生部位,找出原因;能按设备完好的标准判断设备的技术状态。

(4)会排除故障 设备出现故障,能及时采取措施防止故障扩大;能完成一般的调整和简单故障的排除。

五项纪律:

①凭操作证操作设备;遵守安全操作规程。

②经常保持设备清洁,按规定加油。

③严格遵守交接班制度。

④管好工具、附件,不得遗失。

⑤发现故障,立即停车,自己不能处理的应及时通知维修人员处理。

2.温室采暖设备一般使用的步骤

①新设备使用前一定要认真学习使用手册,对设备结构、性能、技术、规范、维护保养、润滑知识、安全操作规程等技术理论和有实际操作技能培训。

②指定专人使用,或者对要接触使用的人员进行岗前培训,考核合格后才能操作。

③做好日常使用记录,发现问题要立即上报。

④严禁超负荷运行,对违规操作人员要有惩处措施。

3. 温室采暖设备日常维护的步骤

①每年要制定设备维护、保养计划。

②使用前检查整机及电源线是否正常及接妥。

③经常清除整机的尘埃、油污、污迹。

④定期检查，按规定做检查周期，由维修工人对设备性能和精度进行全面检查(包括精度检查、精度调整、测订精度指数，对主要设备进行预防性试验)。发现问题除当时能调整解决者，均应做好记录。作好制定修理计划的依据，定期检查的重点放在 A 类设备(半年一次)，B 类设备(一年至少一次)、C 类设备可以做定期检查，可放在年度设备普查时进行。

⑤设备大修及项修。有计划地对设备进行预防性检修是我厂设备管理的根本制度，设备预防性检修包括大修、项修、一级和二级保养，定期检查。

A. 大修。指对设备进行全部解体，修理基准件，修复或更换全部易损件，同时修理电气部分以及外表翻新，全面修复清除修理前存在的缺陷，恢复设备原有的精度、性能。达到出厂标准或企业规定的标准及生产工艺要求的上限，同时结合大修对需要改进的部位或整机进行改善性修理。

B. 项修。指在状态监测或精度测量基础上，根据设备的技术状态，有针对性地对设备进行部分解体、修复和更换磨损件，恢复修理部分精度、性能。满足生产工艺要求，同时结合修理对新修部分需要进行技术改进的进行改善性修理。

⑥建立设备档案.

A. 设备资料档案管理。设备科每年要按档案管理制度将设备资料归类，交档案室保存，并建立转达资料记录。

B. 不断加强设备日常管理和维修信息的积累及数据处理的统计分析工作。制定出各种工作流程、工作制度、工作标准、统工数据，做到各种图、表齐全，数据准确，各种报表正确，填写清楚，上报及时。

★ 巩固训练

1. 技能训练要求

了解温室取暖设备的类型，各项性能指数，掌握一般使用方法和日常维护、保养的技巧。

2. 技能训练内容

①参观或调查当地常用的温室采暖设备，根据调查结果写出采暖设备的类型、特点和性能。

②对不同的采暖设备进行使用方法的学习培训，写出其使用和维护的方法和要点。

项目5 温室通风降温设备的使用与维护

任务1 湿帘的类型及应用

【学习目标】

1. 根据生产要求,了解设施园艺中温、湿度调控的意义,并掌握几种不同的调控方法。

2. 理解湿帘降温的一般原理,熟悉生产上常用的水幕帘的类型,能根据环境特点和生产需求选择适宜的湿帘类型。

3. 掌握湿帘的操作方法,并能够进行日常护理。

4. 理解湿帘在农业生产中的应用范围。

【任务分析】

本任务主要是理解设施园艺如何降温,目前有哪些方法能起到较好的降温效果。能根据生产的实际需求和目前使用广泛的降温设备,了解湿帘的类型和降温的基本原理,熟练掌握湿帘的使用方法和操作要点,并且能够进行简单的维护和保养。

★ 基础知识

1. 温室降温的必要性

温度是影响园艺植物生长发育的最重要的环境因子,它影响着植物体内一切的生理变化,是植物生命活动最基本的要素。现代化的设施不仅要能使其作物安全越过寒冷的冬天,还要能安全度过炎热多雨的夏天。我国大部分地区夏季由于强烈太阳辐射和温室效应,温室内气温 40℃,最高可达 50℃以上,超出了园艺植物生长发育的适温,如果不能及时有效地降低温室内的温度,会导致植物枯萎,甚至死亡。因此,为了解决夏季高温对植物生长造成的不利影响,需要采取降温的措施。

目前常用的降温方式主要有通风换气降温、遮阳降温、屋面洒水降温、室内喷雾降温和湿帘降温系统等。

湿帘降温是一种投资少、耗能低,在中国广大地区都可应用,尤其适合农村畜禽养殖、花卉温室、服装轻纺业大面积生态降温的空调方式,与常规空调相比,湿帘降温具有以下特点(表5-1)。

表 5-1　湿帘降温与常规空调比较

项目	湿帘-风机/冷风机	常规空调	比较
热力学原理	等焓降温	减焓降温	环境绝热/环境减热
处理对象	处理100%新鲜空气	处理封闭空间空气或补入少量新风	空气新鲜度不同
使用条件	空气不饱和(除沿海高湿地区外)	任意	后者更优
气候影响	气温越高空气不饱和度越高,降温越大 高湿天气不利蒸发,效果不好	气温太高不利排热,不利降温 高湿天气可降温除湿	前者影响较大
效果	以控温范围评价	以降温幅度评价	接近
投资	较小	较大	1倍至数倍
能耗	很小	很大	10倍至数十倍
适用范围	大面积大空间生态环境	小面积小空间严格环境	不同场所、不同条件、不同要求

2. 湿帘的特性

湿帘,别名水帘、水幕帘,已制作成为固定形状,呈蜂窝结构,俗称为蜂巢式湿帘,是由原纸加工生产而成。其生产流程一般为上浆、烘干、压制瓦楞、定型、上胶、固化、切片、修磨、去味等步骤。目前湿帘采用的材料有:白杨木细刨花、瓦楞纸、聚氯乙烯等。

蜂巢式湿帘包括两部分,上面材料称为分配水用材料,底下部分为降温用材料,规格通常以 α-H-W-D 注明。α 为折纹角度,H 为湿帘材料高度,W 为宽度,D 为厚度。W 已固定为 30 cm。高度 H 可选择,这些规格都与湿帘降温效率有关。

优质湿帘采用新一代高分子材料与空间交联技术而成,具有高吸水、高耐水、抗霉变、使用寿命长等优点。而且蒸发比表面大,降温效率达80%以上,不含表面活性剂,自然吸水,扩散速度快,效能持久。一滴水4~5 s即可扩散完毕。国际同行业标准自然吸水为 60~70 mm/5 min 或 200 mm/1.5 h。

优质湿帘具有以下几方面的特点:

①高度吸水性。

②蒸发降温效率强:在南方,一般冷却装置可以达到 4~13℃,在炎热干燥地区 4~15℃,并且冷却迅速。

③适合正、负压装置。

④持久耐用。

⑤节能、环保:运行耗电低,无压缩机,无冷媒,无污染,噪声低。

⑥容易安装:成本低,操作简便,无需专业维修。

⑦对人体无害:不断提供新鲜干净的空气,增加含氧量。

3. 湿帘的规格

①水帘厚度主要有 10 cm、15 cm、20 cm 三种,其中 10 cm 使用最为广泛。

②降温水帘的面积大小根据实际安装需要量体裁衣，可以制作成随意大小。但通常高度不超过 2 m，长度不超过 4 m，面积过大会导致强度不够，不便于使用和安装。降温湿帘一般干重为 40 kg/m。但在使用过程中，当它完全湿透后，其湿重为 96 kg/m。

湿帘底部有支撑，其面积不少于湿帘底面积的 50%，这样可保证湿帘在多年使用过程中不致下陷。湿帘底部不得浸没于底部接水槽的水中，因为这样当降温系统运行时，它仍然处于浸润状态，从而导致潮湿部分藻类和霉菌的滋生。

③降温水帘的蜂窝孔直径主要有 5 mm、7 mm、9 mm 三种，7 mm 使用最为广泛，5 mm 用于环保空调（冷风机），9 mm 用于灰尘过多容易堵塞的场所。

④按波纹夹角可分为 45°+45°、30°+60°、45°+15°，水帘纸的型号有 5090、5060、7090、7060、9090、9060。降温水帘常用的型号是 7090，根据不同需要也可以制作成其他型号。

4. 湿帘降温的原理

湿帘是用一种特种纸制成的蜂窝结构材料，系统的降温过程是湿帘纸内完成的。在波纹状的纤维纸表面有层薄的水膜，当室外的干热空气被风机抽吸穿过湿帘纸时，水膜中的水会吸收空气中的热量后蒸发，带走大量潜热，使经过湿帘纸的空气温度降低，经过这样处理后的凉爽湿润空气进入室内。与室内的热空气混合后，通过风机排出室外，从而降低空气自身的温度。风扇抽风时将经过湿帘降温的冷空气源源不断地引入室内，从而达到降温效果。

5. 湿帘降温的效果

湿帘降温必须和风机相结合才能起到降温的效果，目前在农业生产中应用最多的是湿帘+负压风机降温系统，安装方便，应用广泛，效果好。

对于设计良好的蒸发降温系统，降温效果非常明显，可降温 5~10℃。风口尺寸越大越好，进风口尺寸过小会增加静压，从而大大降低风机效率，增加耗电量。湿帘尽可能要采用连续的进风口。湿帘风机降温系统通常在干燥的天气情况下工作得最好。

此外，湿帘降温较风制冷迅速、持久，又能起到除尘、净化空气的作用。

6. 湿帘降温系统的类型

(1)"湿帘-负压风机"降温系统　由湿帘箱、循环水系统、轴流风机和控制系统 4 部分组成，湿帘由箱体、湿帘、布水管和集水器组成。

该系统湿帘通常安装在温室的北端，风扇安装在温室的南端。当需要降温时，启动风扇将温室内的空气强制抽出，形成负压，同时，水泵将水打在湿帘墙上。室外空气因负压被吸入室内的过程中，以一定的速度从湿帘的缝隙穿过，导致水分蒸发和降温，冷空气流经温室，吸收室内热量后，经风扇排出，从而达到降温目的。

在炎热的晴天，大气中的含水量几乎是恒定的，这意味着中午温度达到最高值时，其相对湿度为最低值。而相对湿度越低，湿帘降温的效果越明显。

该系统具有降温效果好、操作简单、使用寿命长等特点，通过湿润净化的空气更有利于室内作物的生长，若配合遮阳系统综合使用，降温效果更为显著。

风机湿帘降温系统是目前在花卉生产类温室中应用最广、效果显著、最适宜作物生长的降温方式，在花卉温室的建设中合理安装风机湿帘系统，能充分发挥其功效为花卉生长起到促进作用。

为了保证温室内有良好的温度环境，拟采用湿帘-风机降温系统的温室，温室的长度（湿帘与风机的相对距离）最好不要超过 50 m。

（2）湿帘冷风机降温系统　是用循环水泵不间断地把接水盘内的水抽出，并通过布水系统均匀地喷淋在蒸发过滤层上，使室外热空气通过蒸发换热器（蒸发湿帘）内与水分进行热量交换，通过水蒸发而达到降温、清凉，洁净的空气则由低噪音风机加压送入室内，以此达到降温效果。湿帘冷风机一般用在工厂、车间、医院等场所，农业上应用很少。

冷风机具有以下特点：

①节能。冷风机的运行费用是传统压缩机空调的 1/8，耗电量为每小时 1 kW·h。

②环保。无化学氟利昂冷媒，完全靠水制冷的环保型产品。

③空气清新。室外新鲜空气经过过滤进入室内，无须密闭，故无传统空调带来的不适应感。

④降温明显。在珠三角较潮湿的地区，一般能达到 5～10℃的降温效果，在特别炎热干燥（如北方）地区，可降温 8～15℃。

⑤噪声低。冷风机振动小，风量强劲，噪声低，工作环境安静舒适。

⑥智能控制。定时开机、定时关机、定时自动清洗功能，真正实现无人操作，自动运行。

（3）湿帘增湿　多用于种植园、温室及其他某些对湿度要求较高的特殊行业。由于湿帘具有吸水、耐水、扩散速度快，效能持久等特点，很适合用于调节室内湿度。

（4）湿帘过滤　湿帘还具有通风透气和耐腐蚀性能，对空气中污尘具有极好的过滤作用，是无毒无味洁净增湿、给氧降温的环保材料，所以也用作空气净化和过滤的介质。

7. 湿帘的使用特性

（1）购买成本　湿帘的购买成本取决于供应厂商的制作技术与市场需求。例如有特殊防菌能力处理的材料其成本即较高。

（2）使用年限　使用的材料，使用地区的水质与空气质量，整体系统的设计，使用者的维护保养等对使用年限都有影响。

（3）压力降　用来表示风力通过湿帘后风压减少量，压力降在选择使用风扇时十分重要，工程要求标准通常为 0.03 kPa。影响因子与降温效率相同。

（4）降温作业效率　影响因子有整体的设计，使用的材料、厚度、作用角度、通过的空气速度、水流流量与使用时间。

★ 工作步骤

1. 湿帘的使用

（1）湿帘供水　首先打开水箱补水水阀，水箱水位超过水泵一定量时（即浮球阀停止自动供水时），然后才可以合上水泵电闸，湿帘供水开始。注意：

①当水箱缺水或水位高度不够时，严禁通电水泵，否则会造成水泵空转发热而烧坏水泵；

②由于湿帘蒸发消耗水量，所以水泵通电时，必须确保水源供水正常（补水水阀处于常开状态）。

（2）湿帘水量调节　湿帘供水应使湿帘均匀湿透达 90%以上即可，水流量通过调节水泵减压阀的开度，可调节湿帘总供水量（反比）；而调节湿帘件进水球阀的开度，可调节湿帘件的供水量（正比）。湿帘水流过大会产生回流困难，而使水从水槽溢出，水量过大还会造成上框挡板及湿帘毛边"飞水"现象；过小则使湿帘湿透不均。

（3）漏水问题排除 发现有水滴溅离湿帘时，首先检查供水量是否过大；是否有损坏的湿帘、边缘出现破损或毛刺（可自行拔掉或塞海绵处理）。框架接口处漏水时，在停止供水后，擦干漏水处，加抹防水胶（玻璃胶），干后即可。

在刚开通供水、湿帘还未湿透情况下，有短暂"飘水"现象属正常现象。

2. 风机的使用和维护

①风机都装有电器控制系统，开机时按启动按钮即可，如装有变频调速器的，合上电闸后再按变频器上的"开始"功能键，关机时应先关变频器后再关电闸。变频器设置在低频率状态下开机为佳，在正常运转后再作调整。

②为了保证排风机的使用寿命，不宜连续运行超过 10 h，在不影响正常工作的情况下，尽量采用数台排风机交叉使用的方法。

③排风机附近严禁堆放杂物，尤其是轻便物品，以防被排风机吸入。

④风机如出现异响或有异味，应立即断电检查，检查范围：电机是否冒烟，叶片是否断裂，变频器各指示灯是否正常，空气开关是否损坏，电源是否正常等。

3. 日常保养

①泵停止 30 min 后再关停风机，保证彻底晾干湿帘。系统停止运行后，检查水槽中积水是否排空，避免湿帘底部长期浸在水中。

②湿帘清理。清除湿帘表面的水垢和藻类物。在彻底晾干湿帘后，用软毛刷上下轻刷，避免横刷（可先刷一部分，检验一下该湿帘是否经得起刷）。然后只启动供水系统，冲洗湿帘表面的水垢和藻类物，避免用蒸汽或高压水冲洗湿帘。

③鼠害控制。在不使用湿帘的季节，可通过加装防鼠网或在湿帘的下部喷洒灭鼠药。

④喷水管清理。打开两端的螺塞，用一外径约为 25 mm 的橡皮软管插入，另一端接自来水，冲洗即可。

⑤水泵若一段时间不用，应放在清水中，通电运行 5 min，清洗泵内外泥浆，然后擦干涂防锈油放置通风干燥处。

4. 注意事项

①安装前应保证安装洞口底面水平度不大于 10 mm。

②水泵电源线为三导线。其中一根双色线为接地线。安装时一定要接地连接，同时还须安装漏电断路器，防止触电人身事故！

③水泵潮湿时，在通电状况下请勿触摸。泵在使用中，请勿使用水池中的水，人畜勿接触水面，谨防意外发生。

④水池保持足够的水位，泵壳不得漏出水面，否则电机将烧毁。

⑤水泵进水口离池底 10 cm，且应有辅助提放绳索，且勿用电缆线吊放水泵。

5. 湿帘的应用

湿帘在很多行业都有广泛的使用，主要起到通风降温的作用。

湿帘的应用范围，如家禽和畜牧业：养鸡场、养猪场、养牛场、畜禽养殖等；温室和园艺业：蔬菜储藏、种子房、花艺种植、草菇种植场等；工业降温：工厂降温通风、工业加湿、娱乐场所、预冷器、空气处理机组等。

★ 知识拓展

中华人民共和国机械行业标准

湿帘降温装置

（JB/T 10294—2001）

1. 范围

本标准规定了湿帘降温装置的术语、规格型号、技术要求、试验方法、检验规则、标志、包装、运输和贮存。

本标准适用于农业建筑物（温室、畜禽舍）的夏季通风降温所用湿帘降温（湿帘材质为纸基质）装置。其他材质的湿帘降温装置可参照执行。

2. 引用标准

下列标准所包含的条文，通过在本标准中引用而构成为本标准的条文。本标准出版时，所示版本均为有效。所有标准都会被修订，使用本标准的各方应探讨使用下列标准最新版本的可能性。

GB/T 1804—2000 一般公差 未注公差的线性和角度尺寸的公差

GB/T 2828—1997 逐批检查计数抽样程序及抽样表（适用于连续批的检查）

GB 9969.1—1998 工业产品使用说明书 总则

GB/T 13306—1991 标牌

3. 术语

本标准采用下列术语。

3.1 湿帘降温装置 wet pad cooling system

根据水蒸发使周围空气冷却原理制造的一种主要用于农业建筑物（温室、畜禽舍）降温的系统装置。该系统包括湿帘、框架结构、供水及配水管路和水泵。该装置与低压大流量风机配套使用。

3.2 湿帘 wet pad

用于蒸发降温的成形材料。由特制的具有良好吸水性纤维纸压制成波纹板后交错层叠粘接成板块形，允许气流和水流交叉通过，具有良好的防腐性能。

3.3 湿帘箱体组件 wet pad package

湿帘和容纳湿帘、保持湿帘外形及承受安装时外力的壳体以及配水管路和出水口共同组成的部分。

3.4 过帘风速 pad face velocity

在湿帘（波纹板块）内各点通过的风速是变化的，很难测量。通常将易于测量的进入湿帘或离开湿帘的风速定义为通过湿帘的风速，简称过帘风速。单位以 m/s 表示。

3.5 设计过帘风速 recommended pad face velocity

用湿帘降温装置进行降温时，为满足农业建筑物（温室、畜禽舍）所需的通风量，考虑湿帘的换热效率、阻力损失、湿帘面积的经济适用量等综合因素，由厂家或设计单位提出的过帘风速值。一般为 0.5～1.5 m/s。

3.6　设计供水流量 recommended circulation rate of the water

湿帘降温装置在设计过帘风速条件下，使系统达到最佳换热效率时，水泵供给单位面积湿帘或单位长度湿帘的循环水量。单位以 $m^3/(m^2 \cdot h)$ 或 $m^3/(m \cdot h)$ 表示。由厂家或设计单位提出。

3.7　蒸发冷却换热效率 efficiency of evaporative cooling

指在设计过帘风速下，空气通过湿帘实际达到的饱和程度与理想过程空气可能达到的饱和程度之间的比率，数值上等于空气通过湿帘前后干球温度的差值除以空气通过湿帘前干球温度与湿球温度的差，即：

$$E = \frac{(T_0 - T_1)}{(T_0 - T_w)} \times 100\%$$

式中，E—换热效率；

　　T_0—湿帘前干球温度；

　　T_1—湿帘后干球温度；

　　T_w—湿帘前湿球温度。

3.8　过流阻力 static pressure drop

指在设计过帘风速下气流通过湿帘时的阻力。单位以 Pa 表示。

4.规格型号

4.1　湿帘外形尺寸

a.湿帘外形尺寸表示原则：以气流通过方向为厚度，以气流通过方向的垂直截面竖直安装时的垂直长度为高度，水平长度为宽度。

b.型号规格表示形式如下：

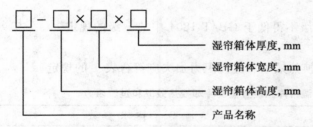

c.湿帘箱体厚度系列：以 mm 为单位，厚度系列参数为 80,100,120,150,200。

d.湿帘箱体宽度系列：以 mm 为单位，宽度系列参数为 300,600,1 000,1 500,2 000。

e.湿帘箱体高度系列：以 mm 为单位，高度系列参数为 500,700,900,1 100,1 400,1 700,1 900,2 100。

4.2　湿帘箱体尺寸规格

a.湿帘箱体尺寸表示原则：以气流通过方向为厚度，以气流通过方向的垂直截面竖直安装时的垂直长度为高度，水平长度为宽度。

b.型号规格表示形式如下：

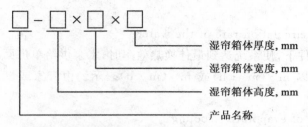

c.湿帘箱体厚度系列:以 mm 为单位,厚度系列参数为 80,100,120,150,200。

d.湿帘箱体宽度系列:以 mm 为单位,宽度系列参数为 1000,1200,1500,2000。

e.湿帘箱体高度系列:以 mm 为单位,高度系列参数为 600,800,1000,1200,1500,1800,2000,2200。

5.技术要求

5.1 基本要求

5.1.1 湿帘降温装置应按经规定程序批准的图样和技术文件制造。

5.1.2 湿帘外形尺寸和湿帘箱体尺寸规格应符合 4.1 和 4.2 的规定。

5.1.3 湿帘降温装置所用的板材、管材和管件等材料及水泵应符合有关标准的规定。

5.1.4 应在湿帘降温装置使用说明书中给出湿帘材料的蒸发冷却换热效率-风速特性曲线和过流阻力损失-风速的特性曲线。

5.2 外观要求

5.2.1 湿帘箱体表面不允许有明显的碰撞损坏。

5.2.2 湿帘材料的叠层及波型应均匀。

5.2.3 湿帘表面不允许有明显的粘胶聚集。

5.2.4 不允许出现明显的湿帘材料局部缺损,如撕裂、脱胶和凹陷等。

5.2.5 湿帘与箱体框架压接紧密,不留缝隙。

5.3 尺寸要求

湿帘箱体宽、高、厚尺寸的公差等级不得低于 GB/T 1804 中的 c 级的规定。

5.4 性能要求

5.4.1 设计过帘风速下蒸发冷却换热效率和过流阻力损失应符合表 1 的规定。

表1 设计过帘风速下湿帘降温装置蒸发冷却换热效率和过流阻力

技 术 性 能	技 术 参 数
蒸发冷却换热效率 E/%	≥70
过流阻力/Pa	≤40

5.4.2 一般使用性能

5.4.2.1 湿帘在完全浸湿后不允许有材料塌陷、出现孔洞等缺陷。

5.4.2.2 湿帘箱体安装使用中,在湿帘上不允许出现未被水流过的干带,不允许在湿帘内外表面有集中水流。

5.4.2.3 在湿帘降温装置的供水、配水和回水管路中不允许出现漏水现象。

5.4.3 耐振动性能

湿帘降温装置经振动试验后,湿帘不得有脱胶、撕裂、从湿帘箱体组件移位或其他的损坏。

5.4.4 湿帘降温装置正常使用时寿命应大于 4 年。

6. 试验方法

6.1 外观检查

外观检查应在正常照度下,按照 5.2 的各项要求逐项进行目测。

6.2 尺寸检查

长度尺寸采用精度为 1 mm 的长度量具测量。

6.3 蒸发冷却效率、过流阻力

6.3.1 试验条件

6.3.1.1 在试验室风洞中,过帘风速≤2.5 m/s,湿帘厚度 80～250 mm,以设计供水流量为湿帘供水,使湿帘完全浸湿。

6.3.1.2 现场试验条件:在农业建筑(温室、畜禽舍)中,湿帘新安装使用不超过 30 天。在设计过帘风速下,以设计供水流量为湿帘供水,使湿帘完全浸湿。

6.3.1.3 试验时气候参数:晴天,室外干球温度大于 28℃,相对湿度小于 70%。

6.3.1.4 试验时间:上午 10:00 至下午 1:00。

6.3.2 性能试验方法

6.3.2.1 蒸发冷却换热效率

a. 测量截面平行于湿帘。分湿帘室外侧、湿帘室内侧,距离湿帘 0.5 m。

b. 测量点选在湿帘分布面的中部,应选五点以上。在湿帘室外侧测量空气干球温度、湿球温度;在湿帘室内侧测量空气干球温度、风速,计算时取平均值。

c. 试验室风洞试验时,调速风机可提供 0.5～2.5 m/s 过帘风速,最大过帘风速可达 2.5 m/s。现场测试时风速采用设计过帘风速。

d. 计算不同过帘风速下蒸发冷却换热效率,并绘制蒸发冷却换热效率-风速特性曲线。蒸发冷却换热效率按 3.7 中的公式计算。

6.3.2.2 过流阻力

用微压计测出湿帘室外侧、室内侧不同风速下的过流阻力,并绘制过流阻力-风速特性曲线。

6.3.3 试验用仪表应符合表 2 的规定。

表 2　试验用仪表

测量参数	测量仪表	测量项目	单位	仪表精度
温度	玻璃水银温度计 热电偶温度计 干湿球温度计	湿帘内外侧 干湿球温度	℃	0.1
压力	微压计(倾斜式、补偿式或自动传感式)	空气静压	Pa	1.0
风速	风速仪	湿帘内外侧风速	m/s	0.1

6.4 一般使用性能试验

采用现场试验方法,以额定供水流量为湿帘降温装置供水,按 5.4.2 的要求检测。

6.5 耐振动试验

湿帘降温装置经检验合格后,按规定包装,放在卡车中部并加以固定,卡车的负载不超过其额定负载的 1/3,在 3 级路面上行驶 100 km,行车速度为 20～40 km/h,经运输试验后的湿帘降温装置按 5.4.3 的要求复检。

7.检验规则

7.1 检验项目

7.1.1 被检测项目凡不符合本标准要求的均为不合格。

7.1.2 按其对产品质量的影响程度分为 A 类不合格、B 类不合格。项目不合格分类见表3。

表 3　不合格分类

不合格分类	项	项 目 名 称
A	1	明显碰撞损坏
	2	湿帘过流阻力
	3	湿帘蒸发冷却换热效率
	4	湿帘材料局部缺损
	5	湿帘浸湿后出现塌陷、孔洞
B	1	标志、包装
	2	湿帘材料表面明显粘胶聚焦
	3	供水、配水、回水出现漏水
	4	湿帘与框架压接紧密性
	5	湿帘叠层及波形的均匀性
	6	耐震动性能
	7	使用时出现干带、集中水流

7.2 抽样方法

7.2.1 依据 GB/T 2828,在工厂最近 6 个月生产的产品中随机抽取。样本大小为 2 台。产品检查批量不少于 16 台,在用户和市场抽样时不受批量限制,但应为新安装使用不超过 30 天的产品。

7.2.2 订货单位抽验产品质量时可按 GB/T 2828 的规定进行,合格质量水平和检查批量由供货方和订货方协商确定。如合同有规定,则按合同进行。

7.2.3 产品的出厂检验,企业可根据自身的产品质量水平情况,性能项目可免检或少检。

7.3 判定规则

采用逐项考核,按类判定,产品质量判定方案见表4。

表 4　产品质量判定方案

		A		B	
	不合格分类	A		B	
	项　　数	5		7	
抽 样 方 案	检查水平		S-1		
	样本字码		A		
	样本数 n		2		
合 格 品	AQL	65		25	
	Ac　　Re	0	1	1	2

8. 标志、包装、运输和贮存

8.1 标志

湿帘降温装置标牌应固定在明显部位,标牌的形式、尺寸和技术要求应符合 GB/T 13306 的规定。其内容包括:

a. 产品型号及名称;

b. 产品标准编号及商标;

c. 主要技术参数;

d. 制造厂名称、地址;

e. 出厂编号、日期。

8.2 包装

8.2.1 湿帘箱体的配水管入口及出水口应有防止杂物进入的保护措施。

8.2.2 根据湿帘箱体的储运条件,应采用牢固的包装型式并保证湿帘材料及箱体不受碰撞、损坏。

8.2.3 包装箱中应有下列文件:

a. 产品合格证;

b. 产品使用说明书,产品使用说明书应符合 GB 9969.1 的有关规定;

c. 装箱单;

d. 附件、备件、随机工具清单;

e. 用户意见调查表。

8.3 运输和贮存

8.3.1 在运输过程中,产品不应受碰撞和挤压。

8.3.2 产品应贮存在通风、干燥的库房或遮篷内,并防止产品碰撞受损及腐烂。

任务 2　温室通风换气设备的类型及应用

【学习目标】

1. 熟悉温室通风换气的方法,并能熟练地将这些方法应用于生产。

2. 了解温室通风换气设备的类型,熟悉不同类型的特点,并能掌握正确的使用方法。

3. 能根据生产中的实际情况,选择合适的通风换气设备。

4. 了解通风换气设备在设施园艺中的应用。

【任务分析】

本任务主要是通过了解温室通风换气的作用和必要性,介绍生产中经常使用的一些通风换气的设备类型和应用的实例。

★ 基础知识

1. 温室通风换气的原因

通风换气是园艺设施生产的一个重要技术环节。为了保证植物的最佳生长状态和产出质量,温室周年都需要通风,以维持理想的温度、湿度,还可以调节补充二氧化碳、排除有害气体。在夏季,通风主要是为了室内降温,要求具有足够的通风换气量;而对于冬季,通风则是为了调整室内空气成分,为了保温节能,依靠冷风渗透换气,维持最低的通风量即可满足换气要求。

在我国南方地区,如广西、广东和福建等地,属南亚热带气候区,炎热潮湿的季节长,特别是 6—9 月份,月平均最高气温 30℃ 以上,平均相对湿度超过 80%。其间,由于温室效应,室内温度高达 40~45℃,棚顶下 10 cm 处空间温度最高可达 60℃,相对湿度超过 90%。而一般蔬菜的适温为 23~30℃(短期可忍受 35~40℃ 高温),适宜湿度为 50%~80%。这样高的温度和湿度对植物生长发育非常不利,将导致植物病害的严重发生,有的甚至失败。因此,温室的通风降温工作比保温加温更为重要。

2. 通风换气的方法

目前在我国通风换气的方法主要有自然通风和强制通风两种。

(1)自然通风　自然通风一般是在温室顶部或侧墙设置窗户,依靠热压或风压进行通风,并可通过调节开窗的幅度来调节通风量。

决定自然通风量大小的主要因素一般有:室内外温差、温室通风口高差、通风口面积、通风口孔口阻力、室外风速风向等。室内外温差、室外风速风向一般是不可控因素,因此,评价温室自然通风的性能主要看通风口的高差和通风口面积。

各种有效的自然通风系统都必须要有至少一个进风口和多个出风口,外界空气从进风口进入温室,上升的热空气和流经作物生长区域的空气从出风口流出。对于连栋温室,一组迎风向的侧开窗和背风向的连续屋顶开窗组合是最有效的通风设计。

是采用侧墙通风,还是采用屋顶通风,或是采用屋顶与侧墙联合通风,要根据温室大小、类型及当地具体气候环境来决定。一般情况下,屋顶与侧墙联合通风的通风量最大。但对于温室总宽度小于 30 m 的温室,侧墙通风在整个温室通风中占有较大的比重。对于大面积的连栋温室,一般屋面通风口面积总和远大于侧墙通风口面积,所以,屋顶通风一般占主导地位。

通风口的设置应符合空气的流动规律,对于屋顶通风口,应尽量设在屋面的最高处,以形成大的高差。对于侧墙通风口,应尽量设在低处,并尽量使侧窗与从晚春到中秋这段季节的主导风向垂直。

自然通风性能的一个重要指标是实际通风口面积占温室建筑面积的百分比值。比值越大,通风性能越好。所以一般温室窗户开启角度应尽量大,以加大实际的进风口面积。

自然通风因受外界气候影响比较大,降温效果不稳定,一般室内温度比室外温度高 5~10℃。

(2)强制通风　也叫机械通风降温。虽然温室大部分时间依靠自然通风来调节环境,但在夏季气温较高,特别是室外温度超过 33℃ 以上、无风的情况下,单靠自然通风难以满足温室降温要求,必须采用强制通风并配合其他措施进行降温。强制通风降温是用大型风机将电能转化为风能,强迫空气流动来进行温室换气,以达到降温效果,一般只用于连栋温室。这种方法的理论降温极限为室内空气温度等于室外空气温度(一般情况下室内空气温度总是高于室外空气温度)。温室内外的温差越小,降温时所要求的通风量越大。强制通风的优点在于温室的通风换气量受外界气候影响很小,与自然通风一样,如果通风强度达到每分钟 0.75 次以上,则能够控制温室内外的温差在 5℃ 以内,这是决定温室所需风机数量的基础。风机一般安装在温室一侧端面山墙上,以均匀分布为宜。目前国内温室大多数采用北京畜牧机械厂生产的 9FJ 系列风机作为强制通风设备。这种风机不但通风降温能力强,而且使用安全可靠,维护方便。

强制通风是在温室一端设置侧窗,在另一端设置风机,利用风机由室内向室外排风,使室内形成负压,强迫空气通过侧窗进入温室,穿越温室由风机排出室外。

★ 巩固训练

1. 技能训练要求

熟悉温室、大棚通风换气的方法,了解通风换气设备的类型和功能。掌握正确的操作使用方法。

2. 技能训练内容

①查阅文献资料,熟悉温室通风换气的一般方法和设备的类型。

②根据现有温室、大棚的建造格局,指出其通风换气的方法和使用到的设备类型。

③能够利用所学的知识应用到生产实际当中。

3. 技能训练步骤

①实训前查阅和温室通风换气有关的资料。

②实地考察,利用现有的温室和大棚,观察其通风换气的方法和设备类型,并动手操作。

③画出温室通风换气原理示意图。

④完成实训报告。

★ 知识拓展

1. 自然通风设施

通过通风窗利用风压和热压产生的通风,称为自然通风。自然通风开关窗的机械设备主要有卷膜开窗系统和齿条开窗系统两种。

(1)卷膜开窗系统　应用于塑料温室的侧墙开窗和屋顶卷膜开窗。一般卷膜钢管长度在 60 m 左右,最长可达 100 m。分手动和机动两种,传动方式有软轴传动和直接传动两种。一般屋顶卷膜用机械传动或用软轴传动,侧墙卷膜用手动或机械直接传动方式。卷膜开窗是将覆盖膜卷在钢管上,通过转动钢管,将覆盖膜卷起或放下(图 5-1)。

图 5-1　卷膜开窗系统

要求：

①在通长方向上卷膜轴不能有太大的变形。

②卷膜器在卷起过程中要能自锁，不能在重力作用下自行将卷起的幕膜打开。

带自锁功能的卷膜器，是利用卷膜器中的齿扣在卷膜时自动锁定反方向转动，当反方向操作打开卷膜时，只要按下锁定器按钮，可使卷膜器靠重力作用反转。侧墙的卷膜系统还必须设卷膜限位器。一般卷膜限位器用 DN20 的钢管，每隔 3～6 m 设置在温室的通风口外侧。

（2）齿条开窗系统　齿轮齿条开窗系统是大型连栋温室开窗机构的首选形式，该系统运行平稳，安全可靠，承载力强、传动效率高、运转精确、便于实现自动控制（图 5-2）。

齿条开窗系统大都为机械传动，也有少量用手链传动的。塑料温室用齿条开窗机构和玻璃温室基本相同，只是前者由于通风窗口重量较后者小，电机的负荷大大减小；从而每台电机的服务范围得到了扩大，也就是说塑料温室内电机数量比等面积玻璃温室少，一次性投资也相应降低，运行费用也相应降低。

齿条开窗系统所用的电机主要有两种形式。一种为普通电机，220 V 或 380 V；另一种为管道电机 220～240 V。管道电机由于体积小、重量轻、遮光少、变速比小，应用较广。

2.强制通风设施

目前温室内安装的换气扇是 9FJ 系列轴流式节能通风机（图 5-3）。风机数目必须满足在 25.4 Pa 空气静压下所需要的通风量，还取决于风机的大小，其大小的选择应保证温室排气侧相邻风机的间距不大于 7.62 m；风机排风口之间的净距或其与邻近障碍物之间的距离不小于风机直径的 1.5 倍。

图 5-2　齿条开窗系统

图 5-3　9FJ-1250 mm 风机

设计时最好将风机布置在下风侧或温室端墙。如果必须将风机布置在上风侧，设计通风量至少应增加 10%，风机电机功率必须大于 0.55 kW。

当设计风机数量在 3 台以下时，其中一台应为双速调节风机，以便满足不同通风量的需求。一般吸气口的面积约为 3 倍的排风口面积。

★ 知识拓展

温室通风换气要注意的问题

（1）温度　大棚通风时必须在棚内的温度高于适宜于具体蔬菜生长的温度时方可进行，以免因放风后室内温度过低对该种蔬菜造成冷害或冻害。因此,必须了解和掌握各种蔬菜的生长发育各个阶段对温度的要求。

(2)放风量　大棚通风时要坚持从小到大,由少到多,顺风向放风的原则。同时,也要注意调节棚内局部温差,在高温处要相对早通风,放较大风口;在低温处要相对晚放风,放小风口。关闭放风口时则应该由大到小,由多到少逐步进行。另外,通风换气时应防止冷风直接吹向棚内蔬菜植株,导致温度忽高忽低,造成蔬菜叶片和幼果遭受冷冻伤害。

(3)通风换气的时间要求　放风换气的目的是排湿和降温,满足棚内蔬菜光合作用对二氧化碳的需求。因此,通风换气的时间一般应在棚内温度过高,相对湿度较大,光合作用加快时进行,也就是说在晴天的上午揭帘后 1～2 h 开始进行。另外,在浇水施肥或喷洒农药后,由于湿度增大,也应短时通风。而在阴雪天气,当室内相对湿度大,二氧化碳出现亏缺及有害气体积累的情况下,也应该进行短时间揭帘放小风,以满足蔬菜对二氧化碳的需求。另外也能降低植株体内养分消耗,提高植株抗寒能力。如遇到久阴突晴时,要对棚外覆盖物进行间隔揭帘,放风量要小,以防光照过强,蒸腾加剧,造成蔬菜失水萎蔫。

任务 3　园艺设施内遮阳设备的类型及应用

【学习目标】
1. 理解园艺设施为什么要进行遮阳,熟悉遮阳的一般方法。
2. 了解园艺设施遮阳设备的类型、特点。
3. 熟练掌握遮阳设备的使用方法,并能够应用于生产。

【任务分析】
本任务重点是介绍园艺设施上普遍使用的遮阳的方法,特别是遮阳的材料和设备的类型及其特性。并且能根据生产的需要选择合适的遮阳设备。

★ 基础知识

1. 温室遮阳的发展历程

遮阳系统在连栋温室中的应用最早可以追溯到 20 世纪 70 年代,而中国第一座使用遮阳系统的现代化温室诞生于 1982 年上海市嘉定县长征大队建造的玻璃温室。其后随着 20 世纪90 年代中国设施农业的快速发展,特别是 1995 年后的高速发展,现代化的高档温室已遍布祖国各地,遮阳系统的应用也越来越普遍,成为高档温室不可或缺的设备。

2. 温室内遮阳的必要性

温室遮阳是利用具有一定透光率的材料将一部分多余的光照进行遮挡的方法,是现代温室不可缺少的配套系统之一。

遮阳系统主要有 3 个方面的功能:一是按照所种植物对光照的要求,选择适宜遮阳率的遮阳网,使作物得到适宜的光照;二是夏季通过遮阳达到降温的作用;三是冬季具有加强保温降低能耗作用。

南方夏季日照强烈,上午 10:00 至下午 4:00 时光照强度一般都大于温室内作物的光饱和点,进入温室部分多余的阳光,只起到升高温室内温度的作用,对农作物的光合作用毫无用处。关闭遮阳幕后将使进入温室的光照首先遇到遮阳网的阻隔,根据遮阳网遮光率的大小调控照射到作物冠层的光照强度,多余的光照将被阻隔到遮阳网的上部,或被遮阳网反射直接排出温室,或转化为长波辐射,在提高遮阳网上部空气温度后通过屋顶通风窗排出室外。由此可见,遮阳网夏季使用在温室中具有遮阳和降温的双重作用。使用不同规格、材料的遮阳网,一般可减少光强 15%～75%,降低遮阳地面以上气温 3～5℃,降低地表地温 8～12℃。因为遮阳网降温效果明显,是南方温室必备的降温设备。

冬季夜间当室内温度较低时,关闭遮阳网,如同在作物冠层增加了一层保温被,将温室分隔为两个不同的温度空间,使作物免受低温的侵害。另外,关闭遮阳网后还缩小了温室的加温空间,对加温温室而言,缩小了加温空间实际上就等于节约了燃料消耗。因此,遮阳网冬季使用也具有加强温室保温和降低温室供热负荷,节约能源的双重作用。

3. 遮阳系统的分类

温室遮阳系统根据在温室中的安装位置可分为内遮阳和外遮阳,安装在温室屋面之上的称外遮阳,安装在温室屋面以下的称内遮阳,用来支撑遮阳网及其收张机构的是遮阳网架。室外遮阳是使太阳照射在室外的遮阳网上,被吸收或反射的阳光都发生在温室外,其能量没有进入温室,不对温室内的温度产生影响。而室内遮阳则是对进入温室的阳光再进行遮挡,遮阳网反射的一部分阳光又回到室外,另一部分太阳辐射被遮阳网吸收而升高遮阳网本身的温度,然后传给温室内的空气,使温室内的气温升高。所以外遮阳降温效果要比内遮阳好。但内遮阳同湿帘风机降温系统配合使用时,可以减少温室内需降温的有效气体体积,提高湿帘风机降温系统功效。内遮阳采用铝箔遮阳网使温室具有保温节能作用。综合来看,内遮阳比外遮阳功能多,更经济实用。在实际生产中,究竟如何配置则应当根据温室内的产业结构、种植作物、当地气候、投资额度等诸多因素进行综合考虑。

通常将遮阳系统与保温幕帘系统共设,夏季使用遮阳系统,降低室温;秋冬季将遮阳网换成保温幕,用以保温;当室内遮阳系统紧闭时,室内形成上下独立的两个空间,能有效阻止温室内雾气形成及滴露,减少作物及土壤的水分蒸发。室外遮阳应尽量采用平铺式造型,遮阳网离开温室屋面至少 50 cm 以上,以便于室内热空气的排出和室外空气的流动。但网、顶面距离不可过高,否则抗风能力下降且浪费材料。以单栋简易塑料温室为例,采用平铺式外遮阳网的温室,其室温比将遮阳网直接铺贴在拱棚面上的温室低 3～4℃。遮阳率为 70% 左右的透风性遮阳网适用于自然通风温室及炎热气候条件下的温室降温,即使在系统闭合的情况下也能保持良好的通风效果,特别适用于顶部开窗的自然通风温室。

4. 常见遮阳材料类型及特点

目前用得比较多的遮阳材料主要有遮阳网和遮阳幕两种。

(1)遮阳网　遮阳网是经加工制作而成的一种轻量化、高强度、耐老化、网状的新型农用塑料覆盖材料。利用它覆盖作物具有一定的遮光、防暑、降温、防旱保墒和驱避病虫等功能,用来替代稻草、秸秆等农家传统覆盖材料,进行夏秋高温季节蔬菜的栽培或育苗,该项技术与传统遮阳物栽培相比,具有管理操作省工、省时、省力等特点。

①普通遮阳网。采用国外进口优质原料制作的遮阳网,经紫外线稳定剂及防氧化处理,无毒无味,轻便耐用,具有抗拉强度大、抗脆性强、抗紫外线及耐辐射、耐老化、耐腐蚀等特点,能优化温室小气候,改善不利于植物生长的环境,省工节源,可遮光、控温、增湿、防暴风雨、防冰

雹灾害。根据颜色分为黑色和银灰色,也有绿色、白色和黑白相间等品种,生产上常用的多为黑色。依遮光率分为 35%～50%、50%～65%、65%～80%、80% 以上 4 种规格,应用最多的是 35%～65% 的黑网和 65% 的银灰色网。网宽有 90 cm、150 cm、160 cm、200 cm、220 cm 等多种。

②折叠式遮阳网。易折叠,收张简便,结结交连,环环相扣,耐磨耐撕,是搭配日光温室很好的遮阳材料。主要技术参数:常规幅宽 2～8 m;遮光率 30%～80%;颜色为黑色。

(2)遮阳幕

①铝箔遮阳幕。由纯铝箔条和透明聚酯薄膜条制作,可近乎完全反射太阳辐射,明显降低空气及植物的温度,并对湿度调节有较显著的作用。一般上午 9:00 时左右将幕布关闭;正午前后,幕布覆盖下的室内温度要比无幕布的室内温度低 5℃ 左右。此外,幕布可提高室内湿度,保持在 75% 左右,对生产高质量月季等花卉有积极的作用。原来,在幕布下的植物叶表面气孔保持打开状态,而没有幕布时植物为保护自身不在强光照射下过多地蒸腾丧失水分,将叶面气孔关闭,从而导致室内湿度下降,进而使温度进一步升高。

②卷放型遮阳幕。由双层材料制作,上层材料为 100% 铝箔条,光辐射被遮阳幕上表面的铝箔反射。当天气晴朗时,在光暗期阶段,遮阳幕可防止不必要的光照积聚。对于需要光周期调控的敏感性植物,如菊花等,遮光效果比较有效,透光率小于 0.1%,并具有较好的透水性。当遮阳幕关闭时,室内湿度略提高,凝结水滴不会在幕布底面形成。目前有两种产品:一种是上层为铝箔,下层为黑色材料;另一种是上层为铝箔,下层材料的上表面为黑色,下表面为白色。白色的底面能反射 60% 的光照,在人工补光的温室内,白色底面可使室内光照提高 3%～5%。主要技术参数:直射光小于 0.1%;散射光小于 0.1%;节能率 75%;标准宽度 3.2 m、3.5 m、4.3 m、4.7 m。

5.外遮阳系统的类型与基本组成

(1)系统类型 按驱动方式可分为钢索驱动机构和齿轮、齿条驱动机构。钢索驱动机构主要由减速电机、驱动轴、轴承座、驱动线、上、下幕线、换向轮等组成。齿轮、齿条驱动机构主要由减速电机、驱动轴、轴承座、齿轮、齿条、推杆、支撑滚轮等组成。

(2)电控箱 控制遮阳网的展开与收拢。通过行程限位开关实现自动停车,也可手动开停,还可配备温控、时控、光控设备,与气象站系统联机,实现微机自动控制。

(3)遮阳网 按外形有平网和折叠网,按材料又分为纱网、铝箔网、镀铝网等。外遮阳网一般选择黑色纱网。

6.内遮阳系统的类型与基本组成

该系统类型与基本组成和外遮阳系统基本一样,但在遮阳网选择方面有所区别。

内遮阳网分透气型和保温型。透气型遮阳网是在保温型遮阳网上去掉了聚酯薄膜条,直接由铝箔条和纱线交错编织而成,从而形成开孔结构,空气能自由地穿过幕布而不影响通风,主要用于自然通风温室及炎热气候环境下的温室降温。其良好的透气性即使在系统闭合状态下,也能保持良好的效果,最大限度地降低室内温度。保温型遮阳网由铝箔条和聚酯薄膜条通过纱线交错编织而成。铝箔条具有很好的太阳反射和热反射能力,聚酯薄膜条能透过太阳辐射但吸收热辐射,从而使幕布同时具有极好的降温和保温双重作用。其节能效果好,降低了加温费用。该保温幕即使在密闭的温室内也不形成水凝结,防雾滴好,主要用于温室的遮阳降温和夜间保温。

7. 遮阳系统驱动方式分类

(1)齿轮齿条驱动遮阳系统

①主要用途及特点:齿轮齿条驱动遮阳系统的主要传动部件为齿轮齿条,利用齿轮齿条将驱动电机的旋转运动转化为齿条的直线运动,实现遮阳网或保温幕的展开和收拢。其特点是传动平稳可靠、精度高。但由于受齿条长度和安装方式的限制,对于行程大于5 m或安装条件受限的场合不适合。

②分类:常见齿轮齿条遮阳系统按照齿轮形式和安装方法的不同分为A型齿轮遮阳系统、B型齿轮遮阳系统和简易B型齿轮遮阳系统3种。A型齿轮为减速齿轮结构,速比为1.8:1。B型齿轮为单个齿轮结构,利用传动轴将其进行固定,速比为1:1。简易B型用的齿轮与B型相同,见图5-4。A型齿轮遮阳系统由于具有一级减速,因此在同样的电机驱动下其带动的拉幕面积要比B型齿轮遮阳系统和简易B型齿轮遮阳系统大,稳定性更好。

③传动原理:齿轮齿条驱动系统主要由减速电机、驱动轴、齿轮齿条总成、支撑滚轮、推拉杆、幕布驱动边等部件组成,其传动原理是驱动轴与减速电机、齿轮相连,当减速电机输出轴转动时,驱动轴带动齿轮转动。齿轮的转动带动了齿条的行走,推拉杆由支撑滚轮支撑并与齿条相连,当减速电机往复转动时,可带动推拉杆实现往复运动。当遮阳幕一端固定在梁柱处,另一端固定在与推拉杆相连的驱动边型材上时,就可实现遮阳幕的展开、收拢动作。

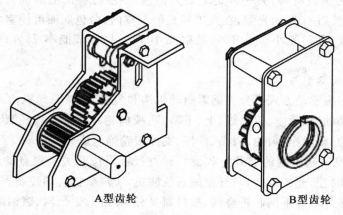

A型齿轮　　　　　　　　　　　B型齿轮

图5-4　齿轮齿条拉幕系统的齿轮简图

(2)钢缆传动机构　钢缆传动机构是国内用得最早的遮阳系统驱动方式,其特点是造价低廉,结构简单。但其最大的缺点就是运行不可靠,由于使用钢缆带动驱动边,钢缆性能的不稳定导致经常产生运动轨迹紊乱,驱动轴上钢缆相互缠饶、背叠,严重影响系统运行。现代温室设计时已基本不采用钢缆传动机构,但作为一种简单、经济的机械传动方式,钢缆传动机构现在通常应用在一些要求不高的遮阳棚及普通的连栋大棚中。

钢缆传动系统通常有3种型式:A型和B型采用紧线套筒固定依次环绕在传动轴上的钢缆的相对位置,基本保证钢缆收放旋转过程中不错位、不背叠。C型则通过紧线器调节钢缆长度,相对稳定钢缆工作性能,如图5-5所示。

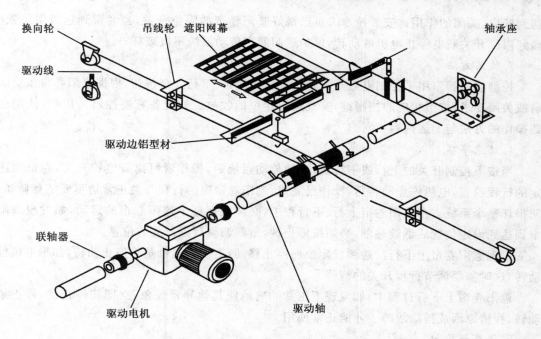

换向轮　吊线轮　遮阳网幕　轴承座

驱动线

驱动边铝型材

联轴器

驱动电机　驱动轴

图 5-5　钢缆传动系统(C型)结构示意图

　　3 种传动形式基本原理一样,减速电机带动传动轴,传动轴旋转时收放绕在上面的钢缆,钢缆与驱动边连接,驱动边固定遮阳网。运动传递路线:减速电机旋转传动轴→钢缆往复运动→驱动边→遮阳网。

★ 巩固训练

1.技能训练要求

①理解园艺设施遮阳的目的,熟悉常见的遮阳的方法。

②了解遮阳设备的类型和特点。

③会操作遮阳设备。

2.技能训练内容

①参观温室、大棚,了解温室、大棚的结构。

②仔细观察遮阳的设备,理解遮阳的原理。

③现场动手操作遮阳设备,最终熟练掌握使用方法。

★ 知识拓展

外遮阳卷帘窗使用及注意事项

1.外遮阳卷帘窗的组成

外遮阳卷帘系统由管状电机、传动轴、驱动系统、滑轮、轴承座、遮阳卷帘、电源开关等组成。

2.工作原理

电机带动传动轴转动,挂在传动轴上的卷帘窗片因摩擦力的作用与传动轴一起旋转,从而达到开启、关闭的作用。安装技术人员已调好遮阳卷帘的限位开关,当卷帘到达极限位置时,碰到限位开关断电停止电机的动转,保护遮阳卷帘传动系统不被破坏。

3. 使用方法

控制遮阳卷帘用手控制电源开关,设置上行、停止、下行 3 个按钮,根据遮阳卷帘系统的开启或关闭要求,按下相应的控制键,实现遮阳卷帘的收放。如配备有遥控器的用户,使用遥控器操作的方法与上述内容相同。

4. 注意事项

当按下控制开关的上行或下行键,启动传动系统后,操作者可离开电控开关,卷帘到达设定的行程位置,电机停止动转后,操作已完成,遮阳卷帘窗的行程开关正常请不要随意调动,以防损坏整个系统。在遮阳卷帘上行、下行程中,必须观察整个遮阳卷帘的运动,如发现遮阳卷帘到达到设定位置后继续移动,必须按停止键,重新调整行程开关的位置。

发现遮阳卷帘上下行没达到设定位而停止移动,需检查电机是否停止动转,如果电机停止动转,这时需要调节行程开关的行程。

遮阳卷帘上下行过程中,如发现不正常的响动或其他异常现象,立即按停止键,停止系统动转,找清原因或排除故障。才能正常使用。

5. 保养与维护

应保持遮阳卷帘片的清洁,避免重物压在卷帘箱体上,或有重物挂在卷帘窗片上,避免杂物进入卷帘箱体内,如此遮阳卷帘窗才能正常运作。常见故障的排除:

①按下控制开关上行或下行键时,卷帘窗无任何反应,传动轴不转动,应检测电源开关是否通电。

②遮阳卷帘上行、下行不完全,原因正常都是行程开关位置不够,调动行程开关。

③遮阳卷帘上下过度,检查行程开关的位置,如果位置不对造成行程开关不起作用,需调整行程开关,如果行程开关损坏,需更换行程开关。

项目 6　温室灌溉设施

任务 1　滴灌设备的类型及应用

【学习目标】

1. 了解滴灌设备的类型及在生产上的应用；掌握不同滴灌设备的结构、性能。

2. 学会滴灌设备的使用技术。

【任务分析】

本任务主要是在滴灌设备结构、性能及应用的基础上，能够结合生产实际滴灌设备(图6-1)。

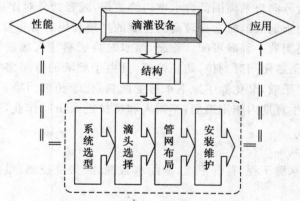

图 6-1　滴灌设备类型应用任务分析图

★ 基础知识

1. 滴灌的特点

滴灌具有以下特点：

(1)用水效率高　滴灌的用水效率高,有两方面原因：一方面是从田间来看,滴灌将水一滴一滴地滴进土壤,滴水的流量不大,灌水时地面不出现径流,灌水后地面干爽,只能看到滴水湿润的斑点,灌水全都渗入到作物根系层内,大大减少了作物的株间蒸发;同时,灌水后土壤水深层渗漏很少,因此能最大限度地减少无效的田间水量损失。在所有的灌溉技术中,滴灌的田间水利用率最高。另一方面是从滴灌输水系统来看,从水源引水开始,灌溉水就进入了一个全程封闭的输水系统,经过多级管道传输,将水送到作物根系附近。整个滴灌系统可以做到滴水不漏,输水效率最高。滴灌的灌溉水利用率可达 90%～95%。

(2)使农产品高产优质高效　一般常规地面灌溉轮灌周期长,每次灌水量大,而在轮灌期内,根系层内土壤含水量变化幅度大,在一定程度上影响作物生长。而滴灌能根据作物各生育阶段需水要求,做到准确及时灌水,根系层土壤水分变幅小,土壤具有良好的通气条件,有利于作物吸收水分和养分,给作物提供优良的生长发育环境,减少作物的能量消耗。因此,使用滴灌技术灌溉各类作物,都能取得优质高产高效的效果。

(3)节省用工和方便田间管理　地面灌溉在灌水前,一般都需要进行平田整地、开沟筑畦等一系列地表工程准备工作,用工较多,而滴灌一般可省去平整土地,也无需作地表工程,简化了灌水前的准备工作。灌水时亦不需要人工进入田间操作。滴灌系统容易实现灌水自动化管理,从而可较大幅度地提高劳动生产效率。

(4)适用性广　滴灌对土壤、地形和作物具有广泛的适用性,既可用于入渗较强的沙质土,又可用于弱入渗的黏性土;既可用于平原地区,也可用于地面起伏的丘陵坡地;既可用于大田作物,也可用于林果和多种经济作物;既适用于露地种植,又适用于保护地和覆膜种植。温室大棚内采用滴灌,其保温、节水、降湿、减少病虫害、结合施肥施药、优质高产的效果十分突出。滴灌除可用于农田灌溉外,也可用于环境景观美化工程、苗圃和植树造林等。

(5)减轻盐碱对作物的危害　滴灌可以用于含盐量较高的土壤上,也可以用微咸水灌溉,盐分对作物产量影响较小。其原因主要是:一是滴灌的灌水间歇期短,根系层内含水量高,土壤盐分被稀释;二是盐分向根系周围低含水率边缘集聚,减轻盐分对作物根系的危害。这对于干旱缺水、水质较差的土地或滨海含盐较高的土壤的垦殖利用有着重要意义。

(6)滴灌施肥提高肥效　滴灌可配合施肥,灌水时将肥料注入滴灌管道系统,肥料随水滴入作物根系附近。水肥施用同时到位,防止浪费,且由于肥液的分布集中在根系层内,防止肥料深层流失,既提高了肥效,又免除了地下水遭受肥料、化学药剂污染。滴灌施肥的另一个重要优点是便于在作物生育期内施用追肥,不需人和机械进入田间作业,节省劳力,且能达到较高的施肥均匀度。

2.滴灌系统的组成

滴灌系统一般由水源工程、首部枢纽、输配水管网、滴头及控制、量测和保护装置等组成,如图 6-2 所示。

(1)水源工程　滴灌系统的水源可以是机井、泉水、水库、渠道、江河、湖泊、池塘等,但水质必须符合灌溉水质的要求。滴灌系统的水源工程一般是指为从水源取水进行滴灌而修建的拦水、引水、蓄水、提水和沉淀工程,以及相应的输配电工程。

(2)首部枢纽　滴灌系统的首部枢纽包括动力机、水泵、施肥(药)装置、过滤设施和安全保护及量测控制设备。其作用是从水源取水加压并注入肥料(农药)经过滤后按时按量输送进管网,担负着整个系统的驱动、量测和调控任务,是全系统的控制调配中心。

滴灌常用的水泵有潜水泵、离心泵、深井泵、管道泵等,水泵的作用是将水流加压至系统所需压力并将其输送到输水管网。动力机可以是电动机、柴油机等。如果水源的自然水头(水塔、高位水池、压力给水管)满足滴灌系统压力要求,则可省去水泵和动力。过滤设备的作用是将水流过滤,防止各种污物进入滴灌系统堵塞滴头或在系统中形成沉淀。

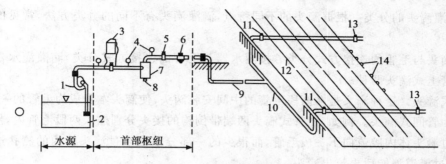

图 6-2 滴灌系统示意图

1.水泵；2.蓄水池；3.施肥罐；4.压力表；5.控制阀；6.水表；7.过滤器；8.排沙阀；
9.干管；10.分干管；11.球阀；12.毛管；13.放空阀；14.滴头

过滤设备有拦污栅、离心过滤器、砂石过滤器、筛网过滤器、叠片过滤器等。当水源为河流和水库等水质较差的水源时需建沉淀池。各种过滤设备可以在首部枢纽中单独使用，也可以根据水源水质情况组合使用。

施肥装置的作用是使易溶于水并适于根施的肥料、农药及其他药品等在施肥罐内充分溶解，然后再通过滴灌系统输送到作物根部。

流量、压力测量仪表用于管道中的流量及压力测量，一般有压力表、水表等。安全保护装置用来保证系统在规定压力范围内工作，消除管路中的气阻和真空等，一般有控制器、传感器、电磁阀、空气阀等。调节控制装置一般包括各种阀门，如闸阀、球阀、蝶阀等，其作用是控制和调节滴灌系统的流量和压力。

（3）输配水管网　输配水管网的作用是将首部枢纽处理过的水按照要求输送分配到每个灌水单元和滴头，包括干管、支管、毛管及所需的连接管件和控制、调节设备。由于滴灌系统的大小及管网布置不同，管网的等级划分也有所不同。

（4）滴头　滴头是滴灌系统中最重要的设备，其性能、质量的好坏将直接影响到滴灌系统工作的可靠性及灌水质量的优劣。滴灌系统的水流经各级管道进入毛管，经过滴头流道的消能减压及其调节作用，均匀、稳定地分配到田间，满足作物生长对水分的需要。

3.滴灌滴头的种类和特点

经过几十年的技术和生产工艺的发展，国内外现今已有上千种滴灌灌水器，了解灌水器种类、性能及其使用要点，对于正确使用灌水器，显得尤为重要。

（1）滴灌滴头的基本要求

①出流量小、均匀、稳定，对压力变化的敏感性小。滴灌是一种局部灌溉，要求地表不产生径流，因此滴头流量要小。一般情况下滴头流量随系统压力变化而改变，为保证滴头流量均匀稳定，要求滴头具有一定的调节能力，在滴头压力变化时引起的流量变化较小。

②抗堵塞性能好。抗堵塞性能好的滴头，不但能够保证系统运行的可靠性，而且可以简化过滤装置结构，降低水质处理所需的高昂费用。

③结构简单，便于制造、铺设和安装。

④制造精度高。滴头灌水均匀度除受系统压力影响外，还受制造精度的影响。如果制造偏差大，无论采用哪种措施，都很难保证滴头出水的均匀性。

(2)滴灌滴头的分类　根据滴头的不同特点,滴灌滴头有不同的分类方法,常见的有以下两种。

①按滴头与毛管的连接方式分类。按灌水器与毛管的连接方式分类,滴灌灌水器可分为管间式和管上式滴头两种。

管间式滴头。这种滴头是在两段毛管的中间安装滴头,使滴头本身成为毛管的一部分,该类滴头称为管间式滴头。例如,把管式滴头两端带倒钩的接头分别插入两段毛管内,使绝大部分水流通过滴头体内腔流向下一段毛管,而很少的一部分水流通过滴头体内的侧孔进入滴头流道内,经过流道消能后再流出滴头。

管上式滴头。直接插在毛管壁上的滴头称为管上式滴头。这种滴头可在生产线上自动完成安装或现场进行人工安装(施工时在毛管上直接打孔,然后将滴头插在毛管上)。如孔口滴头、纽扣管上式滴头、滴箭均属管上式滴头。

②按滴水器的消能方式不同分类。按滴水器的消能方式不同分类,可分为长流道式消能滴水器、孔口消能式滴水器、涡流消能式滴水器、压力补偿式滴水器和滴灌管或滴灌带式滴水器。

长流道式消能滴水器主要是靠水流与流道壁之间的摩擦耗能来调节滴头流量的大小,如微管、内螺纹及迷宫式滴头等,均属于长流道式消能滴水器。

孔口消能式滴水器是以孔口出流造成的局部水头损失来消能的滴水器,如孔口式滴头、多孔毛管等均属于孔口式滴水器。

涡流消能式滴水器是使水流进入滴水器的涡流室的边缘,在涡流的中心产生一低压区,使中心的出水口处压力较低,因而滴水器的出流量较小。设计良好的涡流式滴水器的流量对工作压力变化的敏感程度较小。

压力补偿式滴头是借助水流压力使弹性体部件或流道改变形状,从而使过水断面面积发生变化,使滴头出流小而稳定。压力补偿式滴水器的显著优点是能自动调节出水量和自清洗,出水均匀度高,但制造工艺较复杂。

滴管式或滴挂带式滴水器的滴头与毛管制造成一整体,兼备配水和滴水功能的管(或带)称为滴灌管(或滴灌带)。按滴灌管(带)的结构可分为镶式滴灌和薄壁滴灌带两种。渗灌管是这种滴水器的一种极端变形。

滴灌滴头在滴灌系统中占有极其重要的地位,而滴灌滴头的种类繁多,关于滴灌滴头的更多内容将在知识拓展部分介绍。

★ 工作步骤

1.滴灌系统的运行及管理

(1)管网的运行管理

①系统每次工作前先进行冲洗,在运行过程中,要检查系统水质情况,视水质情况对系统进行冲洗。

②定期对管网进行巡视,检查管网运行情况,如有漏水要立即处理。

③灌水时每次开启一个轮灌组,当一个轮灌组结束后,先开启下一个轮灌组,再关闭上一个轮灌组,严禁先关后开。

④系统运行时,必须严格控制压力表读数,应将系统控制在设计压力下运行,以保证系统能安全有效的运行。

⑤每年灌溉季节应对地埋管进行检查,灌溉季节结束后,应对损坏处进行维修,冲净泥沙,排净积水。

⑥系统第一次运行时,需进行调压。可通过调整球阀的开启度来进行调压,使系统各支管进口的压力大致相等。薄壁毛管压调试完后,在球阀相应位置做好标记,以保证在其以后的运行中,其开启度能维持在该水平。

⑦应教育、指导、监督田间管理人员在放苗、定苗、锄草时要认真、仔细,不要将滴管带损坏。

(2)首部枢纽的运行管理

①水泵应严格按照其操作手册的规定进行操作与维护。

②每次工作前要对过滤器进行清洗。

③在运行过程中若过滤器进出口压力差超过正常压差的 25%～30%,要对过滤器进行反冲洗或清洗。

④应严格按过滤器设计流量与压力进行操作,不得超压、超流量运行。

⑤施肥罐中注入的固体颗粒不得超过施肥罐容积的 2/3。

⑥每次施肥完毕后,对过滤器进行冲洗。

⑦系统运行过程中,应认真做好记录。

2.滴灌系统的操作要点

(1)沉淀池

①开启水泵前认真检查沉淀池中各级过滤筛网是否干净,有无杂物或泥堵塞筛网眼的现象,以及筛网是否有破损现象,如有需及时更换。

②检查过滤筛网边框与沉淀池边壁是否结合紧密,如有缝隙较大现象,应采取措施堵住。

③水泵泵头需用筛笼罩住。

④系统运行前先清除池中脏物,当水质较混浊时,应关闭进水口,待水清后再进入沉淀池,以免沉淀池过滤负担过重。

⑤系统运行时,对于积在过滤筛网前的漂浮物、杂物应及时捞除,以免影响筛网过水能力,对于较密如 30～80 目筛网被泥颗粒黏住,导致筛网内两侧水位差达到 10～15 cm,应换洗筛网。换洗方法是将脏网提起,将干净的网沿槽放下,脏网需用刷子和清水刷洗干净。停泵后应用清水冲洗各级筛网。

(2)水泵

①离心泵的使用维护。离心泵启动前首先应试验电机转向是否正确。从电机顶部往泵为顺时针旋转,试验时间要短,以免使机械密封干磨损。然后打开排气阀使液体充满整个泵体,待满后关闭排气阀。检查各部位是否正确。用手盘动泵以使润滑液进入机械密封端面。合上柜内空气开关。通过面板切换开关和电压表检查三相电压是否平衡,且均为 380 V,否则均严禁操作启动设备。按"启动"按钮,注意观察柜体表计的变化和水泵的工作状态。

当水泵"启动"运转渐平稳时,时间继电器自动将"启动"转为"运行"工况,此时,若无用水量,压力表应指示为 0.5 MPa,"手动"运行时也应遵循这一原则。如果一次"启动"失败,则需经过 1 min 左右的时间后方可进行第二次"启动"操作,否则易造成变压器损坏。

运行中应时常注意检查电机温度和异常噪声,如发现异常可按"停止"或"急停"按钮,禁止电机运转时拉闸。定期检查电机电流值不得超过电机额定电流。要经常检查轴封漏情况,正常时滴机械密封泄露应小于 3 滴/min。应保持电机及电控柜内外的清洁和干燥。定期给电机加黄油(一般为 4 个月左右,且应为钙基或钙钠基黄油)。经常启动设备会造成接触"动、静"触头烧损,应不定期检查并用砂纸打磨,触头接触面严重烧损的,触头应该及时更换(3 周至 2 个月)。

泵进行长期运行之后,由于机械磨损,使机组的噪声及震动增大时,应停机检查,必要时可更换易损零件及轴承,机组大修期一般为一年。停机维修时,检查设备接线是否松动或掉线,并加以坚固。所有以上操作及维护工作都必须严格执行国家有关电气设备工作安全的组织措施和技术措施之规定,确保自身和他人及电气设备不受损害。

设备管理人员应逐步熟知设备工作原理及熟练各项操作。非经专业人员及设备管理人员指导和许可,严禁他人擅自改变设备参数及操作设备。

②潜水泵的使用维护。潜水泵下水前用 500 V 摇表测电机对地电阻不低于 5 MΩ。检查三相电源电压是否符合规定,各种仪表、保护设备及接线正确无误后方可开闸启动。电机启动后慢慢打开阀门调整到额定流量,观察电流、电压应在铭牌规定的范围内,听其运动声有无异常及震动现象,若存有不正常现象应立即停机,找出原因处理后方可继续开车。

潜水泵第一次投入运行 4 h 后,停机速测热态绝缘电阻。

潜水泵停车后,第二次启动要隔 5 min,防止电机升温过高和管内水锈发生。

(3)过滤器的使用维护

①各种过滤器的性能及使用须知。

a.砂石过滤器的工作原理及使用须知。砂石过滤器是利用过滤器内的介质间隙过滤的,其介质层厚度是经过严格计算的,所以不得任意更改介质粒度和厚度,介质之间的空隙分布情况决定过滤效果的优劣。在使用该种过滤器时应注意必须严格按过滤器的设计流量操作,不得超流量运行,因为过多地超出使用范围,砂床的空隙会被压力击穿,形成空洞效应,使过滤效果丧失。

由于过滤器的机理是介质层的空隙过滤,所被过滤的混浊水中的污物、泥沙会堵塞空隙,所以应密切注意压力表的指示情况,当下流压力表压力下降,而上流压力表摆针上升时,就应进行反冲洗,其反冲洗理论界线为超过原压力差 0.02 Pa。

反冲洗方法的方法是在系统工作时,可关闭一组过滤器进水中的一个蝶阀,同时打开相应排水蝶阀排污口,使由另一只过滤器过滤后的水由过滤器下体向上流入介质层进行反冲洗,泥沙、污物可顺排沙口排出,直到排出水为净水无混浊物为止。反冲洗的时间和次数依当地水源情况自定。反冲洗完毕后,应先关闭排污口,缓慢打开蝶阀使砂床稳定压实。稍后对另一个过滤器进行反冲洗。

对于悬浮在介质表面的污染层,可待灌水完毕后清除,过污的介质,应用干净的介质替换,视水质情况应对介质每年次进行彻底清洗。过滤器使用到一定时间(砂粒损失过大,粒度减小或过碎),应更换或添加过滤介质。

b.网式过滤器的工作原理及使用须知。网式过滤器结构比较简单,当水中悬浮的颗粒尺寸大于过滤网孔的尺寸,就会被截流,但当网上积聚了一定量的污物后,过滤器进出口间会发生压力差,当进出口压力差超过原压差时,就应对网芯进行清洗。

先将网芯抽出清洗,两端保护密封圈用清水冲洗,也可用软毛刷刷净,但不可用硬物。当网芯内外都清干净后,再将过滤器金属壳内的污物用清水冲净,由排污口排出。按要求装配好,重新装入过滤器。工作时应注意,过滤器的网芯为不锈钢网,很薄,所以在保养、保存、运输时格外小心,不得碰破,一旦破损就应立即更换过滤网,严禁筛网破损使用。

c.离心过滤器的工作原理及使用要求。离心过滤器的工作原理是由水泵供水经水管切向进入罐内,旋转产生离心力,推动泥沙及其他密度较高的固体颗粒向管壁移动,形成旋流,促使泥沙进入集沙罐,清水则顺流进入出水口。完成第一级的水沙分离,清水经出水口、弯管、三通,进入网式过滤器罐内,再进行后面的过滤。

离心过滤器集沙罐设有排沙口,工作时要经常检查集沙罐,定时排沙,以免罐中沙量太多,使离心过滤器不能正常工作。滴灌系统不工作时,水泵停机,清洗集沙罐。进入冬季,为防止整个系统冻裂,要打开所有阀门,把水排干净。

②运行前的准备。

a.开启水泵前认真检查过滤器各部位是否正常,抽出网式过滤器网芯检查,有无砂粒和破损。各个阀门此时都应处于关闭状态,确认无误后再启动水泵。

b.在系统运行前,必须首先将过滤网抽出,对过滤站系统进行冲洗。

c.检查网式过滤器网芯,确认网面无破损后装入壳内,不得与任何坚硬物质碰撞。

d.水泵开启后,先运转3~5 min,使系统中空气由排气阀排出,待完全排空后打开压力表旋塞,检查系统压力是否在额定的排气压力范围内,当压力表针不再上下摆动,无噪声时,可视为正常,过滤站可进入工作状态。

③注意事项。过滤站按设计水处理能力运行,以保证过滤站的使用性能。过滤站安装前,应按过滤站的外形尺寸做好基础处理,保证地面平整、坚实、作混凝土基础,并留有排沙及冲洗水流道。为保证过滤站的外观整洁,安装时应尽可能防止损坏喷漆表面。在露天安装的过滤站,在冬季不工作时必须排掉站内的所有积水,以防止冻裂,压力表等仪表装置应卸掉妥善保管。

应有熟知操作规程的人负责过滤站的操作,以保证过滤站设备的正常运行。

(4)施肥罐的使用维护

①操作程序。首先打开施肥罐,将所需滴施的肥(药)倒入施肥罐中。然后打开进水球阀,进水至罐容量后停止进水,并将施肥罐上盖拧紧。滴施肥(药)时,先开施肥罐出水球阀,再打开其进水球阀,稍后缓慢关两球阀间的闸阀,使其前后压力表差比原压力差增加约为0.05 MPa,通过增加的压力差将罐中肥料带入系统管网之中。滴施完一轮罐组后,将两侧球阀关闭,先关进水阀后关出水阀,将罐底球阀打开,把水放尽,再进行下一轮灌组施滴。

②注意事项。

a.罐体内肥料必须溶解充分,否则影响滴施效果堵塞罐体。

b.滴施肥(药)应在每个轮灌小区滴水1/3时间后才可滴施,并且在滴水结束前0.5 h必须停止施肥(药)。

  c.轮灌组更换前应有0.5 h的管网冲洗时间,即进行0.5 h滴纯水冲洗,以免肥料在管内沉积。

  (5)系统管网的使用维护

  ①检查水泵,闸阀是否正常,各级过滤器是否合乎要求。

  ②每次运行前必须将干管、支管冲洗干净,方可使用。

  ③根据轮灌方案,打开相应分干管闸阀及相应支管的球阀和对应灌水小区的球阀,当一个轮灌小区结束后,先开启下一个轮灌组,再关闭当前轮灌组,先开后关,严禁先关后开。

  ④启动水泵,待系统总控制闸阀前的压力表读数达到设计压力后,开启闸阀使水流进入管网,并使闸阀后的压力表达到设计压力。

  ⑤检查支管和毛管运行情况。如毛管辅管漏水先开启邻近一个球阀,再关闭对应球阀处理,支管漏水需关闭其控制球阀进行处理。

  ⑥系统应严格按照设计压力要求运行,以保证系统安全有效地运行。

  3.滴灌系统常见故障及排除方法

  (1)潜水泵常见故障和排除方法如表6-1所示。

表6-1 潜水泵常见故障和排除方法

常见故障	可能产生原因	排除方法
(1)水泵不出或出水量不足	a.电机没启动 b.管路堵塞 c.管路破裂 d.滤水网堵死 e.吸水口露出水面 f.电泵反转 g.泵壳密封环、叶轮磨损	a.排除电路故障 b.清除堵塞 c.修复破裂处 d.清除堵塞物 e.机井供水不足,建议更换机井或洗井 f.调换电源线,改变电机转向 g.更换新密封环、叶轮
(2)电机不能启动并有嗡嗡声	a.有一相断线 b.轴瓦抱轴 c.叶轮内有异物与泵体 d.电压太低	a.恢复断线 b.修复和更换轴 c.清除异物 d.调整电压
(3)电流过大和电流表指针摆动	a.电机轴承磨损,电机扫堂 b.水泵瓦轴和轴配合太紧 c.止推轴承磨损,叶轮盖板与密封环相磨 d.轴弯曲、轴承不同心 e.动水位下降到进水口上端以下	a.更换轴承 b.恢复和更换水泵轴承 c.更换止推轴承和推力盘 d.制造缺点送厂检修 e.关小阀门,降低流量或换井
(4)电机绕组对地绝缘电阻低	电机绕组及电缆接头有损伤	摘除旧绕组更新绕组,修补接头和电缆
(5)机组转动剧烈震动	a.电机转子不平衡 b.叶轮不平衡 c.电机或泵轴弯曲 d.有的连接螺栓松动	a.水泵退回厂家处理 b.水泵退回厂家处理 c.水泵退回厂家处理 d.自检修

（2）离心泵常见故障和排除方法如表 6-2 所示。

表 6-2　离心泵常见故障和排除方法

常见故障	可能产生原因	排除方法
（1）水泵不出水	a. 进出口阀门未打开，进出口管道堵塞，流道叶轮堵塞	a. 检查去除阻塞物
	b. 电机运行方向不对，电机缺相转速很慢	b. 调整电机方向紧固电机连线
	c. 吸入管漏气	c. 拧紧密封面，排出漏气
	d. 泵没灌满液体，泵腔内有空气	d. 打开泵上盖或打开排气阀，排尽空气
	e. 进出口供水不足，吸程过高底阀漏水	e. 停机检查，调整
	f. 管路阻力过大，泵型不当	f. 减少管道弯曲，重新选泵
（2）水泵流量不足	a. 先按（1）原因检查	a. 先按（1）排除
	b. 管道、泵叶轮流道部分阻塞，水垢沉积，阀开度不足	b. 去除堵塞物，重新调节阀门开度
	c. 电压偏低	c. 稳压
	d. 叶轮磨损	d. 更换叶轮
（3）功率过大	a. 超过额定流量使用	a. 调节流量，关小出口阀门
	b. 吸程过高	b. 降低吸程
	c. 泵轴承磨损	c. 更换轴承
（4）杂音、震动	a. 管路支撑不稳	a. 稳固管路
	b. 液体混有气体	b. 提高吸入压力排气
	c. 产生浊气	c. 降低真空度
	d. 轴承损坏	d. 更换轴承
	e. 电机超载发热运行	e. 按（5）调整
（5）电机发热	a. 流量过大，超载运行	a. 关小出口阀
	b. 碰擦	b. 检查排除
	c. 电机轴承损坏	c. 更换轴承
	d. 电力不足	d. 稳压
（6）水泵漏水	a. 机械密封磨损	a. 更换
	b. 泵体有砂孔或破裂	b. 焊补或更换
	c. 密封面不平衡	c. 修整
	d. 安装螺栓松懈	d. 紧固
（7）压力上不去	a. 水泵堵塞	a. 停机清洗水泵，必要时用筛网将水泵罩住
	b. 管网球阀同时打开过多	b. 检查管网、关闭部分网球阀
	c. 管网漏水泄压	c. 处理漏水球阀，更换漏水毛管

(3)管网系统常见故障和排除方法如表 6-3 所示。

表 6-3 管网系统常见故障和排除方法

常见故障	可能产生原因	排除方法
(1)压力不平衡 ①第一条支管与最后一条支管压差＞0.04 MPa ②毛管首端与末端差＞0.02 MPa ③首部枢纽进口与出口压差大,系统压力降低,全部滴头流量减少	a.出地管阀的开启位置欠妥 b.支(毛)管或连接部位漏水 c.过滤器堵塞,机泵功率不够 d.系统管网技术设计欠妥	a.通过调整出地管闸阀开关位置至平衡 b.检查管阀网并处理 c.反冲洗过滤器,清洗过滤网,排污、检修机泵或电源电压 d.增加面积时考虑调整设计,每次滴水前调整各条支管的压力
(2)滴头流量不均匀,个别滴头流量减少	a.系统压力过小 b.水质不符合要求,泥沙过大,毛管堵塞 c.毛管过长,滴头堵塞,管道漏水	a.调整系统压力 b.滴水前或结束时,冲洗管网 c.冲洗管网,排除堵塞杂质,分段检查,更新管道或重新布置管道
(3)毛管漏水	a.毛管有砂眼 b.滴灌管铺设时张力过大,造成毛管损坏 c.放苗、除草时损伤	a.酌情更换部毛管 b.滴灌管铺设时严格按照使用指南调整布放设备,保持顺畅,避免张力过大 c.田管时注意严格管理,保护管网
(4)毛管边缝呲水或毛管爆裂	a.压力过大,超压运行 b.毛管制造时部分边缝粘不牢	a.调整压力,使毛管首段小于 0.1 MPa b.更换毛管
(5)系统地面有积水	a.毛管或管件部分漏水 b.毛管流量选择与土质不匹配	a.更换管网,更换受损部件 b.测定土质成分与流量,分析原因,缩短灌水延续时间

★ 知识拓展

常用滴水器的性能及使用技术要点

目前使用较广的滴水器主要有滴灌带、内镶式滴头(管)、管上式滴头、多出口滴头、管间式滴头(带)、微管滴头及滴箭型滴头,以下对这几种滴水器性能做详细介绍。

1. 滴灌带

滴灌带由于其迷宫结构而具有紊流流态,且具有抗堵性能好、出水均匀、铺设长度长、制造成本低的特点,是目前世界上使用最广的一类滴水器。

按其迷宫所在位置不同,滴灌带可分为单翼迷宫式滴灌带及虎头式滴灌带,如图 6-3 所示。

2. 内镶式滴头

内镶式滴头具有长而宽的曲径式密封管道。这种工艺设计使水在管道内形成涡流式水流,从而最大限度减小了由于管内沉淀物而引堵塞的可能性。每个滴头往往配有两个出口,当系统关闭时,其中一个出水口就会消除土壤颗粒被吸回堵塞的危险。

(a)单翼迷宫式滴灌带

 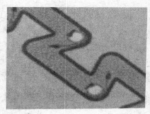

(b)虎头式滴灌带

图 6-3　滴灌带示意图

　　按形状分类,内镶式滴头又可分为条形滴头及圆柱形滴头两种,分别如图 6-4 和图 6-5 所示。

图 6-4　内镶式条形滴头

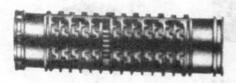 

(a)非压力补偿式　　　　　　　　　　　　　　(b)压力补偿式

图 6-5　内镶式圆柱形滴头

　　内镶式滴头一般安装在毛管的内壁,毛管可以是薄壁软管(壁厚在 0.4 mm 以下)或厚壁软管(厚壁在 0.4 mm 以上),前者称为滴灌带,后者称为滴灌管。在薄壁软管上直接热压成型的滴灌带和装有内镶式滴头的滴灌带对软管的壁厚有不同的要求,前者要求较薄,使用寿命较短,后者则要求较厚,相应地,使用寿命也较长。

3.管上式滴头

管上式滴头安装施工时在毛管上直接打孔,然后将滴头插在毛管上,如孔口滴头、纽扣式滴头、滴箭等均属于管上式滴头。管上式滴头一般是安装在ø12~20 mm 的 PE 管(毛管)上。常用规格有 2.3 L/h,2.8 L/h,3.75 L/h 和 8.4 L/h 流量,工作压力为 0.08~0.3 MPa。其特点是滴头安装在间距可按种植作物的栽培株距任意调整位置,滴头可在工厂安装,也可在施工现场安装。

滴头按流道压力补偿与否,分为非压力补偿和压力补偿两类,非压力补偿滴头是利用其内部水流流道消能,其流量随水流压力提高而增加;压力补偿式滴头是利用水流压力对滴头内的弹性体的作用,使流道(或孔口)形状改变或过水断面面积发生变化,即当压力减小时,增大过水断面面积,压力增大时,减小过水断面面积,从而使滴头流量自动保持在一个变化幅度很小的范围内,同时还具有自清洗功能。其结构示意如图 6-6 所示。

压力补偿滴头按其形状又可分为旗状滴头、纽扣式滴头及伞状滴头,如图 6-7 所示。

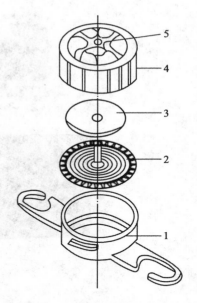

图 6-6 压力补偿式滴头结构
1.底室;2.螺旋流盘;3.弹性橡胶垫;
4.罩盖;5.出水口

(a)旗状滴头

(b)纽扣式滴头

(c)伞状滴头

图 6-7 管上式滴头

4.多出口滴头

多出口滴头不同于其他类型的滴头,滴头直接作用于作物的根部,而很多出口滴头的每个滴孔连接一管线,水从各分流管线流向作物。多出口滴头多为压力补偿式滴头,如图6-8所示。

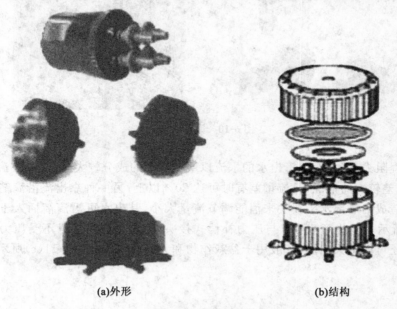

(a)外形   (b)结构

图6-8 多出口滴头

5.管间式滴头

管间式滴头具有迷宫式涡流流道,滴水孔为单出口狭缝,同时由于置于管间,便于发生堵塞时拆卸清洗,其结构如图6-9所示。

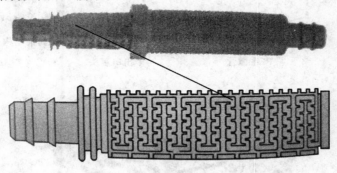

图6-9 管间式滴头的结构

6.微管滴头

微管滴头直接安装在小管出水口上,用于分流和定位滴灌的配套设备,多用于盆栽、花卉、苗圃等作物,如图6-10所示。微管滴头一般由迷宫形的滴头芯及小管的外套组成,可随时拔出滴头芯清洗滴头,排出堵塞。

7.滴箭型滴头

滴箭型滴头的压力消能有两种:一种是以很细内径的微管与输水毛管和滴灌插件相连,靠

图 6-10　微管滴头

微灌流道的沿程阻力来消能,微管出水的水流以层流运动的成分较大,层流滴头流量受温度影响,夏季昼夜温差较大的情况下,流量差有时可达 20％以上;另一种靠出流沿滴箭的插针头部的迷宫形流道造成的局部水头损失来消能调节流量大小,其出水可沿滴箭插入土壤的地方渗入,如图 6-11 所示。有些滴箭可以与压力补偿式接头连接,保证灌溉量不受压力和安装位置的影响。滴箭还可以多头出水,一般用于盆栽作物和无土栽培。如图 6-11(c)所示。

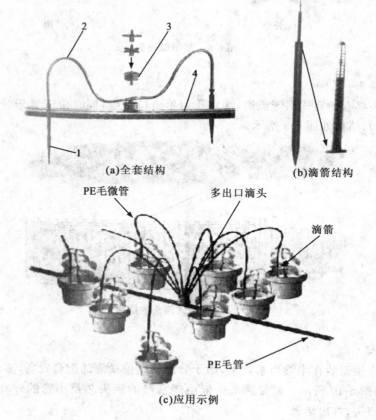

图 6-11　滴箭型滴头示意

1.滴箭插件(压力补偿式和非压力补偿式);2.软管;3.压力补偿式接头;4.毛管

8. 发丝管

发丝管是内径很小的黑色聚乙烯软管。使用时一端插入打好孔的毛管中,然后将软管缠绕到毛管上,形成螺纹流道,并把软管的另一端固定在毛管上,形成滴头,如图 6-12 所示。用调节软管长度的方法控制出水流量,使整个毛管沿程出水量达到设计的均匀流量。

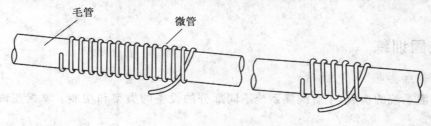

毛管　微管

图 6-12　发丝管

9. 渗灌管

渗灌是利用埋于地表下开有小孔的多孔管或微孔管道,使灌溉水均匀而缓慢地渗入作物根区地下土壤,借助土壤毛细管力的作用而湿润土壤的一种灌溉方式。

渗灌出水也是以滴状出水,其应用模式也与滴灌系统类似,故在此也并入滴灌的行列。渗灌管是渗灌系统的关键部件,它是在管壁上无规则地分布着毛细微孔,如图 6-13 所示。

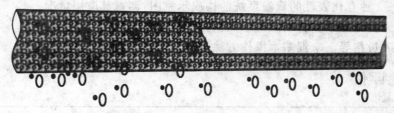

图 6-13　渗灌管结构

渗灌管是利用废旧橡胶轮胎粉末、PVC 塑料粉及发泡剂等掺和料混合后,经包括发泡、抗紫外线和防虫蚊等特殊技术工艺处理挤压成型的具有大量微孔的渗水管。水通过地埋管道壁上密布的微孔隙缓慢出流深入附近的土壤,再借助毛细管作用将水分扩散到整个根系层,供作物吸收利用。由于不破坏土壤结构,保持了作物根系层内疏松通透的生长环境条件,且减少了图面蒸发损失,因而具有明显的节水增产效益。此外,田间输水管道地埋后便于农田耕作和作物栽培管理,管材抗老化性增强。

渗透系统全部采用管道输水,灌溉水是通过渗灌管直接供给作物根部,地表及作物叶面均保持干燥,作物棵间蒸发减至最小,计划湿润层土壤含水率均低于饱和含水率,因此,渗灌技术水的利用率理论上是目前所有灌溉技术中最高的一种。

渗灌系统首部的设计和安装方法与滴灌系统基本相同,所不同的是渗灌毛管对于空气的通透较差,需要在渗灌毛管尾部安置排气装置,一般是将尾部串联起来后与排气阀相连。另外一点不同的是:地埋渗灌管渗水量的制约因素是土壤质地和渗灌管的入口压力,所以渗灌系统运行时的主要控制条件是流量,而滴灌系统完全是通过调节压力来控制流量。

渗灌与滴灌的区别在于出水点分散,无规律,空管大小不一。渗灌工作压力低,一般为 10~50 kPa(1~5 m 水柱),出流量每米管长为 1~5 L/h。渗灌对水质要求高(过滤器要求配置 250 目以上的),抗堵塞能力较差。另外,渗灌系统因堵塞或虫咬等因素破坏后,不能及时发现。近年来,随着工业技术的发展,国外的渗灌技术有了很大的进展,我国虽已起步,但与发达国家的差距还很大,目前应用的渗灌管品种较少,实际应用的技术手册和配套产品亦不完备。渗灌主要使用于要求空气适度较低的作物栽培中应用,其埋置深度根据作物的根系分布深度确定。

★ 巩固训练

1.技能训练要求

熟悉滴灌系统的构成,了解滴灌系统不同部分的设备的类型和功能。掌握正确的操作使用方法。

2.技能训练内容

①各种滴灌系统及其组成设备的所在位置、总体要求、技术参数、各系统基本组成。

②各种滴灌系统基本操作、使用注意事项、动态演示操作及维护保养方法。

3.技能训练步骤

①实地考察各种类型的滴灌系统,判断其类型,有何特点。

②了解滴灌系统所在位置、系统基本组成。了解设备总体要求、技术参数。

③绘制 1～2 种有代表性的滴灌系统的构成示意图,调查其应用情况。

④在技术人员指导下进行动态演示操作,并观察其工作过程。

⑤在技术人员指导下掌握基本操作方法和维护保养方法。

★ 自我评价

评价项目	技术要求	分值	评分细则	得分
识别滴灌系统	能正确识别滴灌系统不同部分的设备的名称和特点	20 分	不能识别常见滴灌设备扣 20 分;不了解特点扣 10 分	
掌握基本操作方法	能正确使用滴灌系统	30 分	操作方法不正确扣 30 分 操作方法不规范扣 10 分	
掌握基本维护保养方法	能掌握进行基本维护	30 分	不能掌握进行基本维护扣 30 分	
排除简单故障	能对照故障表分析排除简单故障	20 分	不能正确分析故障原因扣 20 分 解决方法不正确扣 10 分	

任务 2　滴灌施肥系统的使用

【学习目标】

1.了解滴灌施肥系统的类型及在生产上的应用;掌握不同类型滴灌施肥系统的结构、性能。

2.学会不同类型滴灌施肥系统的使用技术。

【任务分析】

本任务主要是在掌握滴灌施肥系统的结构、性能及应用的基础上,能够结合生产实际使用滴灌施肥系统(图 6-14)。

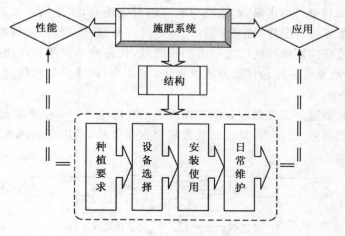

图 6-14 施肥系统使用任务分析图

★ 基础知识

1.滴灌施肥的优点

通过灌溉水施用化肥等,被称为"施肥灌溉"。施肥灌溉可用于地面灌溉、喷灌、微喷灌、滴灌,这里重点介绍滴灌施肥。滴灌施肥的优点可概括为:

(1)简化田间施肥作业,减少施肥用工 滴灌施肥可以做到自动化施肥,可溶性肥料随水滴入土壤,所需操作用工极少。使用滴灌施肥,施肥时人不进入田间操作,避免了人工施肥或机具活动造成土壤压实。滴灌施肥还避免作物生长期内常规方法施肥造成的根茎叶的损伤,其好处十分明显。

(2)节约用肥,提高施肥效果 在滴灌施肥时可溶性肥料随水滴入土壤,水肥同步输送到根系发达的部位,有利于作物吸收,且肥料供应集中在根系发达区域内,养分在根系层内的土壤剖面上分布均匀,防止肥料深层淋失而造成的浪费。滴灌施肥可以做到按作物生育阶段的需求,及时补充营养,做到准确配置肥料,实现灵活、方便地递增供应。

(3)滴灌施肥可用于多种作物栽培条件 在沙质土壤地区或沙漠地区,由于土壤保持水肥能力很差,作物很难生长。但利用滴灌施肥开发沙漠,即解决了这一问题。在温室大棚条件下采用滴灌和滴灌施肥可降低温室湿度,有利于温室作物管理。在一些干旱地区露天条件下种植时大量使用地膜覆盖,而地膜限制了追肥作业,采用膜下滴灌施肥解决了追肥的困难。

(4)施用农药 在施肥同时将杀菌剂、除草剂、杀虫剂注入滴灌系统中,即实现了滴灌施用农药。

(5)防止土壤和环境的污染 严格控制灌溉用水量及施用化肥剂量,可避免将化肥淋洗到深层土壤,造成土壤和地下水的污染。

2.滴灌施肥的设备

将肥液注入滴灌管道有多种方法可供选用,可根据动力(电源、柴油等)、注肥装置是否需要移动使用、施肥规模、投资能力等条件来决定,常见的注肥设施有以下几种。

(1)自压注入 自压注入方法比较简单,不需要额外的加压设备,而肥液只依靠重力作用自压进入管道。如在位于温室大棚的进水一侧,在高出地面的高度上修建蓄水池,滴灌用水先存贮在蓄水池内,以利于提高水温,蓄水池与滴灌的管道连通,在连接处安装过滤设施。施肥时,将化肥倒入蓄水池进行搅拌,待充分溶解后,即可进行滴灌施肥。又例如在丘陵坡地滴灌系统的高处,选择适宜高度修建化肥池用来制备肥液,化肥池与滴灌系统用管道相连接,肥液可自压进入滴灌管道系统。这种注肥方式投入少,简便易行,缺点是水位变动幅度较大,滴水滴肥流量前后不均一。

(2)文丘里注肥装置 文丘里装置的工作原理是液体流经缩小过流断面时流速加快,压力变小,利用负压将肥料吸入。文丘里注肥装置喉部直径变小,利用在喉部处的负压吸入肥液。如图6-15所示。

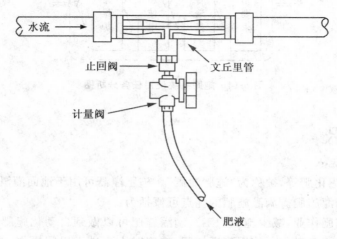

图 6-15 文丘里注肥装置

使用文丘里管注肥的优点是装置简单,没有运动部件,不需要额外动力,成本低廉。肥料溶液存放在开敞容器中,通过软管与文丘里喉部连接,即可将肥液吸入到滴灌管道。缺点是在吸肥过程中压力水头损失较大,只有当文丘里管的进、出口压力的差的值($P_进 - P_出$)达到一定值时才能吸肥,一般要损失1/3进口压力。文丘里注肥装置工作时对压力和流量的变化较为敏感,其运行工况的波动会造成水肥混合比的波动。因此,这种吸肥方式适用于管道中的水压力较充足,经过文丘里管后,余压足以维持滴灌系统正常运行及压力和流量能保持恒定的场合。为防止停止供水后主管道中的水进入肥液罐,肥料管上应设有止回阀。文丘里注肥装置配有流量阀,以便率定和监测肥液流量。

针对文丘里注肥装置存在的缺点,实践中通过应用多种组合方式,在一定程度上克服其缺点。

①文丘里装置与主管道串联。图6-16为一文丘里注肥装置与管道串联的配置图。真空破坏阀防止停泵后肥液注入给水管,压力调节器用来控制注入肥液的流量,肥液过滤后进入滴灌系统。这种连接方式主管道压力损失大。

②文丘里注肥装置与主管道并联。串联连接方式一般需要人为制造至少1/3的水头损失,才能把肥液吸入滴灌管道系统。由于滴灌系统工作压力较低,单单为了吸入肥液损失这么大的水头,在经济上不合算。为了克服这一缺点,可采用并联方式(图6-17)。

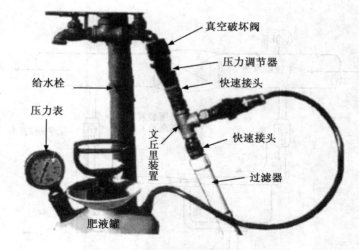

图 6-16 文丘里装置与主管道串联

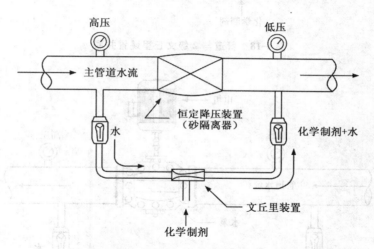

图 6-17 文丘里注肥装置与主管道并联

③管道与 2 级文丘里装置并联。滴灌管道系统运行压力较低,只能使用较小的压差来吸入肥料。为了达到减小压力损失的目的,可采用如图 6-18 所示的管道与 2 级文丘里管并联的连接方式。这时二级文丘里管的进口连接在一级文丘里管的进水管上,其出口连接到一级文丘里管次喉口段上,经过 2 次喉口的加强力吸附作用将肥液吸入主管道。

为了在文丘里管的上下游造成压差,实践中常用的做法是通过阀门调节流量。这种方法的缺点是阀门下游水流紊乱,虽可将肥液吸入,但肥料的分布不均匀。为了克服这一缺点,有时用砂滤料形成水阻代替阀门。水流经过砂隔离器形成非常稳定的上下游压差。

④主管道中安装加压泵。在输水管道(主管道)中安装加压泵,泵前后形成压力差,跨越泵前和泵后并联文丘里管(图 6-19)。此时通过文丘里管的水流方向是由泵后流向泵前,经过加压泵流入泵后管道。当输水管道流量恒定时,并联的文丘里管的流量就是稳定的,这意味着注入肥液的流量是恒定的。这种方法的缺点是水泵易受化学腐蚀;运行中可能吸入空气,对滴灌系统安全不利。

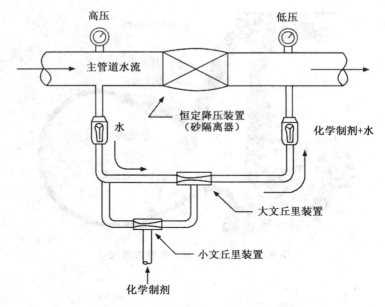

图 6-18　管道与 2 级文丘里装置并联

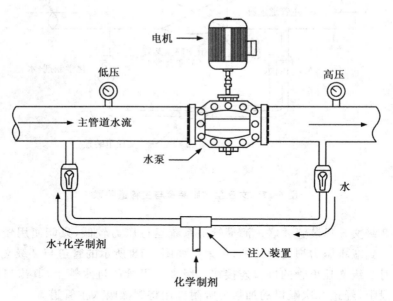

图 6-19　主管道中安装加压泵

⑤并联加压泵。并联加压泵的连接如图 6-20 所示。这时文丘里注肥装置吸入的肥料不通过加压泵，因此可选用廉价的常规水泵。该方法可保持较恒定的压差和注入流量，且受灌溉管道流量波动的影响较小。

（3）压差式施肥装置　压差式施肥装置由肥液罐、连通主管道和肥液罐的进水和排肥液细管及主管道上两细管接点之间的恒定降压装置或节制阀组成（图 6-21）。适度关闭节制阀使肥液罐进水点与排液点之间形成一压差（1～2 m 水头差），使恒定降压装置或节制阀前的一

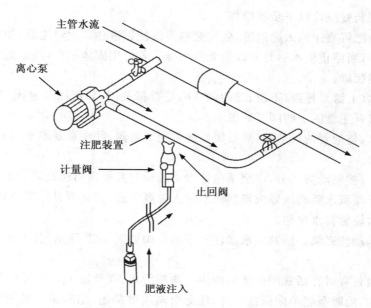

图 6-20 使用并联水泵提供文丘里注肥装置的驱动水流

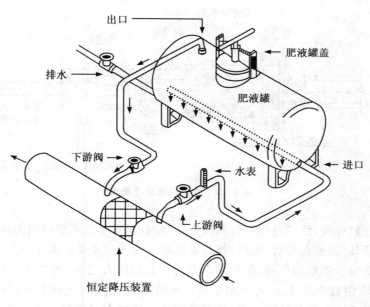

图 6-21 压差式施肥装置

部分水流通过进水管进入肥液罐,进水管道直达罐底,掺混肥液,再由排液管注入节制阀后的主管道。

压差式施肥装置的优点是结构比较简单,操作较方便,不需外加动力,投入较低,体积较小,移动方便,对系统流量和压力变化不敏感。缺点是施肥过程中肥液被逐渐稀释,浓度不能保持恒定。当灌溉周期短时,操作频繁且不能实现自动化控制。肥液罐装入肥液后是密封压力罐,必须能承受滴灌系统的工作压力。罐体涂料有防腐要求。

压差式施肥装置应按以下步骤操作：

①若使用液肥可直接倒入肥液罐，灌注肥料溶液使肥液达到罐口边缘，扣紧罐盖。在罐上必须装配进气阀，当停止供水后打开以防肥液回流。若使用固体肥料，最好是先单独溶解再通过过滤网倒入施肥罐。

②检查进水（上游）、排液（下游）管的调节阀是否都关闭，如使用节制阀，要检查节制阀是否打开。然后打开主管的上游阀开始供水。

③打开进水、排液管的调节阀，然后缓慢地关闭节制阀，并注意观察压力表，直到得到所需的压差。

（4）注肥泵　按驱动方式分，注肥泵包括水力驱动和其他动力驱动两种形式。水动注肥泵是利用一小部分灌溉水驱动活塞或隔膜将水注入灌溉管道，其优点是不需要外加动力，缺点是需要为活塞弃水设置排水出路。

①活塞式水动注肥泵。活塞式水动注肥泵的结构如图6-22所示，其工作过程包括吸肥行程和注肥行程。

当运行到吸行程时在活塞间的活塞腔内接通压力水，在活塞1、2的压差作用下，活塞组件向图中左方运动，此时吸肥单向阀被打开，注肥单向阀被关闭，肥料罐中的肥液被吸入活塞腔内，同时活塞内的水体通过排水孔排出泵体。活腔1内水体通过排水孔排出泵体。

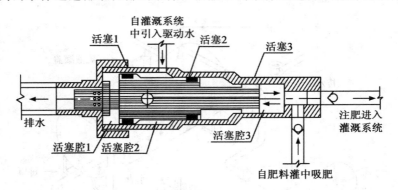

图 6-22　活塞式水动注肥泵

当运行到注肥行程，活塞组件运行到图中左端时，设置于活塞组件内的换向机构开始连通的排水孔关闭，同时进水孔开启，动作，将与活塞腔1连通的排水孔关闭，同时进水孔开启。此时活塞两侧均受到水压力的作用，但左侧压力大于右侧压力之和，在此压差作用下，活塞组件与活塞向图6-22中右方运动，此时吸肥单向阀被关闭，注肥单向阀被打开，活塞腔3内的肥液被注入灌溉管网系统。如此循环往复，将肥料溶液以步进方式源源不断地注入管网系统。

②隔膜式水动注肥器。一般隔膜式注肥器都是肥液和农药共用的。与活塞式注肥泵相比，其优点是可以在运行过程中调节肥液和水的混合比例，缺点是当管道中的流量和压力变化剧烈时，很难维持恒定的注入流量。隔膜应选用防腐材质，且每季用完后都要进行维护。隔膜式水动注肥器的结构见图6-23。

隔膜式水动泵的入水管与肥（药）液注入管为并联连接，肥（药）液直接注入水流中进行混掺，而化肥或农药不进入注肥器的腔体，这是其独特的好处。

除了上面介绍的隔膜式水动注肥器外，还有电动式隔膜注肥器，主要在有电源的条件下使

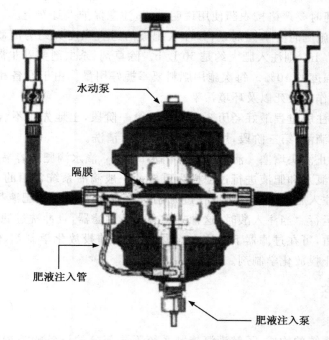

水动泵

隔膜

肥液注入管

肥液注入泵

图 6-23　隔膜式水动注肥器

用,如用于大型自走式喷灌机施用化肥和农药。

③活塞式注肥泵。活塞式注肥泵依靠动力(电或内燃机)驱动,应耐腐蚀并便于移动,其最大的优点是排液量不受管道中压力变化的影响,而其最大缺点是在运行过程中无法调节出流量,需要经过流量测试泵调整活塞冲程校核流量的反复过程才能获得需要的流量。

比例控制是为了按照预定的水肥比或水药比注入,有的电力驱动隔膜泵和活塞泵可以利用反馈系统进行自动控制。这些反馈系统可以通过监测灌溉管道的流量,调节肥(药)液的注入流量。

3.滴灌施肥设备使用注意事项

(1)严防肥液污染水源　滴灌施肥是在一定的压力下,将肥料溶液或其他化学制剂(如农药)注入滴灌管道,随滴灌水被带到田间而实现的。当灌水结束,或因突然事故停泵时,管路中的肥液(或其他化学制剂)有可能返流到水源,造成水源的化学污染。特别是当灌溉与人饮工程共用一水源时,对人身健康会造成严重危害。此外,在操作和设置上要防止化学制剂溢出溶液罐以及向空管网内注入化学制剂的意外事故发生。在工作条件上,要保持注入设施范围内环境整洁,有利于化学制剂的处置,及时发现渗漏和溢出。当需要混合化学制剂时,须慎重对待,要严格按产品说明进行操作。

为保障安全,在滴灌施肥系统中需安装必要的安全保护装置。不同的滴灌系统和不同的注肥方式,采用的防护设施也不一样,但最基本的要求是:设置止回阀,防止化学剂回流进入水源,造成污染;设置进排气阀保障管道安全运行;闸阀齐全,便于操作控制。当无水源污染的威胁(如注肥点距水源较远)时,所需装备可适当简化。

(2)人身安全　施用液态肥料时不需要搅动或混合,而固态肥料则需要与水混合搅拌成液肥。大多数氮肥在施用中不存在人身安全问题,但当注入酸或农药时需要特别小心,防止发生危险反应。施用农药时要严格按农药使用说明进行,注意保护人身安全。

(3)剂量控制　施肥时要掌握剂量,如注入肥液的适宜强度大约为灌溉流量的0.1%,例如灌溉流量为50 m³/h。则注入肥大约是50 L/h。除草剂、杀虫剂要以非常低的速度注入,一般要小于注入肥料强度的10%。每次施用肥料要掌握好用量。由于设备和操作人员失误,造成过量施用,可能使作物致死以及环境污染。

(4)安全施用　注肥过程最好经历3个阶段。第一阶段,土地先用不含肥的水湿润;第二阶段,施用肥料溶液滴灌;第三阶段,用不含肥的水进行清洗。

(5)过滤水肥防止滴头堵塞　滴灌灌水器出水口很小,滴水滴肥时容易出现堵塞现象。为保障系统安全,对灌溉水和肥液进行过滤极为重要。一般滴灌系统常用的过滤器的筛网规格为150目。往管道注入肥液的地点应放在过滤器的上游,使灌溉水和肥液都经过过滤,从而使灌溉系统能够安全运行。当注入酸时,这种方式会损坏过滤器,且冲洗过滤器的水含有化学制剂。为解决这一矛盾,可在过滤器下游注入酸,在过滤器前投放化学制剂,但在过滤器冲洗过程的前一段时间停止投放化学制剂。

★ 巩固训练

1.技能训练要求

熟悉灌溉施肥系统的构成,了解灌溉施肥系统不同部分的设备的类型和功能。掌握正确的操作使用方法。

2.技能训练内容

①各种灌溉施肥系统及其组成设备的所在位置、总体要求、技术参数、各系统基本组成。

②各种灌溉施肥系统基本操作、使用注意事项、动态演示操作及维护保养方法。

3.技能训练步骤

①实地考察各种类型的灌溉施肥系统,判断其类型,有何特点。

②了解灌溉施肥系统所在位置、系统基本组成。了解设备总体要求、技术参数。

③绘制1~2种有代表性的灌溉施肥系统的构成示意图,调查其应用情况。

④在技术人员指导下进行动态演示操作,并观察其工作过程。

⑤在技术人员指导下掌握基本操作方法和维护保养方法。

★ 自我评价

评价项目	技术要求	分值	评分细则	得分
识别滴灌系统	能正确识别灌溉施肥系统不同部分的设备的名称和特点	30分	不能识别常见灌溉施肥系统设备扣20分; 不了解特点扣10分	
掌握基本操作方法	能正确使用灌溉施肥系统	40分	操作方法不正确扣40分; 操作方法不规范扣20分	
掌握基本维护保养方法	能进行灌溉施肥系统基本维护	30分	不能进行灌溉施肥系统基本维护扣30分	

项目7　园艺设施机械

任务1　微型耕作机的使用与维护

【学习目标】

1. 掌握微型耕作机的构造。
2. 熟知微型耕作机安全使用常识。
3. 熟知微型耕作机启动前的准备方法、旋耕部件的连接方法、发动机的启动方法、旋耕作业操作方法和日常维护保养方法。
4. 能正确进行微型耕作机启动前的准备、旋耕部件的连接、发动机的启动、旋耕作业操作和日常维护保养操作。

【任务分析】

本任务主要是明确微型耕作机的构造和安全使用常识,掌握微型耕作机启动前的准备、旋耕部件的连接、发动机的启动、旋耕作业操作和日常维护保养。

首先掌握微型耕作机的构造和安全使用常识,然后掌握微型耕作机启动前的准备方法、旋耕部件的连接方法、发动机的启动方法、旋耕作业操作方法和日常维护保养方法。

本任务主要通过掌握微型耕作机的构造、安全使用常识、启动前的准备方法、旋耕部件的连接方法、发动机的启动方法、旋耕作业操作方法和日常维护保养方法,在此基础上,掌握相应环节的实际操作。各环节的操作方法是实际操作的基础,初学时应严格按照要求进行操作。

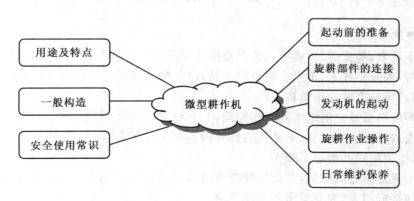

★ 基础知识

微型耕作机简称微耕机,是园艺生产中广泛使用的小型园艺机械,它体积小,重量轻,操作简单,安全方便,转移方便,操作易学,使用维修简单。通过配置相应部件,能进行旋耕、犁耕、开沟、培土、打药、抽水、喷灌、运输、发电等多种作业。

本任务以生产上使用最广泛的微型耕作机配旋耕部件为例说明其使用与维护。

1. 一般构造

微型耕作机的构造主要包括机架、发动机、变速箱、驱动及旋耕装置、牵引及配套机具和扶手及操作部分等,如图 7-1 所示。

(1)机架　用于连接发动机、变速箱、驱动及旋耕装置等。

(2)发动机　功率 3.62～4.4 kW 汽油机或柴油机,是整机的动力源。

(3)变速箱　在作业时起变速作用,并向驱动装置传递动力。

(4)驱动及旋耕装置　发动机的动力经变速箱、驱动轮传动机构传递到驱动轮上,可使微耕机在地面上行走。如果将驱动轮卸下来换上旋耕刀就可以进行旋耕作业。如果更换上其他部件,还可进行开沟、起垄、锄草等作业项目。另外使用一些收割、脱粒、铡草粉碎、喷药等配套机械时,将发动机动力通过动力输出机构和这些机械连接即可进行作业。

(5)牵引及配套机具　通过尾部的牵引座,可配置相应机具,完成多种作业。

(6)扶手及操作部分　是微耕机的操作及控制平台,可控制作业速度、方向等。

图 7-1　微型耕作机

2. 安全使用常识

①身体不适者,如疲劳、生病等人员严禁操作微耕机。

②作业时,衣服要扎紧,不要穿宽松的衣服,以免被旋转部件挂住造成伤害;要穿好结实的鞋,不要赤脚或穿着凉鞋操作微耕机。

③使用前应熟悉该机的结构和工作原理,掌握该机的操作要领。不要轻易交给没有任何使用经验的人去操作,以免造成不必要的机具损坏和人身伤害事故。操作不熟练者,不得单独操作,要在熟练者陪同和指导下操作。

④应使用规定牌号的燃油,并保证燃油的清洁;补给燃油时要注意,必须关闭发动机,加油中不得吸烟和接近明火,如有溢出燃油应擦净。

⑤在耕作之前,应清除该耕作区内的树枝、石块、电线、玻璃等异物。

⑥启动时,当要合上离合器的时候,要抓紧手把,否则它会向上抬起造成伤害。

⑦作业时,操作者禁止靠近旋转的刀滚,不要接触发动机及传动部位。

⑧在旋耕作业中微耕机容易跳动,操作者双手一定要牢牢握住手把,不可松手。

⑨作业时,要防止微耕机倾倒,以防摔坏工作部件或伤人,在斜坡上耕作时,当要改变耕作机方向时,要特别小心机器翻倒。

⑩在温室内作业时,要注意室内通风换气,防止发动机废气的污染造成人身中毒事故。

⑪作业中,清除机上杂草、泥土或异物时,必须要关闭发动机。

⑫作业中要注意观察和倾听各部位有无漏油、过热和螺栓松动等异常现象及异常声响,若有,应立即停车检查排除。

⑬作业中尽量避免旋耕刀撞击到坚硬的石块,以免损坏旋耕刀。

⑭停机后,禁止用浇水方式冷却发动机,应让其自行慢慢冷却。

★ 工作步骤

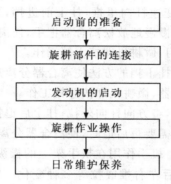

1. 启动前的准备

①检查发动机润滑油及油面高度是否符合规定要求;

②检查发动机燃油及油面高度是否符合规定要求,不足时添加;

③检查机器各处有无漏油现象等;

④检查变速箱内润滑油及油面是否符合规定要求;

⑤检查各操纵系统手柄是否灵活和有无不到位情况并给以排除;

⑥检查各连接螺栓有无松动现象并排除;

⑦检查离合器能否正常分离结合,否则应立即加以调整,灵活后再作业。

2. 旋耕部件的连接

该机的旋耕刀分为左弯刀和右弯刀。由于该机是靠旋耕作业时土壤对旋耕刀的反作用力推动机子前进,因此左、右弯刀把数应保持相等,使土壤对轴的轴向作用力相互抵消,确保良好的直线行驶性。此外,旋耕刀刃口方向不要装反,注意左右弯刀的排列顺序要正确,以保持耕作后地表平整。需要旋耕时,将旋耕装置安装在行走机构的驱动轴上,并用连接螺栓固定,旋耕的深度可通过耕深调节杆来实现。

3. 发动机的启动

将变速操纵杆置于空挡位置,离合器处于分离状态,在周围安全的情况下,按照以下步骤

启动发动机:

①以顺时针方向旋转停止开关,把它转到开的位置;

②打开燃油开关;

③把速度控制杆设定在靠近高速位置的 1/3 的地方;

④关闭阻风门杆;

⑤慢慢地牵拉启动器把手,直到感到有阻力为止,然后迅速牵拉,启动发动机;

⑥发动机启动后,用手将启动器把手送回到原来位置;

⑦慢慢地旋转阻风门杆,把阻风门打开,直到最后全开。

冷车启动后,不应立即进行大负荷工作,应先低速无负载情况下运转 3 min。发动机运转正常后,才可以起步进行旋耕作业。

4.旋耕作业操作

(1)速度调整方法　常见微耕机有 3 个挡位,即慢挡、快挡、倒挡,在使用过程中应先掌握各操纵机构的功能作用。

①挂前进 I 挡(慢挡)。左手抓紧扶手离合器把手,使离合器分离,此时会听到"咔"的响声,表示该把手锁定扣住。先将变速杆向里推,挂上前进挡,再将变速操纵杆往里推,挂上慢挡,然后左手将离合器把手打开,慢慢地放松离合器把手,使离合器平稳接合,与此同时右手大拇指轻压油门手柄,适量加大油门,微耕机即按 I 挡工作。

②挂前进 II 挡(快挡)。再用挂 I 挡的方法使离合器分离后,将变速杆往外拉,待进入快挡后,再用挂 I 挡的方法,结合离合器,微耕机即按 II 挡工作。

③挂倒挡。使离合器分离后,将方向杆向外拉,挂上后退挡,左手慢慢松开离合器把手,紧握扶手控制机器后退移动。当不需要再后退时,使离合器分离,微耕机即停止后退。

(2)操纵力大小和方向控制　机手作用在扶手架上的操纵力大小和方向要视耕作情况随机应变,有向上抬、向下压、向前后左右推或拉等多种变化。向下压则耕得深,向上抬耕深变浅。如土壤太松,土壤对旋耕刀的反作用力就很小,管理机会原地"刨坑"不能前进,此时需略微上抬并向前推。反之如土壤很硬,则要用力下压,遇前进速度太快时,还要同时向后拉。实际耕作时,机手往往凭"手感"和作业状况变化,运用连推带抬、压拉并用、用力时大时小等结合起来操作,此操作短时间内难以掌握熟练,需逐步积累经验。

(3)转向操作　微耕机没有转向机构,它是靠操作者双手推动手把转向。因此,在转向时一定要先降低微耕机前进速度,抬起阻力杆,然后用双手推动手把转向,向左转,手把向右推;向右转,手把向左推。

(4)停机

①当需要停机时,必须使离合器分离,用将变速操纵杆推或拉到中间空挡位置,机器则不再运动;

②当需要发动机停机时,应先使发动机处于低速空转状态,运行 3～5 min 后,待机器逐渐冷却,再以逆时针方向旋转停止开关,把它转到关的位置。

(5)耕作遍数的确定　微耕机的最大耕深可达 20 cm 以上,但需耕好几遍才能达到。耕作遍数根据土壤情况和下茬作物播种要求选定。耕作遍数越多,则耕得越深,土也越碎,生产率随之降低。大部分田块耕 3～5 遍,其碎土率、耕深、覆盖率等作业指标均可达到农艺要求。头道耕作时限深杆倒钩应朝前,这样操作人员就不必用力压住扶手,操作便轻松自如。如果是复耕则把倒钩调朝后,以提高耕作速度和防止因土壤松散而使刀轴陷深。为防止土壤被踩实,且保持地面平整,耕最后一遍时,脚应踩在未耕田或畦沟内。

(6)特殊田块耕作 杂草或作物留茬高度超过 20 cm 的田块,因旋耕刀轴缠草不能正常耕作,要及时用镰刀清除刀轴上的缠草后才能正常作业,作业效率随之下降。对土壤较硬、旋耕刀不易入土的田块,第一遍只要能入土耕破田面就行,不要求也不可能耕得很深。经多遍耕作后,耕深才能达到农艺要求。大棚内作业时,要防止与大棚设施碰撞。在有石块、树根等障碍物的田块耕作,碰到障碍物时手有感觉,此时应及时停机,查找原因,排除后再作业。

(7)田间转移 相邻或相近田块之间可直接转移,不需换上橡胶驱动轮。田间转移,应先拆下限深杆,同时可以用小油门挂倒挡的方法来实现越埂、过沟,这比用前进挡要轻松安全得多。当田块之间距离稍远或路面较硬时,应换上轮胎,以免旋耕部件损坏。较大距离转移应以运输工具进行转移。

5.日常维护保养

①清除整机及附件上的泥垢、杂草、油污等处的附着物,特别是发动机散热片、消声器,防止散热不良而损坏机器,保持整机整洁。

②检查旋耕刀片或连接螺栓等部位,若有损坏应更换新件。

③检查发动机的空气滤清器,应保持清洁。

★ 巩固训练

1.技能训练要求

熟悉微型耕作机的构造,明确安全使用常识,掌握启动前的准备、旋耕部件的连接、发动机的启动、旋耕作业操作和日常维护操作。

2.技能训练内容及步骤

①启动前的准备;

②旋耕部件的连接;

③发动机的启动;

④旋耕作业操作;

⑤日常维护保养。

★ 知识拓展

1.微耕机的磨合

新的或大修后的微耕机,因各零件在加工过程中难免会在机体内遗留一些加工印痕和清洗不净的金属屑,并随着润滑油流动黏附在零件表面,此时,各运动零部件间还未达到正常配合间隙,如不进行磨合清洗,必然会加快零件的磨损,降低机械的使用寿命。磨合是一个循序渐进的过程,必须从小油门低转速、低挡位、低负荷开始,逐步加大到高转速、大负荷,其目的是在良好的技术条件和润滑条件下,通过缓慢地增加负荷,逐步磨去零件配合表面的不平部分,为机器的正常使用和延长寿命打下良好的基础。微耕机在投入作业前,应先在无负荷条件下工作 1~2 h,然后逐步加大转速和负荷的条件下工作 5~8 h,磨合中应注意倾听和观察其运转是否正常,是否有异常敲击声或杂音等,若有须找出原因及时排除故障,磨合后趁热立即放出变速箱、行走箱和发动机曲轴箱内的全部润滑油,检查有无螺丝松动和漏油现象,然后加入适量清洁柴油,用慢挡在无负荷条件下怠速运行 3～5 min 予以清洗,然后将柴油放干净,再重新按规定量注入清洁机油,进行 3～4 h 的空驶磨合,微耕机才能投入到田间正常作业。

2.微耕机的技术保养

由于微耕机工作的环境较恶劣,保养就显得尤为重要。微耕机在工作中,由于零部件互相摩擦震动,油、泥、水的侵袭,不可避免地要造成零部件的磨损,连接松动,腐蚀老化。从而使微耕机技术状态变坏,功率下降,油耗增加,磨损加快,故障不断出现。为了防止上述几种情况的发生,就必须严格执行"防重于治,养重于修"的维护保养制度。保养必须严格按照保养的周期和内容来进行。

微耕机的技术保养分为每班次保养、一级保养、二级保养。

(1)每班次保养 每班次保养是指微耕机在每班工作后的保养。保养内容是:

①每班作业结束后,清除整机及附件上的泥垢、杂草、油污等的附着物,特别是发动机散热片、消声器,防止散热不良而损坏机器,保持整机整洁。

②每班作业结束后,检查旋耕刀片或连接螺栓等若有损坏应更换新件。

③每班作业结束后,检查发动机的空气滤清器,应保持清洁。

④填写好有关耕作、运转情况记录。

(2)一级保养 一级保养是指微耕机每隔 3 个月或累计工作 500 h 后的保养。保养内容是:

①每班保养的全部内容。

②清洗变速箱和行走箱,并更换机油。

③检查调试离合器、换挡系统和倒挡系统。

(3)二级保养 二级保养是指微耕机每隔 1 年或工作 1 000 h 后的保养。保养内容是:

①一级保养的全部内容。

②检查所有的齿轮及轴承,如磨损严重时应更换新件。

③清除空气滤清器中的灰尘、杂质、油浴式滤芯应清洗干净后重新加入适量机油,干式纸质滤芯应更换成新滤芯。

(4)技术检修 每隔 2 年或工作 2 000 h 后的保养。保养内容是:

一般是到当地特约维修部,拆开全部零部件并清洗干净,检查全部零部件的技术状况和磨损情况,必要时进行修理或更换新件。

3.微耕机长期停放注意事项

①为了防止锈蚀首先应清洗整机外表的尘土、污垢。

②放出燃油箱中的燃油,再趁热放出变速箱、发动机底壳中润滑油,并注入新机油。

③在非铝合金表面未涂油漆的地方涂上防锈油。

④存放机器前,汽油机应取下火花塞,滴进几滴机油,再上好火花塞,然后用手轻拉启动绳,在有压力时停止,此时活塞停在上止点,使进、排气门处于封闭状态,用此方法封存发动机。如再下次使用时机器不好启动,把火花塞取下清洁干净再启动。

⑤机具应洗净、晒干,存放在室内通风、干燥、无腐蚀性气体的安全地方,切忌长期停放在露天任其日晒雨淋。

4.微耕机常见故障排除

(1)无法着车

①检查油箱是否有油,燃油是否干净。

②检查油箱开关是否打开。

③检查火花塞是否有火。

（2）启动很困难

①机油是否按标号加油。

②曲轴轴承是否磨损严重。

③缸套是否拉伤。

（3）发动机功率不足

①发动机烟色为黑色。供油时间不正确、气门间隙不正确、压缩比达不到标准、空气进气量不足、轻微拉缸和曲轴轴承磨损严重。

②发动机烟色为蓝色。主要是烧机油，应排出曲轴箱多余的机油。

③发动机烟色为白色。主要是燃油有水，应将燃油沉淀过滤。

（4）微耕机一般采用皮带张紧摩擦式离合器　在使用中，要经常检查皮带张紧度。检查方法：当离合器操纵手柄处在接合位置时，用手指压在两个皮带轮中间皮带上，以可压下 15 mm 左右为宜。若此距离过大或过小时，可松开发动机与机架固定的螺栓螺母，移动发动机前后位置来调整。调整后，使离合器操纵手柄在接合位置时，作业中不出现皮带打滑现象，离合器操纵手柄在分离位置时，皮带不随发动机皮带轮转动。

★ 自我评价

评价项目	技术要求	分值	评分细则	评分记录
启动前的准备	掌握启动前的准备内容，正确进行启动前的准备	10 分	完成启动前的准备的所有内容，得 7 分，在规定时间内完成得 3 分，否则适当扣分	
旋耕部件的连接	掌握旋耕部件的连接方法，正确进行旋耕部件的连接	15 分	旋耕部件连接的正确得 10 分，在规定时间内完成得 5 分，否则适当扣分	
发动机的启动	掌握发动机的启动方法，正确进行发动机的启动操作	25 分	按正确步骤启动发动机得 15 分，在规定时间内完成得 10 分，否则适当扣分	
旋耕作业操作	掌握旋耕作业操作方法，正确进行旋耕作业操作	30 分	完成给定的旋耕作业任务得 15 分，操作方法正确得 10 分，在规定时间内完成得 5 分，否则适当扣分	
日常维护保养	掌握日常维护保养内容，正确进行日常维护保养操作	10 分	正确完成日常维护保养操作得 7 分，在规定时间内完成得 3 分，否则适当扣分	
操作安全	掌握安全使用常识，能够进行安全操作	10 分	能够进行安全操作得 10 分，否则适当扣分	

任务 2　手动喷雾器的使用与维护

【学习目标】

1. 掌握手动喷雾器的构造。
2. 掌握针对不同的作物、病虫草害和农药正确选用施药方法。
3. 熟知手动喷雾器安全操作常识。
4. 熟知手动喷雾器喷药前的准备内容、喷雾操作方法、施药后操作内容、日常维护保养内容。
5. 能正确进行手动喷雾器喷药前的准备、喷雾操作、施药后操作、日常维护保养操作。

【任务分析】

本任务主要是熟悉手动喷雾器的构造，能够针对不同的作物、病虫草害和农药正确选用施药方法，明确操作人员安全操作常识，掌握喷药前的准备、喷雾操作、施药后操作、日常维护保养操作。

首先熟悉手动喷雾器的构造，掌握如何正确选用施药方法，明确操作人员安全防护注意事项，掌握喷药前的准备内容、喷雾操作方法、施药后操作内容、日常维护保养内容。

在此基础上，掌握喷药前的准备、喷雾操作、施药后操作、日常维护保养操作。各环节的操作方法是实际操作的基础，初学时应严格按照要求进行操作。

★ 基础知识

背负式手动喷雾器是用人力来喷洒药液的一种机械，操作者背负，用摇杆操作液泵产生药液压力，进行边走边喷洒作业的喷雾器，它结构简单、使用操作方便、适应性广，在园艺植物病虫害防治中应用广泛。手动喷雾器是我国目前使用得最广泛、生产量最大的一种喷雾器。

1. 一般构造

背负式手动喷雾器主要由药箱、液泵、喷射部件、摇杆部件等组成（图7-2）。

（1）药箱　用于盛放药液，包括药箱盖、桶身、背带等部件。

（2）液泵　作用是将药箱内的药液加压，并保证药液连续喷出。

（3）喷射部件　作用是使药液雾化，包括胶管、开关、喷管、喷头等。

（4）摇杆部件　作用是操纵液泵工作。

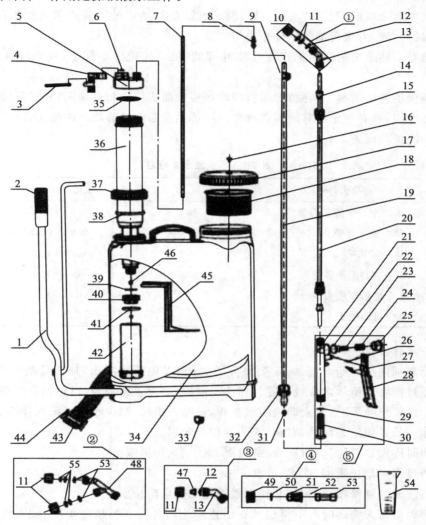

图 7-2　手动喷雾器构造

①圆锥雾喷头组件；②F形喷头组件；③扇形雾喷头组件；④可调雾喷头组件；⑤手柄开关组件

1.摇杆部件；2.摇杆套；3.摇杆挂钩；4.喷杆固定夹；5.空气室盖；6.开口销；7.吸水管；8.长嵌件；9.胶管螺帽；10.喷头帽；

11.圆锥雾喷片组合；12.小滤网组件；13.喷头体；14.锁紧套；15.喷杆螺帽；16.进气嘴；17.药箱盖；18.药液箱滤网；

19.胶管；20.喷杆；21.开关体；22.膜片；23.压轴；24.弹簧；25.压盖；26.开关小轴；27.开关扣；28.压手；

29.O型密封圈；30.开关滤网；31.短嵌件；32.胶管螺帽；33.定位扣；34.药液箱焊合；35.空气

室盖垫圈；36.空气室；37.气室固定环；38.储油圈；39.O型密封圈；40.锁紧帽；41.皮碗；

42.唧筒；43.背带；44.背带插扣；45.搅拌器；46.密封球；47.扇形雾喷头；

48.F型喷头体；49.可调喷头帽；50.O型密封圈；51.可调喷头体；

52.喷头密封垫；53.连接头；54.量杯；55.圆锥雾喷片组合

2.施药方法的选用

①土壤处理喷洒除草剂。采用扇形雾喷头，操作时喷头离地高度、行走速度和路线应保持一致；也可用安装二喷头、四喷头的小喷杆喷雾。如用空心圆锥雾喷头，施药时，操作者应左右

摆动喷杆喷洒除草剂。

②行间喷洒除草剂,配置喷头防护罩,防止雾滴飘移造成的行间或邻近作物药害;喷洒时喷头高度保持一致,力求药剂沉积分布均匀。

③喷洒触杀性杀虫剂防治栖息在作物叶背的害虫,应把喷头朝上,采用叶背定向喷雾法喷雾。

④喷洒保护性杀菌剂,应在植物未被病原菌侵染前或侵染初期施药,要求雾滴在植物靶标上沉积分布均匀,并有一定的雾滴覆盖密度。应选用空芯圆锥雾喷片的喷头进行喷洒。

⑤喷头流量参照表 7-1。

表 7-1　喷头流量参照表

喷头形式	流量/(L/min)
单个空心圆锥雾喷头	0.65～0.88
单个扇形雾喷头	0.36～0.48
单个可调喷头	0.8～1.20
2 个空心圆锥雾喷头	1.3～1.60
2 个扇形雾喷头	0.9～1.15
2 个可调喷头	1.7～2.2

3. 安全操作常识

①向药液桶内加注药液前,一定要将开关关闭,以免药液漏出,加注药液要用滤网过滤。药液不要超过桶壁上所示水位线位置。加注药液后,必须盖紧桶盖,以免作业时药液漏出。

②当中途停止喷药时,应立即关闭截止阀,将喷头抬高,减少药液滴漏在作物和地面上。

③操作人员必须熟悉机具、农药、农艺等相关知识。

④施药时应做到:穿安全防护服、戴口罩、戴手套、防护眼镜。

⑤施药过程中禁止吸烟、饮水、进食。

⑥当清洗或者维修喷雾器时,必须穿戴适当的安全防护服。

⑦施药人员每天施药时间不得超过 6 h,连续施药时间不得超过 4 h。如有头痛、头昏、恶心、呕吐等现象,应立即离开施药现场,严重者应及时送医院诊治。

⑧操作人员工作全部完毕后应及时更换工作服,并用肥皂清洗手、脸等裸露部分皮肤,用清水漱口。

★ 工作步骤

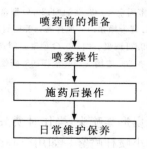

1. 喷药前的准备

①着装准备。戴好手套、口罩、防护眼镜，穿好防护服、劳保鞋。

②检查各部分零件是否齐全、完好，连接是否可靠。

③根据作物的种类、生长时期、病虫害的种类和亩施药液量，确定采用常量喷雾还是低量喷雾和施药液量，选用合适的喷杆和喷头。

④用清水试喷，检查连接部件是否有漏水现象，喷雾质量是否符合要求。

⑤打开药箱盖（不要取出滤网），按农药使用说明书的规定，倒入需要的农药，然后加水并搅拌均匀，加水不许超过桶壁上所示水位线，药液配制好后盖好药箱盖。

2. 喷雾操作

①根据操作者身材，调整背带长度至适宜，背负喷雾器，摇动摇杆 6～8 次，使药液达到喷射压力，打开开关即可正常喷雾。

②背负喷雾器作业时，应以每走 4～6 步摇动摇杆一次的频率进行行走和操作。注意搬动摇杆手柄不能过分用力，以免损坏机件；喷雾作业中不可过分弯腰，以防药液从桶盖处溢出溅到身上。

③确定喷头距离标的位置，施药时喷头离作物应为 30～40 cm。

④由于喷雾器雾粒细小，自然风的大小和方向直接影响喷药效果和人身安全。喷洒药液时，操作人员走向应与风向垂直，作业顺序应从整个地块的下风一边开始。如有偏斜，风向和走向的夹角不能小于 45°，绝不能顶风作业。

⑤喷洒作业行走路线应为隔行侧喷，当你喷完第一行后，喷第二行时，应行走在第二行与第三行之间，这样可以避免药液黏附在身体上而引起中毒事故。如果在身前左右摆动喷杆，人在施药区内穿行，容易引起中毒。几台机具同时喷洒时，应采用梯形前进，下风侧的人先喷，以免人体接触农药。塑料大棚作业后，人员要进入，需要充分通风后，方可进入。

⑥夏季晴天中午前后，有较大的上升气流，不能进行喷药；若施药后 2 h 有降雨，根据农药说明书确定是否需要重新施药；下雨或作物上有露水，以及气温超过 32 ℃时不能进行喷药，以免影响防治效果。

⑦作业中发现机器运转不正常或其他故障，应立即停机检查，待正常后继续工作。在工作状态，也就是空气室内有压力时，严禁旋松或调整喷射部件的任何接头，以免药液泄漏，造成危害。

3. 施药后操作

施药后应在田边插入"禁止人员进入"的警示标记，避免人员误食喷洒高毒农药后田块的农产品引起中毒事故。

残液的处理：喷洒农药的残液或清洗药械的污水，应选择安全地点妥善处理，不准随地泼洒，防止污染环境。

4. 日常维护保养

喷雾器每天使用结束后，应倒出桶内残余药液，加入少量清水继续喷洒，以冲洗喷射部件，如果喷洒的是油剂或乳剂药液，要先用热碱水洗涤喷雾器，再用清水冲洗；再用清水清洗喷雾器外部，将其置于室内通风干燥处存放。尤其是喷洒除草剂后，必须将喷雾器，包括药液箱、胶管、喷杆、喷头等彻底清洗干净，以免在下次喷洒其他农药时对作物产生药害。

★ 巩固训练

1. 技能训练要求

熟悉手动喷雾器的构造,能够针对不同的作物、病虫草害和农药正确选用施药方法,明确操作人员安全防护注意事项,掌握喷药前的准备、喷雾操作、施药后操作、日常维护保养操作。

2. 技能训练内容及步骤

①喷药前的准备;

②喷雾操作;

③施药后操作;

④日常维护保养。

★ 知识拓展

背负式手动喷雾器的购买

①检查喷雾器上是否贴有 3C 认证标志。3C 标识是国家对强制性产品认证使用的统一标志,称为"中国强制认证",英文缩写为"CCC"。2003 年,国家正式把植保机械列入了首批强制性产品认证目录。生产喷雾器的企业如未获得指定机构颁布的认证证书,或没有按规定加施认证标志,其产品一律不得出厂销售和在经营服务场所使用。因此用户在选购喷雾器时应查看产品上是否贴有 3C 标志。

②检查相关软件资料是否齐全。软件资料主要指产品使用说明书、产品合格证、三包服务合同、农业机械推广许可证、产品省级以上质检部门的检验报告。使用说明书及合格证上应有完整的厂名、厂址、产品型号(规格);说明书上应对喷雾器的正确使用、调整、注意事项以及维护保养等具有详细说明;三包服务合同中的承诺应明确(根据国家六部委颁布的植保机械三包规定),三包凭证的有效期限应不得少于 1 年。

③检查随机备件是否齐全。用户应对照使用说明书检查随机备件是否齐全,如开口销、喷头、滤网、背带、不同型号的橡胶垫圈等。根据 GB 10395.6—1999 中的规定,植物保护机械的制造厂或供应商应随机提供必要的安全防护用具(至少包括口罩),用户应留心查看。

④检查喷雾器的外观质量与标识。材料质量包括药液桶(箱)、液泵和喷洒部件的使用材料是否良好,药液桶(箱)壁厚是否均匀、强度是否足够,背负是否舒适。桶身上的铭牌内容应清晰可见,并牢固地固定在机具的明显位置上,铭牌上应标明产品型号名称、生产企业名称和主要技术参数。另外,购买时不要忘记开具发票。

⑤检查产品的装配质量。各运动部件不应有干涩和卡阻现象,活塞应在唧筒内运动自如,摇杆应有足够的刚度,在稍加用力时不应有弯曲变形现象。

⑥简单测试喷雾器的整机密封性能和喷雾质量。用户在购买前最好对喷雾器的整机密封性能和喷雾质量做一下简单测试,方法为:向桶中注入清水,关闭开关,往复摇动摇杆至不能摇动为止,检查气室出水接头处至开关处有无渗漏,看各部件连接是否良好,软管有无破损;然后打开开关,继续摇动摇杆,看雾流是否均匀,雾化是否良好,有无断续喷雾现象,各部件连接处有无渗漏。

★ **自我评价**

评价项目	技术要求	分值	评分细则	评分记录
喷药前的准备	掌握喷药前准备内容,正确进行喷药前的准备	20 分	完成喷药前的准备的所有内容,得 15 分,在规定时间内完成得 5 分,否则适当扣分	
喷雾操作	掌握喷雾操作方法,正确进行喷雾操作	30 分	完成给定的喷雾操作任务得 10 分,操作方法正确得 10 分,在规定时间内完成得 10 分,否则适当扣分	
施药后操作	掌握施药后操作方法,正确进行施药后操作	15 分	完成施药后操作得 15 分,否则适当扣分	
日常维护保养	掌握日常维护保养内容,正确进行日常维护保养操作	20 分	正确完成日常维护保养操作得 15 分,在规定时间内完成得 5 分,否则适当扣分	
操作安全	掌握安全使用常识,能够进行安全操作	15 分	能够进行安全操作得 15 分,否则适当扣分	

任务 3　担架式机动喷雾机的使用与维护

【学习目标】

1. 熟悉担架式机动喷雾机构造和安全操作常识。

2. 掌握担架式机动喷雾机工作前的准备。

3. 掌握担架式机动喷雾机启动汽油机操作。

4. 掌握担架式机动喷雾机喷雾作业操作。

5. 掌握担架式机动喷雾机结束作业操作。

6. 掌握担架式机动喷雾机日常维护操作。

【任务分析】

本任务主要是熟悉担架式机动喷雾机构造和安全操作常识,掌握工作前的准备、启动汽油机操作、喷雾作业操作、结束作业和日常维护操作。

首先熟悉担架式机动喷雾机构造和安全操作常识,掌握工作前的准备内容、启动汽油机操作方法、喷雾作业操作方法、结束作业方法和日常维护操作内容。

在此基础上,掌握工作前的准备、启动汽油机操作、喷雾作业操作、结束作业和日常维护操作。各环节的操作方法是实际操作的基础,初学时应严格按照要求进行操作。

★ **基础知识**

担架式机动喷雾机具有流量大、压力高、体积小、结构紧凑、耐腐蚀能力强、维修方便、能经受短时脱水运转、适用范围广等特点。广泛适用于农业、林业及城市园林防治病虫害，喷洒液态化学肥料和除草剂，也可用于工业清洗、卫生消毒、建筑喷浆等工业领域。

1.担架式机动喷雾机构造

金蜂-40 型担架式机动喷雾机由机架、发动机、液泵、吸液管滤网组件和喷洒部件 5 大部分组成(图 7-3)。

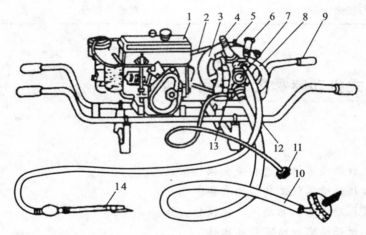

图 7-3　担架式机动喷雾机结构图

1.发动机　2.三角带　3.皮带轮　4.压力指示器　5.空气室　6.调压阀　7.隔膜泵　8.回水管
9.机架　10.吸水管　11.吸药液管　12.出水管　13.混药器　14.喷枪

(1)液泵　金蜂-40 型担架式机动喷雾机所采用的液泵是 ZMB240 型活塞式隔膜泵，隔膜泵工作压力较高，结构简单，排液量大，泵体重量轻，但隔膜的使用寿命较短。转速为 600 r/min，常用工作压力为 1.5～2.5 MPa，最高压力 3 MPa，流量为 40 L/min，吸水高度为 4 m 左右，液泵净重 12 kg 左右。

液泵的构造如下。

泵体：它是泵的基体，下部有进水道，中间是存油腔与活塞缸孔，泵体上部有加油孔和放气溢油孔，下侧面有放油孔。

侧盖：左右各一只，每只上装出水阀，下装进水阀。

活塞:内装抗磨片、滑块,外圈装活塞环,顶部与隔膜接触,要求光洁,不许碰毛和不应粘有任何杂物。

空气室:具有稳定出水管路压力波动的作用。它由隔膜、气室座、气室盖、气嘴组件等组成。空气室由碗形隔膜分成上下两部分。工作时应充足压力空气以使出水管路保持压力稳定,减少液力波动。

调压阀:起调节工作压力高低的作用,若要低负荷下运行,可调整调压轮或扳动减压手柄。

卸压手柄:起卸压作用,用于启动汽油机时和地块转移时。

(2)吸液管滤网组件 吸液管是将药液吸入泵体的部件,要求其无破损,滤网是保证药液清洁、防止堵塞的重要工作部件。

(3)喷洒部件 喷洒部件是担架式喷雾机的重要工作部件,喷洒部件配置和选择是否合理不仅影响喷雾机性能的发挥,而且影响防治功效、防治成本和防治效果。目前国产担架式喷雾机喷洒部件配套品种较少,主要有两类:一类是喷杆,另一类是喷枪。

担架式喷雾机配套的喷杆,与手动喷雾器的喷杆相似,有些零件就是借用手动喷雾器的。喷杆是由喷头、套管滤网、开关、喷杆组合及喷雾胶管等组成。喷雾胶管一般为内径 8 mm、长度 30 m 高压胶管两根。喷头为双喷头和四喷头。

喷枪主要有远程喷枪和可调喷枪两种,枪-22 型远程喷枪是与自动混药器配套使用。可调喷枪由喷嘴或喷头片、喷嘴帽、枪管、调节杆、螺旋芯、关闭塞等组成。在园艺中应用广泛,因为射程、喷雾角、喷幅等都可调节,所以可喷洒高大树木。当螺旋芯向后调节时,涡流室加深,喷雾角度小,雾滴变粗,射程增加,可用来喷洒树的顶部;当螺旋芯调向前时,涡流室变浅,喷雾角增大,雾滴变细,射程变短,可用来喷洒树的低处和、灌木、草坪等。

(4)发动机 为 GX160 四冲程汽油机,采用皮带减速并将动力传给液泵。

(5)机架 机架通为方钢焊接而成担架式,为了担架起落方便和机组的稳定,支架下部有支撑脚。

2.安全操作常识

①每次使用前应按规定将机具组装好,以保证各部件位置正确、螺栓紧固,皮带及皮带轮运转灵活,皮带松紧适度,防护罩安装好。

②初次使用应向曲轴箱内加入规定牌号的润滑油至规定的油位。以后每次使用前及使用中都要检查,并按规定对汽油机检查及添加润滑油。

③每次开机或停机前,应将调压手柄扳在卸压位置。

④每次喷药前应用清水进行试喷,观察各接头处有无渗漏现象,喷雾状况是否良好。

⑤因隔膜泵能经受短时间的脱水运转,故该机在田间转移时发动机可以不熄火,但应调节至急速运转。

⑥喷雾操作时喷枪喷药时不可直接对准作物喷射,以免损伤作物。

⑦当喷枪停止喷雾时,必须在液泵压力降低后(可用调压手柄卸压),才可关闭截止阀,以免损坏机具。

⑧喷雾操作人员应穿戴必要的防护用具,喷洒时应注意风向,应尽可能顺风喷洒,以防止中毒。

⑨在机具的所有使用过程以及对农药的使用保管中,必须严格遵守各项安全操作规程。

★ 工作步骤

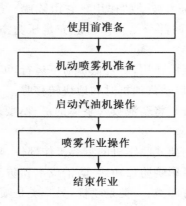

```
┌─────────────────┐
│    使用前准备    │
└────────┬────────┘
         ↓
┌─────────────────┐
│  机动喷雾机准备  │
└────────┬────────┘
         ↓
┌─────────────────┐
│  启动汽油机操作  │
└────────┬────────┘
         ↓
┌─────────────────┐
│   喷雾作业操作   │
└────────┬────────┘
         ↓
┌─────────────────┐
│    结束作业      │
└─────────────────┘
```

1. 工作前的准备

①仔细检查每个紧固件是否拧紧。

②检查传动皮带,松紧要适中。

③添加燃油和机油。将机具放平,检查发动机油箱是否有油,不足时向汽油机燃油箱添加90号以上牌号汽油;检查汽油机润滑油量,是否在油尺规定的油位线范围内,不足时按季节添加汽油机机油;检查液泵润滑油量,是否在油尺规定的油位线范围内,不足时按季节添加柴油机机油,加机油时应先旋开端盖处放气螺钉,并慢慢转动泵轮加入至放气螺孔处溢油,然后旋紧螺钉。

④给气室充气。给气室充足空气,约0.5~0.6 MPa,用新气筒打气30次以上。充气完毕后将气嘴帽卸下,装上起密封作用的气门芯帽,且要旋紧,以防漏气。

⑤连接喷雾部件。连接喷雾管、喷枪、吸液管滤网组件,要保证连接处牢靠。

⑥药剂准备。按病虫害发生情况选择适宜的农药,按说明书规定配制药液。

⑦着装准备。戴好手套、口罩、防护眼镜,穿好防护服、劳保鞋。

2. 启动汽油机操作

启动汽油机操作如图7-4所示。

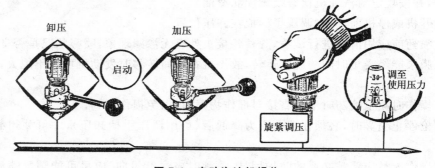

图7-4 启动汽油机操作

①启动前,检查吸水滤网,滤网必须沉没于水中。将调压阀的调压轮按反时针方向调节到较低压力的位置,再把调压柄按顺时针方向扳足至卸压位置。

②启动发动机。

a.打开油箱开关和点火开关,将化油器阻风门关闭,将调速手柄开至1/2~1/3位置。

b.先缓慢拉动启动绳几次,以便将汽油注入气缸内,然后用力迅速拉动启动绳,技术状态良好的汽油机只需拉动1~2次即可启动,当发动机运转后将风门打开。

③汽油机启动后,应在低速状态运转3~5 min,严禁启动后骤然加大负荷,以免机体产生不正常磨损和损坏。在此期间应检查各连接件有无松动、有无漏油等现象,检查汽油机有无敲击声和其他不正常响声,如果发现有不正常现象应立即检查排除。

④低速运转后,逐渐旋转调压手柄,使压力指示器指示到要求的工作压力,顺时针旋转调压轮,压力增加;逆时针旋转调压轮,压力降低。

⑤用清水进行试喷,观察各接头处有无渗漏现象,喷雾状况是否良好。

3.喷雾作业操作

将吸液管滤网组件放入药箱,手持喷枪向待喷雾园林植物进行喷雾,喷雾过程中要不断抖动喷枪,保证喷雾均匀。

工作中,用调压阀调节泵的工作压力时,一般由低压向高压调节,当需要由高压向低压调节时,应在旋松调压轮的同时将减压手柄反复扳动几次,以缩短滞后时间,达到正常压力。

工作中,压力表指示的压力如果不稳定,应立即停机检查。

4.结束作业

结束喷雾作业后,使汽油机低速运转3~5 min,然后关闭汽油机熄火开关,切断点火线路,使汽油机停车。

5.日常维护

①每次工作后,为防止机具腐蚀,须用清水继续运行数分钟,以清洗泵和管道内残留腐蚀性液体,防止药液残留内部腐蚀机件,然后再脱水运转数分钟,排尽泵内残余积水。

②卸下吸水滤网组件和喷雾胶管,打开出液开关;将调压阀减压,旋松调压手轮,使调压弹簧处于自由松弛状态,并擦洗机组外表污物。

★ 巩固训练

1.技能训练要求

熟悉担架式机动喷雾机构造,掌握工作前的准备、启动汽油机操作、喷雾作业操作、结束作业和日常维护操作。

2.技能训练内容及步骤

①启动汽油机操作;

②喷雾作业操作;

③结束作业;

④日常维护操作。

★ 知识拓展

1.液泵使用维护保养

①新泵使用前应按油标尺最高油位加足(约420 g)清洁的润滑油(用柴油机机油),并给气室充足空气(0.5~0.6 MPa,此值约等于用新气筒打气30次以上),充气完毕后,将气嘴帽与

气嘴旋紧,以防漏气。启动液泵,旋转调压轮,使调压阀处于加压状态,然后在 1.0 MPa 压力下运动 1 h,方可转入正常工作压力运行。

②泵内润滑油每季度或连续使用 100 h 左右,必须更换一次,换油时先旋下油杯盖与放油塞,将污油放净,然后从加油口处灌入煤油或柴油并反复转动泵轴,将内部污垢洗净,再灌入清洁的规定牌号润滑油。

③泵内运动件(活塞、滑块、偏心轴、抗磨片)每经拆装一次,应在 0.5～1.0 MPa 压力下运行 2 h,方可转入正常工作。

2. 存放和保管注意事项

①清除表面尘土、油污。

②放尽泵内残余积水,防止天寒冻裂机件。

③顶开空气室气嘴的气门芯,放出压缩空气,使空气室隔膜处于无气压状态。

④旋松调压阀的调压轮,使调压弹簧处于自由状态。

⑤将泵内的旧机油放净,并用煤油或轻柴油清洗泵内油腔和运动件,然后加满新的规定牌号的润滑油。

⑥卸下三角皮带、喷枪、喷雾胶管、喷杆、混药器、吸水滤网等,清洗干净并晾干。能悬挂的最好悬挂起来存放。

⑦应存放在阴凉干燥通风的机库内,并避免与酸、碱靠近。

★ 自我评价

评价项目	技术要求	分值	评分细则	评分记录
工作前的准备	掌握喷药前的准备内容,正确进行喷药前的准备	10分	完成喷药前准备的所有内容,得 15 分,在规定时间内完成 5 分,否则适当扣分	
启动汽油机操作	掌握启动汽油机操作	20分	正确完成启动汽油机操作得 15 分,在规定时间内完成得 5 分,否则适当扣分	
喷雾作业操作	掌握喷雾操作方法,正确进行喷雾操作	30分	完成给定的喷雾操作任务得 10 分,操作方法正确得 10 分,在规定时间内完成得 10 分,否则适当扣分	
结束作业	掌握结束作业操作	10分	正确完成结束作业操作得 15 分,在规定时间内完成得 5 分,否则适当扣分	
日常维护保养	掌握日常维护保养内容,正确进行日常维护保养操作	20分	正确完成日常维护保养操作得 15 分,在规定时间内完成得 5 分,否则适当扣分	
安全操作常识	掌握安全使用常识,能够进行安全操作	10分	能够进行安全操作得 10 分,否则适当扣分	

任务 4 背负式动力喷雾机的使用与维护

【学习目标】

1.熟悉背负式动力喷雾机的构造和安全操作常识。

2.掌握背负式动力喷雾机运行前的操作。

3.掌握背负式动力喷雾机配制和添加燃油。

4.掌握背负式动力喷雾机启动汽油机。

5.掌握背负式动力喷雾机喷雾作业。

6.掌握背负式动力喷雾机结束作业。

7.掌握背负式动力喷雾机日常维护操作。

【任务分析】

本任务主要是熟悉背负式动力喷雾机构造和安全操作常识,掌握运行前的操作、启动汽油机操作、喷洒作业、结束作业和日常维护操作。

首先熟悉背负式动力喷雾机构造和安全操作常识,掌握运行前的操作内容、启动汽油机操作方法、喷雾作业操作方法、结束作业方法和日常维护操作内容。

在此基础上,掌握运行前的操作、启动汽油机操作、喷洒作业、结束作业和日常维护操作。各环节的操作方法是实际操作的基础,初学时应严格按照要求进行操作。

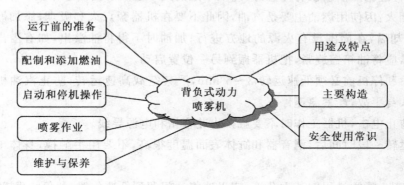

★ 基础知识

1.用途、特点及技术参数

背负式动力喷雾机是一种轻便、灵活、耐用、效率高、安全性高的植保机械,其结构新颖、外形美观,具有背负舒适、喷雾均匀等特点。不仅适用于小麦、玉米、棉花、水稻、果树、花卉、蔬菜、园林绿植等各种植物的加湿、喷雾,还可用于医院、卫生防疫、畜牧场、仓库等卫生消毒喷洒等方面。

2.主要结构

背负式动力喷雾机主要由发动机、柱塞泵、药箱、油箱、喷洒部件和背负装置六大部分组成,如图7-5所示。

(1)发动机　是喷雾机的动力来源,通过离合器减速机构、偏心轮与柱塞泵相连,其底部与机架相连。

(2)柱塞泵　是该机的核心部分,发动机通过减速后驱动柱塞泵运转,使药液产生压力。

(3)药箱　药箱与机架设计为一体,上部为药箱,下部为机架,主要用于支撑发动机与柱塞泵。

(4)油箱　油箱上部与药箱紧密地贴合在一起,下部两个支架与底部相连。

(5)喷洒部件　主要由胶管组合、手把开关、长喷杆和喷头用来完成喷洒工作。

(6)背负装置　包括背带和背垫,用泡沫塑料制作,震动小且背负柔软舒适。

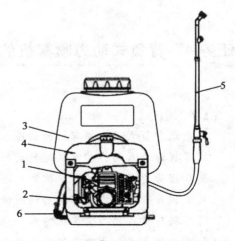

图7-5　3WZ-25型背负式动力喷雾机构造

1.发动机　2.柱塞泵　3.药箱

4.油箱　5.喷洒部件　6.背负装置

3.安全使用常识

①下列人员不得进行喷洒作业:有严重疾病的人或精神病患者;醉酒的人;未成年人或年老体弱的人;无操作知识的人;劳累过度受外伤、有病正在吃药的人或因其他原因不能正常操作的人;刚进行过剧烈活动没有休息好,睡眠不足的人不要从事喷洒工作。

②严禁烟火:因使用燃油主要是汽油,因此不要在机器旁点火和吸烟;添加燃油时必须停机,待机体冷却后,在周围没有火源的地方进行;加油时不得将油溢出,如有溢出应仔细擦干净,加完油后,应将油箱盖旋紧,把机器搬到另一位置启动。

③启动后和停机前必须低速运转3~5 min,严禁空载高速运转,防止汽油机飞车造成零部件损坏和人身事故,严禁急速停车。

④为了防止电击,机器工作时不要触摸火花塞帽和电源导线。

⑤机器运转一段时间后,消音器和缸体表面温度很高,不要用手触摸,身体不要靠近汽油机,以防烫伤。

⑥喷洒作业:喷洒过程中若无药液,应迅速将油门调到低速位置,并停止发动机;不能用于喷洒40℃以上的热水、苯、汽油、涂料等;喷洒药剂最好在早上和下午凉爽无风的天气进行,这样可减少农药的挥发和漂移,提高防治效果;喷洒人员若不慎将农药溅入嘴里或眼里,应立即停止作业,并请医生治疗;喷洒作业时,如有头痛、眩晕等感觉时,应立即停止作业,并请医生治疗;为确保人身安全,请严格按农艺要求进行施药,严禁使用不允许喷洒作业的各种剧毒农药;喷洒结束后,药箱中的残留药液应按农药说明书规定方法进行处理;工作结束后,操作人员必须及时洗脸、洗手、漱口,并对各类穿戴衣具进行清洗。

★ 工作步骤

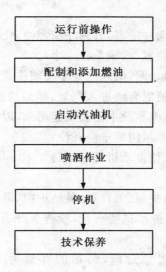

1. 运行前的操作

①喷洒部件的连接：将喷头、长喷杆、手把开关、胶管组合依次连接，然后旋入出水接头，拧紧。检查各部件安装是否正确、牢固，见图7-6。

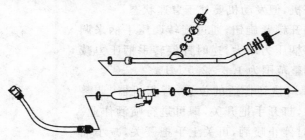

图7-6 喷洒部件的连接

②新机器或封存的机器，首先要排除缸体内封存的机油，排除方法是：卸下火花塞，用左拇指堵住火花塞孔，用力拉启动器绳，将机油排出。

③检查火花塞跳火情况，一般蓝火花为正常。

④检查空滤器是否清洁，如不清洁将影响进气，严重影响发动机的性能。

2. 配制和添加燃油

3WZ-25型背负式动力喷雾机的发动机为二行程汽油机，使用的燃料为汽油和机油的混合油，汽油牌号90号以上，机油为二冲程汽油机专用机油，不得使用规定以外的汽油和机油。使用随机配有加油瓶进行混合油配制，加油量按瓶上的刻度配制混合油，摇匀后注入油箱。加油时，注意不得将滤网拿掉，以防脏物进入油箱。加油时，若溅到油箱外面，请擦拭干净，不要加油过满，以防止溢出，如有燃油溢出要擦干净，注入燃油时要注意防火。加注燃油后，请把油箱盖拧紧，防止作业过程中燃油溢出。

3. 启动汽油机

①开始喷洒前,要关紧手把开关,添加药液,药箱内无药液禁止启动发动机。

②将调压旋钮调到"0"位置。

③用手指连续按化油器的启动注油器,直到注满燃油,化油器有油流出为止。

④将油门操纵手柄置于启动位置(约调量程一半)。

⑤调整阻风门,冬天第一次启动时,阻风门处于关闭位置,热机启动时应处于全开位置。

⑥用手轻拉启动器3～5次,使混合油进入汽缸,然后快速拉启动器启动发动机。启动器回缩时应该用手轻轻放回,切不可突然放手使其快速回缩,以防损坏启动器。

⑦发动机启动后再慢慢地将阻风门置于全开位置。

⑧调整油门手柄到适当位置,使发动机低速运转3～5 min,然后再进行喷洒作业。

4. 喷雾作业

(1)着装准备　作业时要穿防护服、戴口罩、戴防护帽、戴劳保手套、防护眼镜和耳塞。

(2)清水试喷　加药液前,用清水试喷一次,检查各处有无渗漏,如有故障需排除后再加药液。

(3)加药液　加液时不可过急过满,药箱的容量为25 L,药箱一侧有5 L、10 L、15 L、20 L的刻度线,加液时可做参考。要确保药液经过药箱内的滤网,以防异物进入药箱内,造成机械故障,或堵塞喷嘴;加液后药箱盖必须旋紧,以免漏液;加液可不停机,但发动机要处于怠速状态。

(4)压力调整　松开锁紧旋钮,通过旋转调压手柄来调整压力;顺时针旋转手柄压力增大,逆时针旋转手柄压力减小,在高速时压力的调整范围为1.2～2.5 MPa。

(5)喷洒　将背带调整到合适的位置,背起机器,调整油门开关,调整好压力,打开手把开关,即可进行喷洒作业。作业过程中如需要暂时停止喷洒,可关上手把开关,减小油门使发动机低速运转,柱塞泵停止工作。喷洒药液时应注意:手把开关开启后,应立即用手摆动喷杆,严禁停留在一处喷洒,以防引起药害;操作者一定要侧向逆风喷洒,喷杆上仰15°左右;喷洒过程中,左右摇动喷杆,以增加喷幅;前进速度与摆动速度适当配合,以防漏喷影响作业质量;使用喷枪喷洒时,手柄左旋时,射程减小;手柄右旋时,射程增大,如图7-7所示。

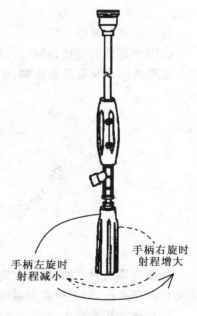

手柄左旋时射程减小　手柄右旋时射程增大

图7-7　喷枪调整方法

(6)喷洒时注意遇到下列情况不能喷洒　1059/1605等剧毒农药不能喷洒;风速超出3级(5 m/s)以上,因风大药剂损失大不能喷洒;作物表面有雨水和露水时,因细小的雾粒比重大,遇到作物上的水滴后就会流入地下面,不能喷洒;只能喷洒液体,不能用来喷洒颗粒肥料等固体。

5. 结束作业操作

作业完毕后打开排水口盖,放出残液,再将盖子旋紧。用清水清洗药箱,然后低速喷出,以便清洗机器内部与药液接触的零部件。使汽油机低速运转3～5 min后,按下停车开关熄火。

6.日常保养

①清理机器表面的油污和灰尘；

②用清水洗刷药箱，并擦拭干净；

③检查各连接处是否漏水、漏油，并及时排出；

④检查各部螺钉是否松动、丢失，若有时及时旋紧或补齐；

⑤保养后的机器应放在干燥通风处，勿近火源，避免日晒；

★ 巩固训练

1.技能训练要求

熟悉背负式动力喷雾机的构造，明确安全使用注意事项，掌握运行前的操作、启动汽油机操作、喷洒作业、结束作业和日常维护操作。

2.技能训练内容及步骤

①运行前的操作；

②配制和添加燃油；

③启动汽油机；

④喷洒作业；

⑤结束作业；

⑥日常维护操作。

★ 知识拓展

1.背负式动力喷雾机的技术保养

除日常保养外还应定期做好以下保养：

(1)每使用 24 h 从黄油嘴注入润滑脂(黄油)一次。

(2)工作 50 h 以后清除火花塞积炭，将间隙调整到 0.6～0.7 mm(图 7-8)；清除缸体燃烧室、排气口积炭。清除消音器，进排气口积炭；拆下空滤器，将滤网等放入汽油或煤油清洗干净。

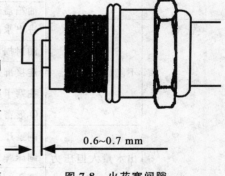

0.6~0.7 mm

图 7-8 火花塞间隙

2.柱塞泵的维护保养

柱塞泵使用 1 年后，拆开左右进出水室将阀套、支承套取出，取下油封、O 形密封、毛毡圈，清洗后更换油封。O 形密封圈，涂上润滑脂，重新装好。

3.长期保存

①用清水冲洗药箱，启动发动机，冲洗泵体内部的零件及管子。清洗干净后将水排净，将机器擦干净。旋下胶管、喷杆等，擦干净，装入干净的塑料袋中保存。

②放尽油箱和化油器内的燃油，关闭阻风门，拉启动器 3～5 次。

③取下火花塞，从火花塞孔向缸体内加适量机油，并轻拉启动器 2～3 次，然后装上火花塞。

④从泵体后盖孔中注入适量润滑脂。

⑤各种塑料件不要暴晒，不得磕碰，挤压。

⑥整机用塑料罩盖好，放入干燥通风处。

4．背负式动力喷雾机的故障及排除方法

背负式动力喷雾机的故障及排除方法见表7-2。

表7-2　背负式动力喷雾机的故障及排除方法

故障现象		故障原因	排除方法
汽油机部分	启动失败	未按燃油注油器	连续按动
		燃油混入了水	更换燃油
		火花塞积炭或击穿	更换火花塞
		高压线与火花塞接触不良	检查
	汽油机能启动但不能高速运转	阻风门没有全打开	打开
		燃油混合比不正确	重新混合燃油
		燃油可能有水	更换燃油
	汽油机运转但功率不足	空气滤清器的滤芯可能被脏物堵塞	检查并清除
		缸体排气口和消音器可能被积炭堵塞	清除
		活塞、活塞环、缸体严重磨损	更换
		燃油过滤器可能被脏物堵塞	清除
		机身或轴端漏油漏气	更换油封
	汽油机运转过程中熄火	燃油烧尽	加燃油
		高压线脱落	检查并安上
		火花塞积炭或击穿	更换火花塞
		燃油过滤器被脏物堵塞	清除
		燃油可能有水	更换燃油
		油箱盖进气孔可能被脏物堵塞	清除
喷雾部件	不能出水	进出水阀损坏或异物卡死	更换或清除异物
		油封损坏	更换
		连接部分密封不良	检查排除
		柱塞卡死或磨损	检查
		O形密封圈损坏	更换
	出水量大但压力不足	调整压力低	高压力
		调压弹簧弹力不足	更换
		调压阀阀座磨损	更换
		调压阀堵塞	清除
	压力足出水量小	柱塞磨损	更换
		柱塞行程不足	更换
		进出水阀部分磨损	更换
		喷洒部件管路部分堵塞	清除
	喷雾雾化不均匀	喷片孔径磨损	更换
		喷洒部件管路部分堵塞	清除
		调整压力低	调高压力

★ 自我评价

评价项目	技术要求	分值	评分细则	评分记录
运行前的操作	掌握运行前的操作内容,正确进行运行前的操作	10 分	在规定时间内正确完成运行前的操作,得 10 分,否则适当扣分	
配制和添加燃油	掌握配制和添加燃油操作	10 分	在规定时间内正确完成配制和添加燃油操作,得 10 分,否则适当扣分	
启动汽油机操作	掌握启动汽油机操作	20 分	在规定时间内正确完成启动汽油机操作得 10 分,否则适当扣分	
喷雾作业操作	掌握喷雾操作方法,正确进行喷雾操作	30 分	在规定时间内完成给定的喷雾操作任务得 20 分,操作方法正确得 10 分,否则适当扣分	
结束作业	掌握结束作业操作	10 分	正确完成结束作业操作得 10 分,否则适当扣分	
日常维护保养	掌握日常维护保养内容,正确进行日常维护保养操作	10 分	在规定时间内正确完成日常维护保养操作得 10 分,否则适当扣分	
安全操作常识	掌握安全使用常识,能够进行安全操作	10 分	能够进行安全操作得 10 分,否则适当扣分	

任务 5　割灌机的使用与维护

【学习目标】

1. 熟悉割灌机类型、构造和安全操作要求。
2. 掌握割灌机操作前检查。
3. 掌握割灌机启动发动机。
4. 掌握割灌机割灌操作。
5. 掌握割灌机停机操作。
6. 掌握割灌机日常保养。

【任务分析】

本任务主要是熟悉割灌机的类型和主要构造,明确安全操作要求,掌握操作前检查、启动发动机、割灌操作、停机操作和日常保养。

首先熟悉割灌机的类型和主要构造,明确安全操作要求,掌握操作前检查内容、启动发动机操作步骤、割灌操作方法、停机操作方法和日常保养内容。在此基础上,掌握操作前检查、启动发动机、割灌操作、停机操作和日常保养。各环节的操作方法是实际操作的基础，初学时应严格按照要求进行操作。

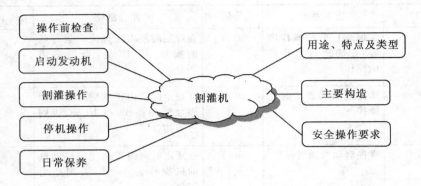

★ 基础知识

割灌机又称割草机、打草机、除草机，是指用于杂草清除、低矮小灌木的割除和草坪边缘修剪的机械。可广泛用于园林绿化、庭院维护、公路清理、森林防火等相关作业，具有重量轻，结构紧凑，操作方便，使用可靠，维修简单等优点。

1. 类型

割灌机根据动力不同，分为电动割灌机和汽油机割灌机。电动割灌机主要用于庭院等电源方便的地方，针对于大多数园林作业作业点分散、电源难以保证等特点，割灌作业多采用以汽油机为动力的汽油机割灌机。根据传动方式不同分为软轴传动割灌机和硬轴传动割灌机。硬轴割灌机杆长，工作范围大，一般用于在较开阔的地方去除灌木、杂草或修枝；软轴割灌机较硬轴割灌机工作范围要小，但使用方便，操作者可以在任意范围使用，特别适用于坡地或工作区域有局限的场合。

2. 主要构造

目前园林作业广泛应用的硬轴汽油机割灌机，主要由汽油发动机、传动部件、工作部件、操纵装置和背挂部分组成(图7-9)。

(1)汽油发动机　为割灌机工作提供动力，机型不同有的采用二冲程汽油机，有的采用四冲程汽油机。

(2)传动部件　由自动离心式离合器、传动轴和减速器等组成。自动离合器的主动盘与发动机曲轴相连。传动轴借橡胶含油轴承安装在套管内，后端与离合器被动盘组成一体，前端与减速器小锥形齿轮相连。工作时，当发动机达到一定转速时，离合器自动接合，动力通过离合器被动盘、传动轴和减速器带动工作部件旋转。当发动机怠速运转时，离合器处于分离状态，发动机运转，而工作部件不运转，当工作部件阻力过大时，离合器打滑，防止因过载而损坏机件。

(3)工作部件　割灌机的工作部件有多种形式，有尼龙绳、活络刀片、二齿、三齿、四齿刀片、多齿圆锯片等。在锯除灌木和修打枝杈时，使用多齿锯片，而在割除杂草、修剪草坪或切边时，多采用尼龙绳，工作环境好没有石块等杂物也可用活络刀片。

(4)操纵装置和背挂部分　操纵装置包括手把、油门控制器、开关等，用于操纵割灌机的运

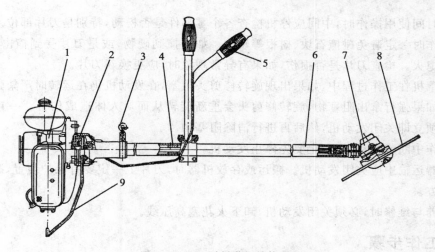

图 7-9 DG₂ 型割灌机结构图

1.发动机部分　2.离合器部分　3.背带挂钩　4.传动轴及含油轴承
5.操纵手柄　6.传动轴管　7.减速器组件　8.工作部件　9.支架

动和调整发动机转速及停机等,背挂部分主要由背带、防护垫等组成,用于背挂机器。

3.安全操作要求

①禁止在室内启动发动机和使用割灌机。

②加油前须关闭发动机,严禁在发动机运转时加油,严禁在室内添加燃料;严禁加油时吸烟。工作中热机无燃油时,应停机 3 min,发动机冷却后再加油,且油料不能溢出,如果溢出了,应擦拭干净。添加完燃油后,应旋紧燃料容器盖并且检查是否漏油,如果有漏油出现,在启动发动机前必须修好以预防发生火灾;启动割灌机时保证与易燃物品的安全距离不得小于1 m。

③注意怠速的调整,应保证松开油门后刀头不能跟着转。

④严禁在没有肩挎吊带和防护罩的情况下使用割灌机。

⑤工作时应穿工作服和戴相应劳保用品,如头盔、防护眼镜、手套、工作鞋等。

⑥为了确保安全,操作时不要急躁,不要疲劳作业。

⑦启动发动机的时候一定要将割灌机刀片或尼龙绳离开地面或有障碍的地方。

⑧严禁使用刀片已经磨钝、弯曲、有裂缝或者变颜色及螺母已经磨损或者损坏的机器,不要用锯片切割超过 2 cm 灌木。

⑨空负荷时应将油门扳到怠速或小油门位置,严禁在空载下全速运转发动机。

⑩在作业点周围应设立危险警示牌,以提醒人们注意,无关人员最好远离 15 m 以外,以防抛出来的杂物或刀片破坏伤害他们。

⑪在修剪之前,必须先将工作区的杂物清理干净;修剪过程中不要让刀片碰到石头、树干等其他东西,严禁将刀片切入地面。

⑫操作中一定要紧握手把,为了保持平衡应适当分开双脚。

在有人员通过的地方剪草,必须使用低速或者减速、小油门运转,严禁使用全速。

⑬雨天为了防止滑倒,不要进行作业;大风或大雾等恶劣天气时也不要进行作业。

⑭长时间使用操作时,中间应停机检查各个零部件是否松动,特别是刀片部位。

⑮操作时一定避免碰撞石块、树根等硬物。如碰撞到硬物,或是刀片受到撞击时,应立即将发动机熄火。检查刀片是否损伤,如果有异常现象时,应更换新刀片。

⑯剪草机在工作过程中,如果出现旋转修剪头阻塞,在发动机仍在运转时严禁强行拿出阻塞之物。如果强行拿出阻塞物,旋转修剪头会重新旋转从而对人体造成伤害。一旦旋转修剪头阻塞必须立即关闭发动机,然后再进行清除阻塞物。

⑰操作中断或移动时,一定要先停止发动机。

⑱机器运输中应关闭发动机。搬运或存放机器时,刀片上一定要有保护装置,搬动时要使刀片向前方。

⑲保养与维修时,必须关闭发动机,卸下火花塞高压线。

★ 工作步骤

1. 操作前检查

①检查各部分的螺栓和螺母是否松动,特别是检查刀片安装螺母,刀盘护罩螺栓是否松动,如果需要,必须拧紧。

②检查空气滤清器滤芯的污物,发现有污物应进行清洗。

③检查油箱、油管、化油器等处是否漏油,如有应排出。

④自油箱外部检查燃油面,如果燃油面低,加燃油至上限。以二行程汽油机为动力的割灌机燃油必须采用汽油与二冲程机油的混合油,按汽油与机油为 25∶1 的混合比配制,绝不能使用纯汽油;以四行程汽油机为动力的割灌机燃油必须采用纯汽油,绝不能使用混合油。

⑤修剪头检查:采用刀片作业时刀片一定要装正,并检查刀片是否有裂纹、缺口、弯曲和磨损,如需要应及时进行更换;检查刀盘护罩是否损坏,如需要,进行更换;采用尼龙头作业时应控制尼龙丝长度小于 15 cm;用手转动修剪头检查是否有偏转或者异常的声音,偏转或者声音异常将会导致操作中异常振动或使割草机的连接发生松动,在操作中时非常危险。

⑥检查背挂装置的挂钩位置是否合适,背带长度是否合适,如果需要应调整。

⑦检查工作区域内有无电线、石头、金属物体及妨碍作业的其他杂物。

2. 启动发动机

①启动发动机之前必须确认修剪头没有和地面及其他物体接触。

②将点火开关置于开始位置。

③按压注油泵数次,直到可以看到回油管内有油时为止。

④冷态启动时将阻风阀置于关闭位置,热态启动阻风阀置于开启位置。

⑤轻轻拉启动器手柄,直到感到有阻力再用力拉,然后逐渐放回启动器手柄,直到听见第一次发动机启动的声音。

⑥启动后,先低速运行几分钟,随着发动机温度升高,把阻力风阀逐渐移到打开位置。

3. 割灌操作

(1)摆动式剪草操作方法　工作时,背好割灌机,双手紧握手把左右摆动,修剪区域为以操作者为中心的圆弧,根据负荷大小,随时改变手油门的开度,使发动机转速适应实际负荷的需要。摆动时应倾斜修剪头,即向左摆动尼龙线修剪头时,修剪头左侧略低于右侧,向右摆动尼龙线修剪头时,修剪头右侧略低于左侧,如果将修剪头倾斜错了方向,将会产生修剪不断草,当草较高时可能会引起修剪头缠草,既影响修剪效果又影响修剪效率。摆动修剪头时要平稳运动,并根据草的长势确定摆动的速度,即草密时摆动速度要相对慢一些,草稀时可相对快一些,摆动过程中要保证切割部分高度基本一致,以获得好的修剪效果。此种剪草方式适用于在较大的区域内剪草。使用起来工作平稳,工作效率高。

(2)沿角剪草操作方法 将修剪头稍微倾斜从一侧移向被修剪的草,然后沿边的方向移动修剪头,完成修剪,按此种方式往前推进时,如果剪草的方向靠近障碍物必须小心谨慎,例如,篱笆、墙或树,当距离障碍物很近时,剪下的草屑会沿着一个角度撞到障碍物折射开来,缓慢地移动修剪头直到能够将障碍物附近的草全部剪去,但不要撞到障碍物。草较高时应在草的底部进行修剪,修剪头严禁抬高,抬高将会使杂草绕到修剪头上。

4.停机操作

修剪完毕后,将油门调至最低点,待刀盘停止运转后将机器轻放于地上,按停止键停机。

①松开油门,让发动机怠速运转 3～5 min。

②把点火开关扳至停止位置,停机。

③在不使用机器时,请将点火线和火花塞断开,这样才能确保在不使用时或者中间离开时不会被启动。

5.日常保养

①在通风处放空汽油箱,然后启动发动机,直至发动机自动熄火,以彻底排净燃油系统中的汽油。

②检查是否有螺钉松动和缺失。

③彻底清洁整台机器,特别是汽缸散热片和空气滤清器;还要将刀片固定座打开,将里面的草渣清理干净,并用干布将齿轮盒及操作杆擦干净。

④润滑割灌机各润滑点。

⑤机器放置在干燥、安全处,以防无关人员接触。

⑥欲长期放置时,应充分清洁各部位,金属部分应涂上一薄层润滑油。

★ 巩固训练

1.技能训练要求

熟悉割灌机的类型和主要构造,明确安全操作要求,掌握操作前检查、启动发动机、割灌操作、停机操作和日常保养。

2.技能训练内容及步骤

①操作前检查;

②启动发动机;

③割灌操作;

④停机操作;

⑤日常保养。

★ 知识拓展

1. 割灌机的保存

①如果连续 3 个月以上不使用割灌机,则要按以下方法保管。

②在通风处放净汽油箱内汽油,并清洁。

③启动发动机,直到以动机自动熄火,以彻底燃尽燃油系统中的汽油。

④拆下火花塞,向汽缸内加入少量机油,拉动启动器 2～3 次,再装上火花塞。

⑤彻底清洁整台机器,特别是汽缸散热片和空气滤清器。

⑥润滑割灌机各润滑点,刀片表面应涂上一薄层润滑油。

⑦机器放置在干燥、安全处保管,以防无关人员接触。

2. 割灌机维护与保养

割灌机定期维护保养是充分发挥机器性能,减少故障、延长使用寿命的重要环节。

(1)空气滤清器 空气滤清器每使用 25 h 去除灰尘,灰尘大应更频繁。泡沫滤芯的清洁采用汽油或洗涤液和清水清洗,挤压晾干,然后浸透机油,挤去多余的机油即可安装。安装方法是:

①关闭阻风门,脱开倒钩,取下盖和空气滤清器。

②小心刷掉滤清器上的污物,必要时可使用不可燃清洁剂。不要清洗中间滤清器(毡)。安装前确认滤清器已完全干燥。

③重新装上空气滤清器,并使倒钩扣上。

(2)更换燃料过滤器 燃料滤清器(吸油头)每 25 h 去掉杂质,每年要进行更换。方法是:从油箱用一根铁丝或者铁丝一样的工具把燃料过滤器钩出,将旧的拖出,安装新的燃料过滤器。

(3)清洁消声器 消声器每使用 50 h,应卸下消声器,清理排气口和消声器出口上的积炭,并将消声器里的沉积物清理干净,然后拧紧螺栓。

(4)检查火花塞 火花塞每使用 25 h 要进行保养,如出现发动机功率不足、启动困难等时,首先应检查火花塞,清理电极上的油污和积炭。方法是:

①拆卸火花塞。

②检查火花塞电极间隙。正确的火花塞间隙应当是 0.6～0.7 mm,必要时调整。

③检查电极是否磨损。

④检查绝缘体是否有油或者其他沉淀物进入。

⑤根据实际使用情况决定是否更换火花塞,然后旋紧火花塞,并将火花塞插头紧紧压在火花塞上。

(5)减速箱 每隔 25 h 给减速箱补充润滑脂,同时给传动轴上部与离合碟的结合处加注润滑脂。

★ 自我评价

评价项目	技术要求	分值	评分细则	评分记录
操作前检查	掌握操作前检查内容,正确操作前检查操作	20 分	在规定时间内正确完成操作前检查操作,得 20 分,否则适当扣分	
启动发动机	掌握启动发动机操作	20 分	在规定时间内正确完成启动发动机操作得 20 分,否则适当扣分	
割灌操作	掌握割灌操作方法,正确进行割灌操作	30 分	在规定时间内完成给定的割灌操作任务得 20 分,操作方法正确得 10 分,否则适当扣分	
停机操作	掌握停机作业操作	10 分	正确完成停机作业操作得 10 分,否则适当扣分	
日常维护保养	掌握日常维护保养内容,正确进行日常维护保养操作	10 分	在规定时间内正确完成日常维护保养操作得 10 分,否则适当扣分	
安全操作常识	掌握安全使用常识,能够进行安全操作	10 分	能够进行安全操作得 10 分,否则适当扣分	

项目 8 育苗、无土栽培设施及设备

任务 1 无土栽培设施的使用与维护

【学习目标】

1. 了解无土栽培设施的类型及在生产上的应用;掌握无土栽培设施的结构、性能。

2. 学会无土栽培设施的建造技术。

【任务分析】

本任务主要是在掌握无土栽培设施结构、性能及应用的基础上,能够结合生产实际建造使用无土栽培设施(图 8-1)。

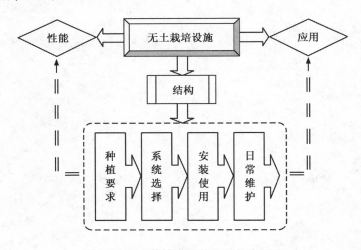

图 8-1 无土栽培设施使用任务分析图

★ 基础知识

1. 无土栽培的特点和应用

(1)无土栽培的优点 近年来无土栽培在各地发展十分迅速,其原因就是无土栽培与普通土壤栽培相比有其独特的优越性。无土栽培的优越性具体表现在如下几方面:

①避免土壤连作障碍。随着农村产业结构的调整,保护地蔬菜栽培发展迅猛。由于对保护设施的周年多茬次综合利用,同一种蔬菜频繁连作,极易导致土壤连作障碍,如盐渍化、酸化、土壤板结等,土传病害也一年比一年严重。而传统的处理方法,如换土、土壤消毒、灌水洗盐等都有很大的局限性。通过无土栽培可有效地解决土壤连作障碍问题。在土传病害、土壤污染与土壤退化严重的地区,尤其适宜采用无土栽培方式。

②提高蔬菜品质。无土栽培能更好地满足植物根系对环境的要求,能做到按植物生长发育规律供应养分,因而与土壤栽培相比,无土栽培蔬菜的商品品质、风味品质、营养品质都明显提高。

③省肥、省水、省工。土壤栽培的肥料利用率只有50%左右。反硝化作用、氨的挥发、水分淋溶等会使氮肥损失50%。磷肥很大一部分会与铁、铝、钙等离子结合形成磷酸盐沉淀,不能被植物吸收,利用率只有20%~30%。钾肥更容易随灌溉水和地面径流而损失。肥料的不均衡损失还导致土壤溶液中各种元素含量不平衡。而无土栽培的养分比例适宜,所有营养元素均呈水溶状态,多数无土栽培系统的营养液循环利用,不存在营养元素被土壤固定的问题,因而营养物质利用率可达到90%~95%。

无土栽培不需要进行土壤耕作、施肥、除草等田间操作,病虫害防治操作也相对较少,并能逐步实现机械化和自动化,因而劳动强度低,劳动效率高,可节省大量人力。

无土栽培是在人工控制下通过营养液供应水肥,大大减少了土壤栽培中水肥的渗漏、流失、挥发,可节水70%以上。

④提高蔬菜产量。无土栽培蔬菜的产量远远高于土培。

⑤病虫害少,生产过程可实现无公害化。无土栽培多是在与外界环境相对隔绝的保护性设施中进行的,而且不与土壤接触,因而病虫害轻微,种植过程中可少施或不施农药。也没有水源中的重金属和其他污染物的污染问题。无杂草,不用喷除草剂。肥料利用率高,不会对环境造成污染。

⑥充分利用土地资源。无土栽培对土地没有特别的要求,在荒山、荒地、河滩、海岛,甚至沙漠、戈壁等难以进行传统农业耕作的地方都可以进行无土栽培。打破了植物对土壤的依赖。在人口密集、农用土地稀少的大都市,可以充分利用房屋的屋顶、阳台等空间来进行无土栽培种植植物,这对于缓和日益严重的耕地问题有着深远意义。

⑦实现农业现代化。无土栽培是一种受控农业生产方式,人类可以在一定程度上对植物的生长发育进行精密的量化控制,从而使农业生产向着自动化、机械化和工厂化方向发展,逐步走向工业化。

(2)无土栽培的缺点 无土栽培有不可比拟的优越性,也有不足之处,只有全面认识,扬长避短,才能充分地发挥其优势。

①投资较大。只有具备一定设施才能进行无土栽培,而且设施的一次性投资巨大。

②技术要求较高。无土栽培过程的营养液配制、供应、调控技术较为复杂,要求管理人员必须具备相应的知识背景,有较高的素质。

(3)无土栽培的应用范围 下列情况最适宜采用无土栽培方式进行生产:

①用于生产无公害蔬菜。随着人民生活水平的提高和健康意识的增强,无公害蔬菜需求量越来越大,无土栽培是目前公认的生产无公害蔬菜的最好方式。

②在土壤连作障碍严重的保护地应用。一些老菜区的温室中土壤连作障碍严重,蔬菜产

量、品质下降，病虫害严重。可采用一些投资较少的简易无土栽培方式栽培蔬菜，近年来的实践证明，这是一种彻底解决土壤连作障碍问题的有效途径。

③在不适宜土壤耕作的地方应用。在沙漠、荒滩、礁石岛等偏远地区，可通过无土栽培的方式生产蔬菜，满足需要。

④用于家庭园艺。普通城市居民可利用小型无土栽培装置，利用家庭阳台、楼顶、居室等空间种植蔬菜。既可缓解无公害蔬菜供需矛盾，还能美化居住环境，适应人们返璞归真、回归自然的心理。在办公室、大厅等室内空间栽培，可美化环境，缓解人们的精神压力。

2. 无土栽培的分类

无土栽培的分类方式很多（图 8-2），但大体上可分为两类：一类是用固体基质来固定根部的；另一类是不用固体基质固定根部的。此外，也有按照供液方式的不同来进行分类的，但是，相同的基质却有不同的供液方式，容易造成混乱，按基质的有无和种类来分类较为实用。

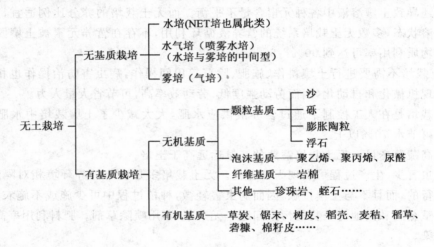

图 8-2　无土栽培方式的分类

3. 水培及设备

水培是指植物根系直接与营养液接触，不用基质的栽培方法。水培根据其营养液液层的深度、设施结构和供氧、供液等管理措施的不同，可划分为两大类型：一是营养液液层较深、植物由定植板或定植网框悬挂在营养液液面上方，而根系从定植板或定植网框深入到营养液中生长的深液流水培技术（deep flow technique，DFT），也称深液流技术；二是营养液液层较浅，植株直接种在种植槽内，根系在槽底生长，大部分根系裸露在潮湿空气中，而营养液成一浅层在槽底流动的薄层营养液膜技术（nutrient film technique，NFT）。它的原理是使一层很薄的营养液（0.5～1 cm）不断循环流经作物根系，既保证不断供给作物水分和养分，又不断供给根系新鲜 O_2，解决了 DFT 生产过程中的根际缺氧问题。NFT 法栽培作物，灌溉技术大大简化，不必每天计算作物需水量，营养元素可均衡供给。根系与土壤隔离，可避免各种土传病害。它不用固体基质，只要维持浅层的营养液在根系周围环流动，就可较好地解决根系呼吸对氧的需求。NFT 使设备的结构轻便简单，大大降低了生产成本。

（1）薄层营养液膜技术（NFT）　NFT 的设施主要由种植槽、贮液池、营养液循环流动装置3 个主要部分组成（图 8-3）。此外，还可以根据生产实际和资金的可能性，选择配置一些其他辅助设施,如浓缩营养液灌及定量吸肥泵,营养液加温、冷却、消毒装置等。

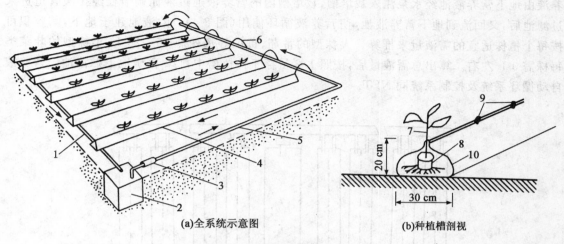

(a)全系统示意图　　　　　　　　(b)种植槽剖视

图 8-3　NFT 设施组成示意图

1.回流管　2.贮液池　3.泵　4.种植槽　5.供液主管　6.供液支管
7.苗　8.育苗钵　9.夹子　10.聚乙烯薄膜

①种植槽。大株型作物如黄瓜、番茄的种植槽要有一定的坡降(约 1 : 75),为使营养液从高端流向低端比较顺畅,槽底要平滑,不能有坑洼,以免积液。小株型作物种植密度应增加,才保证单位面积产量,坡降比例高低不同,营养液流速不同,应根据不同作物调节供液量。

②贮液池。其容量以足够整个种植面积循环供液之需为度。对大株型作物贮液池一般设在地平面以下,以便营养液能及时回流到贮液池中,其容积按每株 3～5 L 计算;对于小株型作物,其容积一般按每株 1～1.5 L 计算。增加贮液量有利于营养液的稳定,但投资也相应增加。

③供液系统。主要由水泵、管道、滴头及流量调节阀门等组成。水泵应选用耐腐蚀的自吸泵或潜水泵,水泵的功率大小应与种植面积和营养液循环流量相匹配。管道均应采用塑料管道,以防止腐蚀。安装管道时,应尽量将其埋于地面以下,一方面方便作业,另一方面避免日光照射而加速老化。

④其他辅助设施。由于 NFT 种植槽中的液层较浅以及整个系统中的营养液总量较少,所以在种植过程中,营养液管理比较复杂,特别是气温较高,植株较大时,营养液浓度及其他一些理化性质变化较快,采用人工方法调控比较困难,通常增加一些辅助设施进行自动化控制。辅助设施主要有供液定时器、电导率(EC)和 pH 自控装置、营养液温度控制装置和安全报警装置。EC、pH、温度等自动调节装置的产品质量要稳定可靠、灵敏性好,要经常检测其是否失灵,以免影响作物生长。

(2)深液流技术(DFT)　这种栽培方式与薄层营养液膜技术(NFT)的不同之处是流动的营养液层较深(5～10 cm),植株部分根系浸泡在营养液中,其根系的通气靠向营养液中加氧来解决。这种系统的优点是缓冲能力较强,解决了在停电期间 NFT 系统不能正常运转的困难。该系统的基本设施包括:栽培槽、贮液池、水泵、营养液自动循环系统及控制系统、植株固定装置等部分。砖砌的水泥种植槽宽度一般为 80～100 cm,连同槽壁外沿不宜超过 150 cm,以便操作和防止定植板弯曲变形、折断等,目前还开发了用聚苯板连接而成的栽培槽,宽度为 30～

60 cm。无论何种栽培槽,槽内均铺设塑料膜以防止营养液渗透,槽上盖 2 cm 厚的泡沫板。营养液由地下营养液池经水泵注入栽培槽,栽培槽内的营养液通过液面调节栓经排液管道进入过滤池后,又回流到地下营养液池,使营养液循环使用(图 8-4)。贮液池建于地下,其容积可按每个植株适宜的需液量来推算。大株型的番茄、黄瓜等每株需 15~20 L,小株型的叶菜类每株需 3 L 左右。算出总需液量后,按照 1/2 量存于种植槽中,1/2 存于地下贮液池。营养液自动循环系统及控制系统同 NFT。

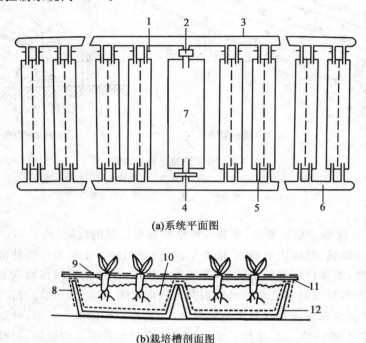

(a)系统平面图

(b)栽培槽剖面图

图 8-4　简易 DFT 生菜栽培系统示意图
1.手动阀　2.水泵　3.进液管　4.过滤池　5.液面调节栓　6.回液管　7.地下营养液池
8.塑料薄膜　9.塑料育苗钵　10.营养液　11.泡沫板　12.栽培槽

(3)动态浮根系统(DRF)　动态浮根系统是指栽培床内进行营养液灌溉时,作物根系随着营养液的液位变化而上下浮动。营养液达到设定深度后,栽培床内的自动排液器将超过深度的营养液排出去,使水位降至设定深度。此时上部根系暴露在空气中可以吸氧,下部根系浸在营养液中不断吸收水分和养分,不会因夏季高温而降低营养液中溶解氧浓度,可以满足植物的需要。动态浮根系统由栽培床、营养液池、空气混入器、排液器与定时器等设备组成。

(4)浮板毛管水培系统(FCH)　浮板毛管水培系统有效地克服了 NFT 和 DFT 的缺点,根际环境条件稳定,供养充分,液温变化小,不会因临时停电影响营养液的供给。该系统已在番茄、辣椒、芹菜、生菜等作物上应用,效果良好,并以推广应用。

浮板毛管水培系统由栽培床、贮液池、循环系统和控制系统 4 部分组成。栽培槽由聚苯板连接成长槽,一般长 15~20 cm,宽 40~50 cm,高 10 cm,安装在地面同一水平线上,内铺 0.08 mm 厚的聚乙烯薄膜。营养液深度为 3~6 cm,液面漂浮 1.25 cm 厚的聚苯板,宽度为 12 cm,板上覆盖亲水性无纺布(50 g/m²),两侧延伸入营养液内。通过毛细管作用,使浮板始终保持湿润,作物的气生根生长在无纺布的上下两面,在湿气中吸收氧。秧苗栽在有气孔的育苗钵中,置于定植板的孔内,正好把行间的浮板夹在中间,根系从育苗钵的孔中伸出时,一部分根就伸到浮板上,产生气生根毛吸收氧(图 8-5)。栽培床一端安装进水管,另一端安装排液管,进水管处顶端安装空气混合器,增加营养液的溶氧量,这对刚定植的秧苗很重要。贮液池与排水管相同,营养液的深度通过排液口的垫板来调节。一般在幼苗刚定植时,栽培床营养液深度为 6 cm,以后随着植株生长,逐渐下降到 3 cm 左右。这种设施使吸氧和供液都得到协调,设施造价便宜,相当于营养液膜系统的 1/3。

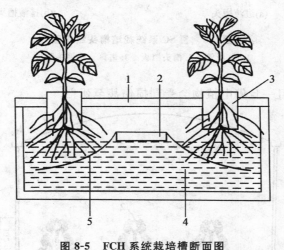

图 8-5　FCH 系统栽培槽断面图
1.定植板　2.浮板　3.定植板　4.营养液　5.无纺布

(5)鲁 SC 系统　鲁 SC 系统是山东农业大学研究开发的无土栽培系统,在山东、新疆等地区有应用。由于在栽培槽中填入 10 cm 厚的基质,因此也称为"基质水培法"。该系统设有栽培槽、贮液池、供排管道系统和供液时间控制器、水泵等。栽培槽有土壤制槽体和水泥制槽体两种。栽培槽长 2～3 cm,呈倒三角形,高与上宽各 20 cm。土制槽内铺 0.1 mm 聚乙烯膜,槽中部放垫箅、铺防虫网等作衬垫,然后在其上填 10 cm 基质,基质以下空间供根生长及营养液流动,槽两端设进液槽头及排液槽头(图 8-6)。栽培槽距为 1.0～1.2 m,果菜株距为 20 cm,每天定时供液三四次。贮液池用砖抹高标号水泥砌成,每立方米容积可供 80～100 m² 栽培面积使用。该系统 10 cm 基质既可固定根系,还具有缓冲作用,栽培效果良好。

4.喷雾栽培(雾、气培)及设备

喷雾栽培也叫做雾培或气培,它是利用喷雾装置将营养液雾化,植物的根系在封闭黑暗的根箱内,悬空于雾化后的营养液环境中。黑暗的条件是根系生长必需的,以免植物根系受到光照滋生绿藻,封闭也有利于保持根系环境的温度。例如,用 1.2 m×2.4 m 的聚苯乙烯泡沫塑料板栽培莴苣,先在板上按一定距离打孔作为定植孔,然后将泡沫板竖立成 A 字形状,使整个封闭系统呈三角形。

喷雾管设在封闭系统内地面上,在喷雾管上按一定的距离安装喷头(图 8-7)。喷头的工作有定时器控制,如每隔 3 min 喷 30 s;将营养液由空气压缩机雾化成细雾状喷到作物根系,根系各部位都能接触到水分和养分,生长良好,地上部也健壮高产。由于采用立体式栽培,空间利用率比一般栽培方式提高 2～3 倍,栽培管理自动化,植物可以同时吸收氧、水分和营养。

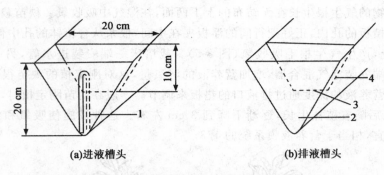

(a)进液槽头　　　　　　　　　**(b)排液槽头**

图 8-6 鲁 SC 系统栽培槽头结构图
1. 虹吸管　2. 槽头挡板　3. 垫箅　4. 槽头隔板

雾培系统成本很高,而且一旦停电植物会受到损伤甚至死亡。

图 8-7 喷雾栽培示意图
1. 塑料薄膜　2. 聚苯板　3. 雾化喷头

5.基质栽培及设备

在基质无土栽培系统中,固体基质的主要作用是支持作物根系及供给作物一定的水分及营养元素。基质栽培方式有槽培、袋培、岩棉培等,通过滴灌系统供液。供液系统有开路系统和闭路系统,开路系统的营养液不循环利用,而闭路系统的营养液则循环利用。由于闭路系统的设施投资较高,营养液管理复杂,因而在我国目前的条件下,基质栽培主要采用开路系统。与水培相比较,基质栽培缓冲性强,栽培技术比较容易掌握,栽培设施易建造,成本也低,因此世界各国的无土栽培中,其面积均大于水培,我国更是如此。

(1)对基质的要求　用于无土栽培的基质种类很多,主要分为有机物和无机物两大类,可根据当地的基质来源,因地制宜加以选择。尽量选用原料丰富易得、价格低廉、理化性状好的材料作为无土栽培的基质。无土栽培对基质物理化学性状的要求是:

①具有一定大小的粒径。基质的粒径会影响容重、孔隙度、空气和水的含量。按照粒径大小可分为:0.5~1 mm,1~5 mm,10~20 mm,20~50 mm。可以根据栽培作物种类、根系生长特点、当地资源状况加以选择。

②具有良好的物理性状。基质必须疏松,保水、保肥又透气。一般情况下,对蔬菜作物比

较理想的基质,其粒径最好为 0.5~10 mm,总孔隙度>55%,容重为 0.1~0.8 g/cm³,空气容积为 25%~30%,基质的水汽比为 1∶(2~4)。

③具有稳定的化学性状。要求基质本身不含有害成分,不使营养液发生变化。基质的化学性状主要指 pH、电导率(EC)、缓冲能力、盐基代换量(CEC)等。pH 反应基质的酸碱度,它会影响营养液的 pH 及成分变化,基质 pH 最好在 6~7。EC 是指基质未加入营养液之前,本身具有的电导率,反应基质内部已经电离的盐类溶液浓度,直接影响营养液的成分和作物根系对各种元素的吸收。缓冲能力反应基质对肥料迅速改变 pH 的缓冲能力,缓冲能力越强越好。

CEC 是指基质的阳离子代换量,即在一定 pH 条件下,基质含有可代换性阳离子的数量,以 100 g 基质代换吸收阳离子的毫克当量数(meq/100 g 基质)来表示。高盐基代换量基质会对营养液的组成产生很大影响,一般有机基质如树皮、锯末、草炭等可代换的物质多;无机基质中蛭石可代换物质较多,而其他惰性基质可代换物质就很少。

在无土栽培中,可使用单一基质,也可将几种基质混合使用,因为单一机制的理化性状并不能完全符合上述要求,混合基质如搭配得好,理化性状可以互补,更适合作物生育要求,在生产中被广泛采用。

(2)基质栽培的几种设备类型

①槽培。槽培是将基质装入一定容积的栽培槽中以种植作物。可用砖砌槽框抹水泥建造永久性的栽培槽,也可用木板做成半永久性栽培槽,但目前应用较为广泛的是在温室地面上直接用砖垒成栽培槽。为了降低生产成本,也可就地挖成沟槽再铺薄膜做成。总的要求是防止渗透并使基质与土壤隔离,通常可在槽底铺两层塑料薄膜。

栽培槽的大小和形状取决于不同作物,例如,番茄、黄瓜等蔓生作物,通常每槽种植两行,以便于整枝、绑蔓和收获等田间操作,槽宽一般为 0.5 m(内径)。对某些矮生作物可设置较宽的栽培槽,进行多行种植,只要方便田间管理就可。栽培槽的深度以 15~20 cm 为好。槽的长度可由灌溉能力(保证对每株作物提供等量的营养液)、温室结构以及田间操作所需走向等因素来决定。槽的坡度至少应为 0.4%,这是为了获得良好的排水性能,如有条件,还可在槽的底部铺设一根多孔的排水管。

常用的槽培基质有沙、蛭石、锯末、珍珠岩、草炭与蛭石混合物等。一般在基质混合之前,应加一定量的肥料作为基肥。例如草炭 0.4 m³,炉渣 0.6 m³,硝酸钾 1.0 kg,蛭石复合肥 1.0 kg,消毒鸡粪 10.0 kg。混合后的基质不宜久放,应立即使用,因为久放以后一些有效养分会流失,基质的 pH 和 EC 值也会有变化。

基质装槽后,布设滴灌管,营养液可由水泵泵入滴灌系统后供给植株(图 8-8),也可利用重力法供液(图 8-9),不需动力。

②袋培。袋培除了基质装在塑料袋中以外,其他与槽培相似。袋子通常由抗紫外线的聚乙烯薄膜制成,至少可使用 2 年。在光照较强的地区,塑料袋表面应以白色为好,以利反射阳光并防止基质升温。相反,在光照较少的地区,袋表面应以黑色为好,利于冬季吸收热量,保持袋中的基质温度。

袋培的方式有两种:一种叫做开口筒式袋培,每袋装基质 10~15 L,种植一株作物;另一种叫做枕头式袋培,每袋装基质 20~30 L,种植两株作物。无论是筒式装培还是枕式装培,袋的底部或两侧都应该开两三个直径为 0.5~1.0 cm 的小孔,以便多余的营养液从孔中流出,防止沤根。由于袋培的方式相当于容器栽培,互相隔开,所以供液滴头一旦堵塞又没能及时发

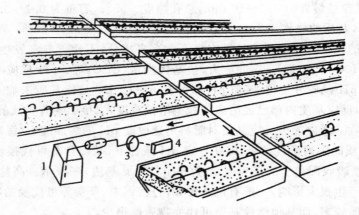

图 8-8　槽培系统和滴灌装置(水泵供液系统)示意图
1.营养液罐　2.过滤器　3.泵　4.计时器

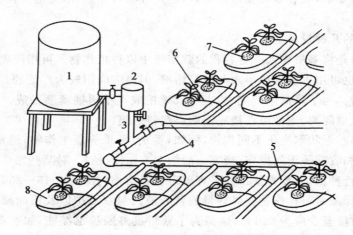

图 8-9　番茄袋培重力法供液滴灌系统示意图
1.营养液罐　2.过滤器　3.主管　4.支管　5.毛管　6.水阻管　7.滴头　8.枕式栽培袋

现,这一袋(或筒)作物不能得到水肥供应就会萎蔫或死亡,因此生产上已很少应用。它的优点是因彼此隔开,根系病害不以传播蔓延。

③岩棉栽培。岩棉是由辉绿岩、石灰石和焦炭在 1 600 ℃高温下熔融抽丝而成,农用岩棉在制造过程中加入了亲水剂,使之易于吸水。开放式岩棉栽培营养液灌溉均匀、准确,一旦水泵或供液系统发生故障有缓冲能力,对作物造成的损失也较小。岩棉是国外(荷兰最多)基质栽培广泛应用的材料。

岩棉栽培用岩棉块育苗。作物种类不同,育苗用的岩棉块大小也不同,一般番茄、黄瓜采用 7.5 cm×7.5 cm×7.5 cm 的岩棉块。除了上下两面外,岩棉块的四周要用黑色塑料薄膜包上,以防止水分蒸发和盐类在岩棉块周围积累,还可以提高岩棉块温度。种子可以直播在岩棉块中。也可将种子播在育苗盘或较小的岩面块中,当幼苗第一片真叶出现时,再移到大岩棉块中。定植用的岩棉块中。定植用的岩棉垫一般长 70~100 cm,宽 15~30 cm,高 7~10 cm,岩棉垫应装在塑料袋内,制作方法与枕头是袋培相同。定植前在袋上面开两个 8~10 cm 见方的定植孔,每个岩棉垫种植2株作物,如图8-10所示。定植前先将温室内土地整平,为了增加冬季温室的光照,可在地上铺设白色塑料薄膜,以利用反射光既避土传病害。放置延绵垫时要稍向一面倾斜,并在倾斜方向把包岩棉的塑料袋钻两三个排水孔,以便将多余的营养液排出,防止沤根(图8-11)。

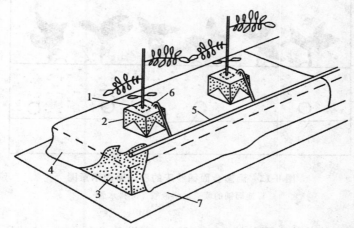

图 8-10 岩棉垫栽培示意图

1. 岩棉块播种(栽苗)孔   2. 岩棉块(侧面包黑膜)   3. 岩棉垫
4. 黑白双面膜(厚膜)   5. 滴灌管   6. 滴头   7. 衬垫膜(白色)

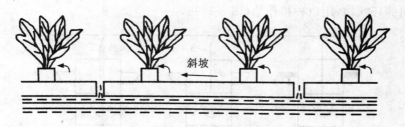

图 8-11 岩棉栽培示意图(纵断面)

在栽培作物之前,用滴灌的方法把营养液滴入岩棉垫中,使之浸透,一切准备工作就绪以后,就可定植作物。岩棉栽培的主要作物是番茄、甜椒和黄瓜,每块岩棉垫上定植2株。定植后即把滴灌管固定到岩棉块上,让营养液从岩棉块上往下滴,保持岩棉块湿润,以促使根系在岩棉块中迅速生长,这个过程需7~10 d。当作物根系长入岩棉垫以后,可以把滴灌的头插到岩棉垫上,以保持根茎基部干燥,减少病害。

④沙培。以色列人在生产实践中开发了一种完全使用沙子作为基质的、适于沙漠地区的开放式无土栽培系统。在理论上这种系统具有很大的潜在优势:沙漠地区的沙子资源极其丰富,不需从外部运入,价格低廉,也不需每隔一两年进行定期更换,是一种理想的基质。

沙子可用于槽培,然而在沙漠地区,一种更方便、成本又低的做法是:在温室地面上铺设聚乙烯塑料膜,其上安装排水系统(直径5 cm的聚氯乙烯管,顺长度方向每隔45 cm环切1/3,切口朝下),然后再在塑料薄膜上填大约30 cm厚的沙子(图8-12),如果沙子较浅,将导致基质中湿度分布不均,作物根系可能会长入排水管中。用于沙培的温室地面要求水平或者稍微有点坡度,同时向作物提供营养液的各种管道也必须相应地安装好。对栽培床排出的溶液须经常测试,若总盐浓度大于 3 000 mg/L,则必须用清水洗盐。

图 8-12　温室全面铺沙床的沙培断面示意图
1.地面铺的膜　2.供液管　3.排水管

　　⑤立体栽培。立体栽培主要种植一些如生菜、草莓等矮秧作物,依其所用材料又分为柱状栽培和长袋状栽培。

　　柱状栽培的栽培柱采用石棉水泥管或硬质塑料管,在管四周按螺旋位置开孔,植株种植在孔中的基质中。也可采用专用的无土栽培柱,栽培柱由若干个短的模型管构成,每一个模型管上有几个突出的环状物,用以种植作物(图 8-13)。

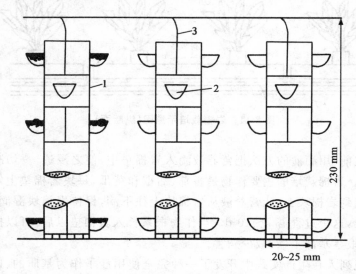

图 8-13　柱状栽培示意图
1.水泥管　2.种植孔　3.滴灌管线

　　长袋状栽培是柱状栽培的简化。这种装置除了用聚乙烯袋代替硬管外,其他与柱状栽培相同。栽培袋采用直径 15 cm、厚 0.15 cm 的聚乙烯膜,长度一般为 2 m,内装栽培基质,装满后将上下两端系紧,然后悬挂在温室中。袋子的周围开一些 2.5～5 cm 的孔,用以种植作物

（图 8-14）。

　　无论是柱状栽培还是长袋栽培，栽培柱或栽培袋均挂在温室上部的结构上，行间的距离为 0.8～1.2 m。水和养分的供应是用安装在每个柱或袋顶部的滴灌系统进行的，营养液从顶部灌入，向整个栽培袋渗透。营养液不循环利用，从顶端渗透到袋的底部，即从排水孔中排出。每月要用清水洗盐一次，以清除积累过多的盐分。

　　立柱式盆钵无土栽培是将一个个定型的塑料盆装填基质后上下叠放，栽培孔交错排列，保证作物均匀受光。供液管道由顶部自上而下供液（图 8-15）。

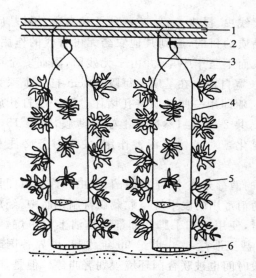

图 8-14　长袋状栽培示意图
1.养分管道　2.挂钩　3.滴灌管　4.塑料袋
5.孔中生长的植物　6.排水孔

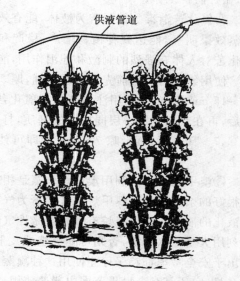

图 8-15　立柱式盆钵无土栽培示意图

★ 工作步骤

1.基质消毒

　　基质在长时间使用后，尤其在连作的情况下，会聚集病菌和虫卵，一般在栽培一茬蔬菜之后，如果无严重病虫害，则可再种一茬，以降低生产成本。但若发现有病虫害，在收获后应进行基质消毒。

2.基质消毒的方法

　　（1）蒸汽消毒　此法简单易行，安全可靠，缺点是需要专用设备，成本高，操作不便。蒸汽消毒的方法是将基质装入柜内或箱内，用通气管通入蒸汽进行密闭消毒。一般在 70～90℃条件下持续 30 min 即可。在进行蒸汽消毒时要注意每次消毒的基质体积不可过多，否则处于内部的基质中的病菌或虫卵不能被完全杀灭。另外，消毒时基质含水量应控制在 35%～45%，过湿或过干都可能降低消毒效果。生产面积较大时，可将基质堆至适当高度，用防水防高温的布盖住，通入蒸汽，灭菌效果良好，也比较安全。

　　（2）化学药剂消毒　化学药剂消毒是指利用一些对病原苗和虫卵有杀灭作用的化学药剂

如甲醛(福尔马林)、溴甲烷、漂白剂(次氯酸钠或次氯酸钙)等来进行基质消毒的方法。一般而言,化学药剂消毒的效果不及蒸汽消毒好,且对操作人员身体不利,但此法操作简单,成本较低。

①甲醛消毒。40%的甲醛俗称福尔马林,是良好的杀菌剂,但杀虫效果较差。通常是每立方米培养土用40%甲醛(福尔马林)400~500 mL,稀释50倍后均匀撒上,然后把土堆积。上盖塑料薄膜,密封5~7 d后去掉薄膜,将基摊开,暴晒2 d以上,或风干2周,直至基质中没有甲醛气味后方可使用。操作过程中,由于甲醛会挥发出强烈的刺鼻气味,工作人员必须戴上口罩,做好防护工作。

②氯化苦消毒。氯化苦为液体,能有效地杀灭线虫、昆虫、一些杂草种子和真菌。对基质熏蒸效果明显,能达到种植物增产、稳产和改善品质的目的,起到其他农药无可替代的作用。氯化苦对人体有强烈的刺激和催泪作用,能警示人而不至于中毒,并由于无残留,因而安全可靠。使用氯化苦消毒前先把基质平铺,厚30 cm,长宽自定。在基质上每隔30 cm打一个深为10~15 cm的孔,每孔用注射器注入氯化苦5 mL,随即用一些基质将孔堵住。第一层打孔放药后,再在其上平铺一层同样厚的基质,打孔放药,共2~3层,然后盖上塑料薄膜,保温15~20℃,7~10 d后揭膜,晾7~8 d后即可使用。氯化苦对人体有毒害作用,使用时务必注意安全。

③溴甲烷消毒。利用溴甲烷熏蒸是相当有效的消毒方法,对于病原菌、线虫和许多虫卵具有很好的杀灭效果。溴甲烷在常温下为气态,作为消毒用的溴甲烷是贮藏在特制钢瓶中、经加压液化的液体。但溴甲烷有强烈刺激性气味,剧毒,使用时如手脚和面部不慎沾上溴甲烷,要立刻用大量清水冲洗,否则可能会造成皮肤红肿,甚至溃烂。20世纪90年代起,世界各国政府出于安全考虑都趋于停止使用这种熏蒸剂,前段时间也被联合国环境规划署叫停。但是,时至今日,它还是在全世界范围内普遍使用。溴甲烷是一种消耗臭氧层的物质,根据《蒙特利尔议定书哥本哈根修正案》,发达国家于2005年淘汰,发展中国家也将于2015年淘汰。

槽式基质培用溴甲烷消毒时可在原种植槽中进行。方法是:将种植槽中的基质翻松,然后在基质面上铺上一根管壁上开有小孔的塑料施药管道(可利用基质上原有的滴灌管道),盖上塑料薄膜,用泥土或其他重物将薄膜四周密闭,用特别的施入器将溴甲烷通过施药管道施入基质中,按每立方米基质用溴甲烷10~30 g的量施入,封闭3~5 d后,打开塑料薄膜让基质暴露于空气中4~5 d,以使基质中残留的溴甲烷全部挥发。袋式基质栽培在消毒时要将种植袋中的基质倒出来,剔除植物残根后将基质堆成一堆,然后在堆体的不同高度用施药的塑料管插入基质中施入溴甲烷,施完后立即用塑料薄膜覆盖,密闭3~5 d之后,将基质摊开,暴晒4~5 d后方可使用。用溴甲烷消毒时,基质的湿度要控制在30%~40%,太干或过湿都将影响到消毒的效果。

④高锰酸钾消毒。高锰酸钾是一种强氧化剂,只能用在石砾、粗沙等没有吸附能力且较容易用清水冲洗干净的惰性基质上消毒,而不能用于泥炭、木屑、岩棉、蔗渣和陶粒等有较大吸附能力的活性基质或者难以用清水冲洗干净的基质,因为这些基质能吸附高锰酸钾,会直接毒害作物,或造成植物的锰中毒。

高锰酸钾消毒的方法是,先配制好浓度约1/5 000的溶液,将要消毒的基质浸泡在此溶液10~30 min,然后将高锰酸钾溶液排掉,用大量清水反复冲洗干净即可。

高锰酸钾溶液也可用于栽培槽、管道、定植板和定植杯的消毒,消毒时也是先浸泡,然后用清水冲洗。消毒时要注意高锰酸钾的浓度不可过高或过低,否则消毒效果不好,浸泡时间一般控制在 $40\sim60$ min,时间过长会在消毒的物品上留下黑褐色的锰沉淀物,这些沉淀物再经营养液浸泡之后会逐渐溶解并对植物造成不利影响。

⑤次氯酸钠或次氯酸钙消毒。这两种清毒剂溶解在水中时会产生氯气,杀灭病菌。次氯酸钙是一种白色固体,俗称漂白粉,在使用时用含有有效氯 0.07% 的溶液浸泡无吸附能力或易用清水冲洗的基质或其他水培设施和设备 $4\sim5$ h,然后用清水冲洗干净。次氯酸钙不可用于具有较强吸附能力或难以用清水冲洗干净的基质上。

次氯酸钠的消毒效果与次氯酸钙相似,但性质不稳定,没有固体商品出售,条件或技术许可时,一般可利用大电流电解饱和氯化钠(食盐)的次氯酸钠发生器来制得次氯酸钠溶液,每次使用前现制现用。使用方法与次氯酸钙溶液消毒相似。

⑥威百亩。威百亩是一种水溶性熏蒸剂,对线虫、杂草和某些真菌有较强的杀伤作用。使用时每升威百亩加 $10\sim15$ L水稀释,然后喷洒在 1 m³ 基质上,覆盖薄膜密封,15 d后可使用。

(3)太阳能消毒　蒸汽消毒比较安全但成本较高;药剂消毒成本较低但安全性较差,并且会污染环境。太阳能是近年来应用较普遍的一种廉价、安全、简单、实用的基质消毒方法。

于高温季节,把基质堆至 $20\sim25$ cm高,长宽视具体情况而定。堆放的同时喷湿基质,使其含水量达到 80%,然后覆盖塑料薄膜。如是槽培,可将基质铺在栽培槽中,加水后覆盖薄膜。密闭温室或大棚,提高温度,10~15 d后即可完成消毒,效果良好。

3.基质的更换

基质使用 $1\sim3$ 年后,各种病菌、作物根系分泌物和烂根等大量积累,基质物理性状变差,特别是有机残体为主体材料的基质,由于微生物的分解作用使得这些有机残体的纤维断裂,从而导致基质通气性下降,保水性过高,这些因素会影响作物生长,因而要更换基质。

使用基质进行无土栽培也提倡轮作,如前茬种植番茄,后茬就不应种植辣椒、茄子等茄科蔬菜,可改种瓜类蔬菜。消毒方法大多数不能彻底杀灭病菌和虫卵,轮作或更换基质才是更保险的方法。

更换下来的旧基质要妥善处理以防对环境产生二次污染。难以分解的基质如岩棉、陶粒等可进行填埋处理,而较易分解的基质如泥炭、蔗渣、木屑等,可经消毒处理后,配以一定量的新材料后反复使用,也可施到农田中作为改良土壤之用。

★ 巩固训练

1.技能训练要求

熟悉无土栽培系统的构成,了解无土栽培系统系统不同部分的设备的类型和功能。掌握正确的操作使用方法。

2.技能训练内容

①各种无土栽培系统系统及其组成设备的所在位置、总体要求、技术参数、各系统基本组成。

②各种无土栽培系统系统基本操作、使用注意事项、动态演示操作及维护保养方法。

3.技能训练步骤

①实地考察各种类型的无土栽培系统系统,判断其类型,有何特点。

②了解无土栽培系统所在位置、系统基本组成。了解设备总体要求、技术参数。

③绘制1～2种有代表性的无土栽培系统的构成示意图,调查其应用情况。

④在技术人员指导下进行动态演示操作,并观察其工作过程。

⑤在技术人员指导下掌握基本操作方法和维护保养方法。

★ 自我评价

评价项目	技术要求	分值	评分细则	得分
识别无土栽培系统	能正确识别无土栽培系统不同部分的设备的名称和特点	30分	不能识别常见无土栽培系统设备扣20分; 不了解特点扣10分	
掌握基本操作方法	能正确使用无土栽培系统	40分	操作方法不正确扣40分; 操作方法不规范扣20分	
掌握基本维护保养方法	能对无土栽培系统进行基本维护	30分	不能对无土栽培系统进行基本维护扣30分	

任务2　工厂化育苗设施及设备的使用与维护

【学习目标】

1. 了解园艺作物工厂化育苗的设施与主要设备,掌握园艺作物工厂化育苗的管理技术。

2. 学会工厂化育苗的技术。

【任务分析】

本任务主要是在掌握工厂化育苗的设施类型、性能及应用的基础上,能够结合生产实际建造使用工厂化育苗设施(图8-16)。

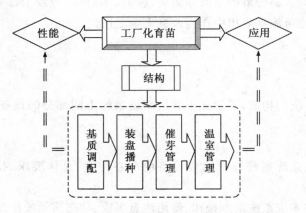

图8-16　工厂化育苗设施使用任务分析图

★ 基础知识

1. 工厂化育苗的设施

工厂化育苗一般使用穴盘育苗,穴盘育苗是指用穴盘作育苗容器,以草炭、蛭石等为育苗基质的一种无土育苗方式。由于所用育苗盘是分格的,播种时一穴一粒,成苗时一穴一株,植株根系与基质紧密结合在一起,根培呈上大下小的塞子状。工厂化穴盘育苗技术是指以草炭、蛭石等育苗基质,采用机械化精量播种技术,一次成苗而无需分苗的现代化育苗体系。

穴盘育苗省时、省工、省力,适于工厂化、商品化生产,苗的质量显著提高。穴盘苗的苗龄虽短,但由于基质、营养液等均实行科学配方,规范化管理,一次成苗,所以苗的质量高,根系发达,茎粗壮,叶片厚,生活力强。穴盘苗根系与基质紧密缠绕,不易散落,不伤根系。定植后缓苗快,适宜远距离运输和机械化移栽,定植成活率可达 100%。

工厂化育苗的设施包括播种车间、催芽室、育苗温室和种苗包装车间、仓库等附属用房。

(1)播种车间　播种车间是进行园艺作物播种的主要场所。播种车间内的主要设备是播种流水线,或是用于播种的机械设备。在播种车间的设计中,要根据育苗工厂的生产规模、播种流水线规格等合理确定播种车间的面积和高度,而且要注意空间使用中的分区,使基质搅拌、播种、催芽、包装、搬运等操作互不影响,有足够空间进行操作;可以与包装车间连为一体,便于种苗的搬运,提高播种车间的空间利用率。播种车间一般与育苗温室相连接,但是不应影响育苗温室的采光。播种车间目前多以轻型结构钢和彩色轻质钢板建造,可实现大跨度结构,提高空间利用率。播种车间应安排给排水设备,大门的高度应在 2.5 m 以上,便于运输车辆的进出。

(2)催芽室　工厂化育苗时,还需要有催芽室。由于穴盘育苗是将颗粒或丸化种子直接播进穴盘里,为了保证种子能迅速、整齐地萌发,通常先把浇透水的穴盘放进催芽室催芽,将盘与盘呈"十"字形摆放在床架上,催芽室要保持较高的温度和湿度。当苗盘中 60% 左右的种子出芽,少量拱出基质表层时,即可把苗盘转入育苗温室。

催芽室多以密闭性、保温隔热性能良好的材料建造,常用材料为彩钢板,设计为小单元的多室配置,每个单元以 20 m² 为宜,一般应设置 3 套以上。催芽室设计的主要技术指标为:温度和相对湿度可控制和调节相对湿度 75%～90%,温度 20～35℃,气流均匀度 95% 以上。主要配备加温系统、加湿系统、风机、新风回风系统、补光系统以及微电脑自动控制器等;由铝合金散流器、调节阀、送风管、加湿段、加热段、风机段、混合段、回风口、控制箱等组成。

(3)育苗温室　育苗温室是幼苗绿化、生长发育和炼苗的主要场所,是工厂化育苗的主要生产车间。育苗温室应满足种苗生长发育所需要的温度、湿度、光照、水肥等条件,一般选用玻璃温室或者连栋塑料大棚。育苗温室设施设备的配置高于普通栽培温室,除了配置通风、降温和加温系统外,还应装备苗床、帘幕、补光、水肥灌溉、自动控制等特殊系统设施,保证种苗的高效生产。

2. 工厂化育苗的主要设备

(1)精量播种设备　工厂化育苗的精量播种设备一般用搅拌机、自动上料装填机、压穴装置、精量播种机、覆土设备、喷淋灌溉设备等组成整个流水线;流水线各工序间自动行进,基质搅拌、装盘、压穴、播种、覆盖、喷水等六道工序一次完成。整个播种系统由微电脑控制,可对流水线播种速度、传动速度、喷水量等进行自动调节,一般每小时可播种 100～1 200 盘。精量播种机是精量播种流水线的核心部分,常用的有滚筒式、真空吸附式等类型,此外还有震颤式、送料式等类型。真空吸附式播种机对种子粒径大小没有严格要求,可直接播种,但价格较贵,效率低。机械转动式播种机对种子粒径的大小和形状要求比较严格,播种之前必须把种子包衣丸化(在种子表面包裹肥料、农药等物质,做成大小一致的丸粒),但价格便宜,效率较高。

(2)育苗环境控制系统

①温度控制系统。设施内温度的调控包括加温、保温和降温3个方面,温度调控要求达到能维持适宜园艺作物幼苗生育的设定温度,温度的空间分布均匀,时间变化平稳。

加温方式有热风采暖、热水采暖和土壤加温3种。热风采暖系统又分为热风炉直接加热空气和蒸汽热交换加热空气两种;热水采暖主要是采用锅炉加热水后通过管道和散热器散热;土壤加温有酿热物加温、电热加温和水暖加温3种方法。降温有遮光降温、屋面流水降温、蒸发冷却降温和通风降温等方法。

②光照控制系统。育苗中光照控制系统分补光和遮光两类。

补光系统是育苗室补充光照的系统,育苗室室内对光照的要求一是光照充足,二是作为光合作用的能源,补充自然光照的不足。目前人工补光的光源是电光源。园艺作物苗期对光照的要求主要是光强和光质,补光系统的光源大多采用高压钠灯,并选用具有适合配光曲线的反光罩提高补光效果。用于人工补光的主要点光源及太阳光的辐射特性见表8-1,高压钠灯中以高显色高压钠灯在400～700 nm波长范围的转化率较高。

表 8-1　主要电光源及太阳光的辐射特性

光源	可见光/%	紫外线/%	红外线/%	热损耗/%	发光效率/(lm/W)
白炽灯	6	—	75	19	8～18
荧光灯	22	2	33	43	65～93
高压汞灯	14.8	18.2	15	52	50
氙灯	10～13	9.7	51.5	34	20～45
高压钠灯	30	0.5	20	49.5	125
太阳光	45	9	46	—	

遮光也有两个目的:一是减弱园艺设施内的光照强度,二是降低设施内的温度。遮光材料主要有遮阳网、无纺布、苇帘、竹帘等,可以在设施内张挂,也可以在设施的外面张挂。

③湿度控制系统。设施内的环境湿度包含空气湿度和土壤湿度两个方面,空气湿度的调控主要是防止作物沾湿以及调节设施内空气湿度。降低湿度的主要方法有通风换气、加热除湿、地膜覆盖、适当控制灌水和使用除湿机等。增加湿度的主要方法有喷雾加湿和湿帘加湿两种。在育苗设施环境调控中,基质湿度的调控是最重要、最严格的,在利用灌溉和施肥系统浇灌营养液的同时,相应完成基质含水量的调控。

④CO_2补充系统。园艺设施如塑料大棚、温室棚,是相对封闭的环境,CO_2浓度白天低于外界,为增强设施内园艺作物的光合作用,需适量补充CO_2,为了控制CO_2浓度,需在温室内安装CO_2气体传感器等设备。

⑤计算机控制与管理系统。工厂化育苗生产是一个复杂的系统,除了受到生物和环境中众多因子的制约外,也与市场状况和生产决策密切相关。各个子系统间的运行与协调,环境的控制与管理,只有通过计算机系统才能实现精准控制和优化管理的目标。

通过网络信息技术,构建种苗室温计算机远程监控系统,可以满足异地种苗生产的监理和管理需求。控制系统采用现场总线架构,智能节电将检测到的温室环境因子、作物生长状况等参数数字化,并完成相关的控制功能。中央控制室采集需要的数据,通过有线(电话线或局域网)或无线连接到互联网上,使得管理者可远程对被控对象实施监测、查询和管理,并利用网络上的丰富资源,实现园艺设施环境的精准控制。

(3)种苗灌溉设备 灌溉和施肥系统是种苗生产的核心设备,通常包括水处理设备、贮水及供水系统、灌溉和施肥设备等。

①水处理设备。根据水源的水质不同选用不同的水处理设备。如果以雨水和自来水作为灌溉用水,只要安装一般的过滤器;以河水、湖水及地下水作为灌溉用水时,应该根据 pH、EC和杂质含量的不同,配备水处理设备。水处理设备通常由抽水泵、沉淀池、过滤器、离子交换器、反渗透水源处理器和加酸配比机等组成。

②供水系统。根据育苗温室面积、灌溉方式等设计灌溉管道。为了防止管道内滋生青苔,通常选用不透明的 U-PVC 给水管道。铺设原则是每间温室控制的自动化程度选用手动阀门或者电磁阀。另外,配置人工浇水的塑料软管,以备补水之用。

③灌溉和施肥设备。

灌溉设备:种苗生产的灌溉主要采用喷灌和潮汐灌溉两种方式,喷灌有固定式和自走式两种形式。灌溉和施肥设备设有电子调节器及电磁阀,通过时间继电器,调整时间程序,可以定时、定量地进行自动灌水。灌溉系统还可以进行液肥喷灌和农药喷施,并可在控制盘上测出液肥/农药配比、电导率和稀释所需的加水量。灌溉系统是育苗温室中的关键设备,理想的工厂化育苗灌溉系统应满足以下要求:

灌溉均匀度高。如灌溉系统的灌溉均匀度低,即使单次灌溉量差异极小,整个幼苗期间灌水量差异的累积将使幼苗在株高、茎粗、叶片大小等形态指标以及叶绿素含量、根系活力等生理指标上差异明显。灌溉量多的苗床区域,幼苗较高、易徒长,灌溉量少的区域,幼苗矮小,苗床上呈现波浪起伏状态,说明苗不齐不壮。

压力、流量可调。在育苗过程中,可根据苗情随时调节灌溉压力和流量,既保证灌溉均匀,又不致压力过大对幼苗造成冲击而出现倒伏。

可结合灌溉施入肥料、农药等,且控制用量性能良好。

灌溉区域定位准确,可对选定苗床区域进行灌溉。

开启或停止时无滴状水形成,以免对灌溉管道下方的种苗造成伤害或导致种苗生长不均匀。

可有效消除育苗盘的"边际效应"。穴盘边缘因水分散失快,基质中水分含量低,种苗在成苗时会出现明显的株高低、叶面积小、茎细等现象,良好的灌溉系统应能针对此现象对苗床边际的穴盘进行补水,一般方法有扩大边缘灌溉面或在灌溉系统两边增加喷头等。

自动肥料配比机:通过自动肥料配比机同时对多种不同作物种苗,使用不同肥料配比的营养液进行自动选肥定时定量灌溉,从灌溉首部接出几根独立的管道直接通向滴灌、喷灌各小区,按设定的肥料配比等目标值进行精确的自动化施肥,同时还可以实现 EC/pH 实时精确监控,计算机根据设定的 EC/pH,自动调节肥料泵的施肥速率。

肥料配比机的种类很多,使用较多的是水流动力式肥料配比机,其原理是因水流而产生真空吸力作用,从而从原液桶内吸取一定量的肥料,按设计比例与水混合,以达到需要的肥料浓度。

（4）育苗床架与运苗车

①育苗床架。育苗床架可选用固定床架和育苗框组合结构或移动式育苗床架。应根据温室的长度和宽度设计育苗床架，育苗床上铺设电热线、珍珠岩填料和无纺布，以保证育苗时根部的温度，每行育苗床的电加温由独立的组合式控温仪控制。移动式育苗床架设计只需留一条走道，通过苗床的滚轴任意移动苗床，节约苗床占地面积，使育苗温室的平面利用率达到80%以上。育苗车间育苗床架的设置以经济有效的利用空间、提高单位面积的种苗产出率、便于机械化操作为目标，选材以坚固、耐用、低成本为原则。

②运苗车。运苗车（种苗转移车）包括穴盘转移车（转移式发芽架）和成苗转移车。穴盘转移车将播种完的穴盘运往催芽室，车的高度及宽度根据穴盘的尺寸、催芽室的空间和育苗的数量来确定。成苗转移车采用多层结构，根据商品苗的高度确定放置架的高度，车体可设计成分体组合式，以适合与不同种类园艺作物棉的搬运和卸载。

（5）穴盘和基质

①穴盘。穴盘为定型塑料制品，其上有很多小穴，小穴上大下小，底部有小孔，供排水通气，每穴育1~2株幼苗。穴盘有多种规格，常用的有72孔穴盘，规格为4 cm×4 cm×5.5 cm，主要用于育番茄、茄子幼苗；128孔穴盘，规格为3 cm×3 cm×4.5 cm，主要用于培育辣椒和甘蓝类蔬菜（大苗定植）幼苗；200孔穴盘，规格为2.3 cm×2.2 cm×3.5 cm。

②基质。可用多种基质育苗，如蛭石、珍珠岩、煤渣、炭化稻壳、草木灰、锯末、草炭、甘蔗渣等，但最常用基质是蛭石、珍珠岩、草炭。基质材料可单独选用，但最好是按适当的比例将2~3种基质混合使用。如草炭、蛭石按1:1或2:1混合，草炭、蛭石、锯末按1:1:1混合。播种后，在种子表面覆盖蛭石，既能保湿，通气性又好，利于发芽。

★ 工作步骤

● 第一步　基质装盘

将基质按预定比例混合均匀，装入穴盘，表面用木板刮平。而后将装好基质的7~10个穴盘叠放在一起，用双手按住最上面的育苗盘向下压，这样，上边的穴盘的底部会在其下面穴盘基质表面的相应位置压出深约0.5 cm的凹穴。

● 第二步　种子处理

播种前进行浸种催芽。将种子置于25~30℃的温水中浸泡20 min，使种子表面的病菌吸水萌动，这样在以后的高温中更容易将其杀灭。而后将种子置于其体积6~7倍的55~60℃的热水中，保温10~15 min后加入凉水，使温度迅速下降，保持25~30℃，浸种2~6 h（茄子、辣椒浸种时间可长，番茄、黄瓜浸种时间可短）。将种子捞出，沥去多余水分，用湿纱布包好，置于27~30℃的恒温箱中（无恒温箱时可因地制宜地利用电热毯、火炕、暖水瓶、暖气等热源）催芽。每12 h用温水冲洗1次，洗去种子表面黏液，带入新鲜氧气。24~72 h后，有50%种子发芽时，即可播种。

有的种植者不进行催芽，以保持种子较高的发芽势，效果也较好。而使用经过包衣处理的种子和使用精量播种机播种时不可催芽、浸种。

● 第三步　播种与苗期管理

普通种子每穴可播种2~3粒，优质种子只播1粒即可。覆盖蛭石，再用木板刮平。用喷壶浇透水,移入催芽室。出苗后及时移入温室管理,防止幼苗徒长。多粒播种的要及时间苗,将来采用双株定植者,每穴留 2 株健壮幼苗,采用单株定植者每穴留 1 株健壮幼苗,多余的幼苗用剪刀从茎基部剪断。注意调节温、湿度,尤其要保证光照充足,防止徒长。整个育苗期要注意防治病虫害和进行苗期锻炼。

● 第四步　营养液管理

育苗期间营养液供应对幼苗的生长发育影响很大,要进行科学的管理,确保幼苗对养分的需求。要控制供液量和供液浓度,出苗后及时喷营养液,要勤浇少浇。

★ 巩固训练

1.技能训练要求

掌握蔬菜工厂化育苗设备的使用维护。

2.技能训练内容

通过进行穴盘育苗,掌握工厂化育苗设备的使用。

3.技能训练步骤

①基质装盘;

②种子处理;

③播种与苗期管理;

④营养液管理。

★ 自我评价

评价项目	技术要求	分值	评分细则	得分
基质装盘	正确调配基质并进行基质装盘	25 分	不能正确调配基质扣 10 分; 不能正确进行基质装盘扣 15 分	
种子处理	正确掌握种子处理的方法	25 分	不能正确掌握种子处理的方法扣 25 分	
播种与苗期管理	能使用精量播种机	25 分	不能使用精量播种机扣 25 分	
营养液管理	能使用喷灌设备进行浇水施肥	25 分	不能使用喷灌设备进行浇水施肥扣 25 分	

项目9 人工光源与配电

任务1 人工光源的种类与使用

【学习目标】

1. 熟悉补光调节的种类及目的。
2. 掌握各种常用人工光源的主要性能。
3. 能进行人工光源的选择。
4. 能进行人工光源的布置。

【任务分析】

本任务主要是熟悉补光调节的种类及目的，明确各种常用人工光源的主要性能，掌握人工光源的选择和布置。

本任务主要是熟悉补光调节的种类及目的，及各种常用人工光源的主要性能，明确人工光源的选择方法和布置方法，在此基础上，掌握人工光源的选择和布置。

★ 基础知识

1. 人工补光是温室高产栽培的一项重要技术措施

光照是作物生命活动的能量源泉，又是某些作物完成生命周期的重要信息。无论是弱光、短日照或强光、长日照都可能成为某些作物生长、发育的限制因子。因此，对植物工厂内的光照环境进行调节控制是十分必要的。光照环境的调节，是根据作物的种类及生育阶段，通过一定的措施，调节光照条件，创造良好的光照环境，以提高作物的光合效率。光照调节可分为遮光调节和补光调节。在这里重点介绍补光调节,有关遮光调节内容可参阅相关文献。

补光调节可分为光合补光和光周期补光。在高纬度地区或连阴天,造成光强和光照时数不足,或整体作物具有较高的光照强度要求时,进行光合补光是必要的。利用人工光源补充照明是行之有效的方法。目前使用的人工光源仅限于电光源一种,通常使用高压钠灯(HID)进行补光。由于成本太高,大面积应用还难以做到,但在蔬菜育苗工厂中应用则较为经济且能育出壮苗。对于光周期敏感的作物,特别是在光周期的临界期,当暗期过长而影响作物的生长发育时,应对作物进行人工光周期补光。光周期补光是作为调节生长发育的信息提供的,需用的光照度较低,一般为 22 lx 左右。补光时间因植物种类、天气状况、地理条件而变化。为抑制短日照植物开花,一般在早晚补光 4 h,使暗期短于 7 h;也可进行深夜间断暗期补光 2~5 h,间断暗期也能起到早晚补光,抑制短日照植物开花的效果。

温室栽培时,由于受覆盖材料透光率的影响,温室内的光照条件比露地要差。另外,冬春季节日照时间短,温室的光照度较弱,特别是南方地区在冬、春季的阴雨连绵天气情况下,温室内的光照强度大约也只有 2 000 lx,光照不足,导致作物的光合生长受到抑制,从而严重影响作物的产量和品质。人工补光是温室高产栽培的一项重要技术措施,采用人工补光可以弥补一定条件下温室光照的不足,有效地维持温室作物的正常生长发育,提高作物的产量与品质。作物补光的目的一般有两个:一是以抑制或促进作物花芽分化、调节花期,满足作物光周期的需要为目的,这种补光照度要求较低,只要有几十勒克斯的光照度就可满足需要,多用白炽灯;二是以促进作物光合作用,促进作物生长,补充自然光照不足为目的,这种补光对光源的要求是补光照度应高于植物的光补偿点,一般在 3 000 lx 以上。

对于人工补光的基本要求是,光源的光谱特性与植物产生生物效应的光谱灵敏度尽量吻合,以便最大限度利用光源的辐射能量;光源所具有的辐射通量使作物能得到足够的辐照度。此外,还要求光源设备经济耐用,使用方便。

2. 人工光源主要性能特征

早期的人工光源选择多是在温室内组合使用大量的荧光灯与少量的白炽灯,有时则使用高压水银灯或氙气灯,后来又采用卤化金属灯和高效率的高压钠灯,同时 LED(发光二极管)和 LD(激光灯)等新光源也在进一步开发与应用之中,以下分别介绍这些人工光源的主要性能特征。

(1)白炽灯 白炽灯属于热辐射光源,由灯泡、电源引出线、灯丝构成等组成,灯丝选用高熔点材料钨,为了防止受震动断裂,灯丝盘成弹簧状安装于灯泡中间,灯泡内抽真空后充入少量惰性气体,以抑制钨的蒸发。白炽灯是靠通电后灯丝发热至白炽化而发光的,白炽灯的光谱是连续光谱,能量主要是红外线辐射,占总能量的 80%~90%,而红、橙光部分占总辐射的 10%~20%,蓝、紫光部分所占比例很少,几乎不含紫外光。因此,白炽灯的生理辐射量很少,能被植物吸收进行光合作用的光能更少,仅占全部辐射光能的 10% 左右。白炽灯所辐射的大量红外线转化为热能,会使温室内的温度和植物的体温升高。白炽灯结构简单,使用可靠,价格低廉,电路结构也简单。但发光效率低,为 10~261 m/W,寿命较短,约 1 000 h。其规格以功率标称,自 15~1 000 W 分成多种。目前一般只作辅助光源应用。

(2)荧光灯 荧光灯属于低压气体放电光源,由灯管、起辉器、镇流器和灯座等组成。灯管由玻璃管、灯丝和灯丝引出脚(灯脚)等构成。玻璃管内壁涂有荧光材料,管内抽真空后充入少量汞和适量惰性气体氩,两端装有钨丝电极,在灯丝上涂有电子发射物质。

荧光灯发光是灯管内汞蒸汽弧光放电,辐射出一定波长的紫外线,激发灯管内壁的荧光材料发出近似"日光色"的可见光。荧光灯的光谱成分中无红外线,其光谱能量分布:红、橙光占44%～45%,绿、黄光占39%,蓝、紫光占16%。生理辐射量所占比例较大,能被植物吸收的光能约占辐射光能的75%～80%,荧光灯光谱还可通过改变荧光粉成分,获得所需要的光谱,如用于育苗的荧光灯,需加强蓝色和红色部分。由于荧光灯提供线光源,一般可获得更均匀的光照,且光谱性能好,发光效率较高,约为65 lm/W,使用寿命长达3 000 h以上,且价格便宜。其缺点是功率小,功率因数低(0.5左右),附件多,故障率相对较高。灯管规格较多,有6～100 W多种规格,温室常用30 W以上的各种规格。荧光灯是较适于植物补充光照的人工补光光源,多用于光周期补光,是目前使用最普遍的一种光源。

(3)气体放电灯 气体放电灯是由于气体、金属蒸气或几种气体与蒸气的混合物通过放电而发光的光源。由于所用气体不同,气体放电灯的种类较多,常见的高压气体放电灯有汞灯、金属卤化物灯、高压钠灯、低压钠灯、氙灯和氦灯等。

①汞灯。汞灯为椭圆球形玻璃泡,头部延伸成颈状,成为电源触点,如同螺口式白炽灯泡状。汞灯的发光原理类似于荧光灯,它是利用水银蒸气放电产生辐射而发光,分为低压(水银蒸汽压力为40 Pa)、高压(水银蒸气压力为0.05～0.1 MPa)和超高压(水银蒸气压力大于0.15 MPa)3种。汞灯的生理辐射占总辐射能量的85%,主要有蓝绿光、紫外辐射,发光效率随水银蒸汽压力而变化,低压时发光效率低,高压时发光效率较高,可达50～60 lm/W,低压水银灯主要用作紫外光源,高压水银灯则主要用于照明及温室人工补光。

②金属卤化物灯。金属卤化物灯是在高压汞灯中加入金属卤化物而形成的光源。采用不同类型的金属卤化物,可以制成不同光谱特性的近日光光源,大大改善灯的光色,而且可以提高光效,也可制成满足特殊需要的色纯度很高的光源,如碘化铊-汞灯。如碘钨灯其形状为圆柱玻璃管状,两端为电源触点,管内中心的螺旋状灯丝,放置在灯丝定位的支撑架上。碘钨灯发光原理与白炽灯一样,由灯丝作为白炽发光体,但管内充有微量碘,在高温条件下,利用碘循环而提高发光效率和延长灯丝寿命。碘钨灯工作时,其灯丝中的钨,在高温条件下会成为钨蒸气而游离,待停止工作后,随着灯丝的冷却,钨分子又会回归到灯丝上。由于存在这样的循环,灯丝点燃日久也不会明显变细,故使用寿命长。但钨分子能否均匀分布的回归到整根灯丝上,则由安装位置的状况而定,若把灯管与地面垂直安装,钨分子因自重而大量回归到灯丝下端,使灯丝下端日趋变粗,而上端日趋变细,影响使用寿命,因此,安装碘钨灯时,必须把灯管装得与地面平行,一般要求倾斜度不大于40°。此外,碘钨灯工作时,灯管的温度很高,管壁可高达500～700℃,因此,灯管必须安装在专用的有隔热装置的金属灯架上,切不可安装在非专用的易燃材料制成的灯架上。同时,灯架也不可贴装在建筑面上,以免因散热不畅而影响灯管寿命。碘钨灯功率大,发光效率高,约为100 lm/W,构造简单,使用可靠,体积小,装修方便,故障少,寿命长。其光谱能量分布为:红、橙光占22%～23%,绿、黄光占38%～39%,蓝、紫光占38%～39%。生物效应灯蓝、紫光虽比红、橙光强,但光谱能量分布近似日光,显色性好,是较理想的人工补光光源,是目前高强度人工光照的主要光源。作物生产中常用的是400 W和1 000 W两种规格。安装灯具时应同时考虑设置反光罩,使光照更均匀,光照强度更大。

③高压钠灯和低压钠灯。钠灯是利用金属钠蒸气放电产生辐射的光源,钠灯生理辐射强,单色性好,发光效率高,低压钠灯可达200～300 lm/W,高压钠灯可达120 lm/W,且寿命长,约为24 000 h,节电性能好。高压钠灯该灯的光谱能量分布:红、橙光占39%～40%,绿、黄光

占 51%～52%,蓝、紫光占 9%,因含有较多的红、橙光,补光效率较高,广泛用于蔬菜及花卉的光合补光。低压钠灯是一种很特殊的光源,只有 589 nm 的发射波长,在电光源中的发光效率最高。由于产热量小,低压钠灯与高压钠灯可以更加接近作物。

④氖灯。氖灯属于气体放电灯。氖灯的辐射主要是红、橙光,其光谱能量分布主要集中在 600～700 nm 的波长范围内,最具有光生物学的光谱活性。

⑤氦灯。氦灯也属于气体放电灯。氦灯主要辐射红、橙光和紫光,各占总辐射的 50% 左右,叶片内色素可吸收的辐射能占总辐射能的 90%,其中 80% 为叶绿素所吸收,这对于植物生理过程的正常进行极为有利。

(4)LED 光源　LED 的光谱域宽在 ±20 nm,波长正好与植物光合作用和形态建成的光谱范围吻合。近年来,GaAIAs 的红色 LED(660 nm)的发光效率达到了 22% 以上,GaN 的蓝色 LED(410 nm 和 470 nm)的发光效率也达到了 8% 以上,把发蓝色光的 InGaN 半导体和发黄绿光的 YAG(Yttrium Aluminum Garnet)合成一体化的白色 LED 的价格也在不断降低。PPF 设置为 150 mol·m^{-2}·s^{-1},R/B 比为 5、10、20 的 LED 和金属卤化物灯的对照试验相比,R/B 比为 10 的 LED 光源的植物产量无论从干物重还是品质来讲都比金属卤化物灯要好。LED 的使用寿命一般在 50 000 h 以上,发光效率高,发热少,实现了低热负荷和生产空间小型化。同时,脉冲发光也有利于植物的光合作用。因此,以现在普遍推广的高压钠灯 18 元/W 的使用成本推算,即使是 LED 光源比高压钠灯贵上 10 倍也是有可能推广应用的。由于蓝色 LED 成本还比较高,LED 光源的大规模推广应用还需要一段时间。

(5)LD 光源　激光的发光效率较高,且激光设备的发光光谱与植物光合作用的叶绿素吸收光谱基本一致。单纯从植物的光合作用来讲,激光的单色性与直向性对植物生长不利,但激光光源具有体积小、重量轻、低电压、脉冲发光、干涉性好、寿命长等优点,再加上它功率高、发光效率好、可以用电流直接调节。功率为 3 mW 的 AlGaAs 系 LD(650 nm)的价格逐渐降低,GaN 的蓝色 LD(410 nm 和 417 nm)也可以在室温下连续工作,只是蓝色 LD 的功率和寿命还没有达到植物生产要求的水平。最近,使用工作在 860 nm 附近的 AlGaAs 的激光可发出 430 nm 附近的蓝色光,工作在 900 nm 附近的 AlGaAs 的激光可发出 450 nm 附近的蓝色光。这些激光的发光效率均在 60% 左右,连续脉冲输出可达到数十毫瓦。日本东海大学的高正基教授和大阪大学的中山正宣教授早在 1994 年就提倡使用激光作为植物工厂的照明光源。用波长为 660 nm 的红色 LD 加上 5% 的蓝色 LED 的组合光源来生产生菜和水稻已经收到了很好的效果。LD 在植物工厂的实用化不仅可以解决 21 世纪的粮食不足问题,而且连能源和资源不足的问题也会迎刃而解。需要注意的是,从使用成本的角度来看,LD 光源面临着与 LED 光源的价格竞争。

★ 工作步骤

1. 人工光源的选择

作物栽培床面的光照度、光照时间,除对作物光合作用、光周期产生影响外,还将对作物温度、蒸腾量和周围环境产生影响。作物光合作用对光谱有一定要求,在补光光源选择的时候要从有效光合辐射(生理辐射)和光照强度两方面进行光谱匹配。也就是说,光源的光谱特性要与植物产生生物效应的光谱灵敏度尽量吻合,以便最大限度地利用光源的辐射能量,光源所具有的辐射通量使作物能得到足够的辐照度。另外,温室补光还要求光源设备经济性、耐久性和使用方便等因素,选择不实用的补光光源不能达到预期的补光效果,还会造成能源的浪费,加大成本投入。因此,在实施温室人工补光中,补光光源的配置很重要,要精心设计,合理配置。

人工光源的选择取决于不同的使用目的,选择时应遵循合理和经济的原则。在选择和设计光照系统时需要考虑许多要素,其中包括:作物对光的响应;其他环境因素的影响;作物对光照度、光照时间和光谱成分的要求;可产生最佳效果的光源;最均匀光照系统的设计;系统的投资及运行费用等。在设计人工光照时,应考虑光谱能量,尽量选择发射光谱与需用光谱接近的产品,必要时再考虑应用多种光源组合;考虑光源强度时,既要使多组灯组合具有一定的调节余地,又要尽量不增加灯具设置和更新投资。另外,选择人工光源时,还要考虑光源的热负荷。一般情况下,人工光源采用红外和远红外光的比例较大,因此相当多的能量以热效应方式传递到温室环境中,能耗很大,同时所产生的热效应给控制过程造成许多不利影响。所以在选择人工光源时,一定要充分考虑光源的发光效率。

补光量依植物种类和生长发育阶段来确定。一般为促进生长和光合作用,补充光照强度应该在光饱和点减去自然光照的差值之间。一般补充光照强度通常为$(1 \sim 3) \times 10^4$ lx。补光时间因植物种类、天气阴雨状况、纬度和月份而变化。抑制短日植物开花延长光照,一般在早晚补光 4 h,使暗期不到 7 h;深夜间断期需补光 4 h;在高纬度地区或阴雨天气,补光时间较长,也有连续 24 h 补光的。据研究,当温室内床面上光照日总量小于 100 W/m^2 时,或光照时数不足 4.5 h/d,就应进行人工补光。如冬季采用高压钠灯在全生育期进行 12 h 的 500 lx 补充光照,可有效地促进唐菖蒲生长和花芽发育,花茎长度和每穗开花数基本上达到了冬季鲜花市场商品性要求。发育早期采用高压钠灯补充光照同样可促进满天星开花需要。花卉栽培中在缩短暗期方面,100 W 白炽灯控制 5 m^2,150 W 灯控制 7 m^2,300 W 灯可控制 18 m^2。一般灯上有反光灯罩,安置距植物顶部 $1 \sim 1.5$ m;用移动机械装置和荧光灯或高压灯,深夜进行间断光照。目前,利用光敏感件自动控光装置进行光照调节已有应用。

2.人工光源的布置

在设计一个有效的光照系统时有许多影响因素,灯的布置取决于作物、光照度、温室高度、灯的大小等。离开灯一定距离的某点上的光照度与此距离的平方呈反比,在设置灯的位置时,灯与作物之间的距离是影响种植区域辐照度和光分布的一项重要因素。温室中反映光照均匀程度的参数为照度均匀率,即室内最小照度与最大照度之比。为保证作物生长均匀,照度均匀率推荐值应>0.7。

为使被照面的光照分布尽可能均匀,布置光源时,应充分考虑光源的光度分布特性及合理的安装位置。不同的光源,其光度分布特性是不相同的。如家用 100 W 白炽灯,其光度分布特点是,除灯泡上方近 60°角内近于无光外,在其他各个方向的光度分布是比较均匀的,若配置近于 120°角的反光灯罩,光线集中向下方 120°范围内,则可获得分布较均匀的照度,而栽培专用的 60 W 灯泡,光度主要分布在其斜下方 120°角内;其余方向则近于无光。白炽灯的安装高度应距离植株一定高度,因白炽灯辐射的大量红外线要转化为热能,为避免植株过热,白炽灯的安装高度一般为距离植株 40 cm(不低于 30 cm)。荧光灯的安装高度应距离植株 $5 \sim 10$ cm,可沿植株行间配置。高压钠灯的安装高度与植株的垂直距离保持 1 m 较合适。日光色镝灯的安装高度应与植株的垂直距离保持 1.2 m,为使光强分布均匀。补光灯应布置在作物的正上方。又如长弧氙灯,除灯两端 20°角内基本无光外,其余方向光度分布基本是均匀的。安装位置包括安装高度及灯的布局,一般光源的安装高度在距作物 $1 \sim 2$ m 的范围内,而布局方式有单行均匀布局、双行网格均匀布局等,具体采用哪种布局方式,应以被照面的几何形状通过一定的计算、试验选定。同一被照面,不同的布置方式,所得到的光照分布将是不同的。如对于跨度 5.4 m,长 18 m 的温室,在高度为 1.5 m 处挂 8 盏 60 W 栽培专用灯,按单行均匀布局,其结果是 20 lx 以下的面积率为 4%,4 个角的最低照明度为 10 lx,平均照度为 46 lx;按双行网格状均匀布局,其结果是照度在 20 lx 以下的面积率为零,平均照度为 34 lx,可见,按双行网格状均匀布局,照度比较均布。

★ 巩固训练

1.技能训练要求

熟悉补光调节的种类及目的,明确各种常用人工光源的主要性能,掌握人工光源的选择和布置。

2.技能训练内容及步骤

①调查某温室人工光源的种类;

②画出某温室人工光源的布置图。

★ 知识拓展

光照是影响作物生长的重要环境因素之一。光照强度在光补偿点以下,园艺作物就没有净光合产物的积累,耐阴作物为 200～1 000 lx,喜阳植物为 1 000～2 000 lx,一般叶菜类作物的光补偿点约为 2 000 lx。光照的强弱一方面影响着光合强度,同时还能改变作物的形态,如开花时期、节间长短、茎的粗细及叶片的大小与厚薄等。另一方面作物对辐射具有选择吸收特性。一般说来,波长在 0.3～0.44 μm 与 0.67～0.68 μm 两处呈现吸收高峰,对 0.55 μm 一段吸收率较低。波长在 0.7～2.5 μm 的一段近红外辐射,由于植物体为避免高温的保护性反应几乎不能吸收,而对大于 2.5 μm 的远红外辐射,其吸收率很高,甚至可当做黑体来反应。对绿色植物光合作用起有效作用的辐射波长在 300～750 nm 内,这一部分辐射称之为植物光合有效辐射,有的叫生理辐射。生理辐射,基本上就是可见光部分,占太阳总辐射能的 45%～50%,往往随不同的时间、地点和天气状况而变化。表 9-1 为各种光谱成分对植物的作用。

表 9-1　各种光谱成分对植株的作用

光谱波长/nm	作物生理效应
>1 000	植物吸收后转变为热能,影响有机体的温度和蒸腾情况,可促进干物质的积累,但不参加光合作用
1 000～720	对植物伸长起作用,对光周期及种子形成有重要作用,并控制开花及果实的颜色
720～610	红、橙光被叶绿素强烈吸收,光合作用最强,某种情况下表现为强的光周期作用
610～510	主要是绿光,被叶绿素吸收不多,光合效率也较低
510～400	主要为蓝、紫光,叶绿素吸收最多,表现为强的光合作用与成形作用
400～320	起成形和着色作用
<320	对大多数植物有害,可能导致植物气孔关闭,影响光合作用,促进病菌感染

★ 自我评价

评价项目	技术要求	分值	评分细则	评分记录
补光调节的种类及目的熟悉	了解补光调节的种类,明确补光调节的种类及目的	20分	补光调节的种类及目的理解全面,得20分,未能全面掌握的,按掌握程度得相应分	
各种常用人工光源的主要性能熟悉	明确各种常用人工光源的主要性能	20分	各种常用人工光源的主要性能掌握全面,得20分,未能全面掌握的,按掌握程度得相应分	
人工光源的选择	掌握人工光源的选择方法	30分	人工光源的选择掌握全面,得30分,未能全面掌握的,按掌握程度得相应分	
人工光源的布置	掌握人工光源的布置方法	30分	人工光源的布置掌握全面,得30分,未能全面掌握的,按掌握程度得相应分	

任务2 配电设备及应用

【学习目标】

1.熟悉配电线路(系统)分类、负荷分级。

2.明确现代化温室的配电特点、温室内配电的电压、配电方式的选择。

3.熟悉温室配电系统的组成、常用配电设备的结构和用途。

4.掌握配电设备施工一般规定。

5.掌握低压断路器的安装、低压接触器的安装、继电器的安装、按钮的安装、熔断器的安装和配电设备安装交接验收。

【任务分析】

本任务主要是熟悉配电线路(系统)分类、负荷分级;明确现代化温室的配电特点、温室内配电的电压、配电方式的选择;熟悉温室配电系统的组成、常用配电设备的结构和用途;掌握配电设备施工一般规定;掌握低压断路器的安装、低压接触器的安装、继电器的安装、按钮的安装、熔断器的安装和配电设备安装交接验收。

首先是熟悉配电线路(系统)分类、负荷分级;明确现代化温室的配电特点、温室内配电的电压、配电方式的选择;熟悉温室配电系统的组成、常用配电设备的结构和用途;在此基础上,掌握低压断路器的安装、低压接触器的安装、继电器的安装、按钮的安装、熔断器的安装和配电、设备安装交接验收。

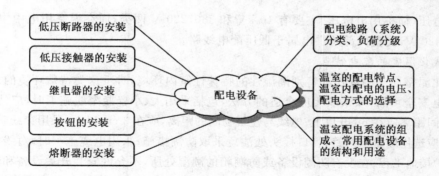

★ 基础知识

现代化的园艺设施在其全过程的生产运行中,时刻离不开电能,因此,温室的电力供应是不可轻视的重要问题。

1. 配电线路(系统)分类

配电系统是电力系统的重要组成部分,是指电力系统中以使用电能为主要任务的那一部分电力网络,它处于电力系统的末端,一般只单向接受电力系统的电能,通常根据输电的目的不同将配电线路分作以下 3 部分:

(1)输电线路　是指电压等级在 35 kV 及以上的架设在升压变压器(所)与降压变压器(所)之间的线路。

(2)配电线路　是指电压等级在 1 kV 以上 10 kV 以下的由降压变电所向外分布至配电变电器的线路。

(3)低压配电线路　是指电压等级在 1 kV 以下,通常为 380/200 V 的由配电变压器向外分布直至用户的进线端为止的线路。

2. 负荷分级

配电系统的电源,主要由电力公司通过供电线路提供,通常称为市电电源,也有部分配电系统设置有自备电源。市电电源可以由架空线或电力电缆引入,自备电源有柴油发电机、蓄电池逆变电源系统等。

负荷是供配电系统的服务对象,是电源服务得以实施所依赖的资源。供配电系统的负荷就是用电设备。供电可靠性是指对电力负荷电能供应的连续性。简单地说,供电可靠性越高,停电的可能性就越小。电力用户负载,按其供电重要程度不同,可划分为 3 个等级:

①符合下列情况之一时,应视为一级负荷:中断供电将造成人身伤亡时;中断供电将在经济上造成重大损失时;中断供电将影响重要用电单位的正常工作;在一级负荷中,当中断供电将造成重大设备损坏或发生中毒、爆炸和火灾等情况的负荷,以及特别重要场所的不允许中断供电的负荷,应视为一级负荷中特别重要的负荷。

②符合下列情况之一时,应视为二级负荷:中断供电将在经济上造成较大损失时;中断供电将影响较重要用电单位的正常工作。

③不属于一级和二级负荷者应为三级负荷。

设施园艺中使用的温室从供电重要性上看一般属于三级负载,个别属于二级。工程上,当"负荷"指的是用电负荷时,它不仅可以理解为负荷功率,还可理解为负荷电流。目前我国用电设备额定电压(简称用电电压)主要有 10 kV 和 380/220 V 两类,而在温室用电中主要用电电压为 380/220 V,温室内部的供电属于低压配电线路。

3. 现代化温室的配电特点

现代化温室属于潮湿性和特别潮湿性的特殊性室内环境,对于这类特殊环境的室内配电,为确保用电安全可靠,须采取相应合适的方法,包括采用大、小瓷瓶架线施工时,应使用橡皮绝缘电线,线间距离应在 6 cm 以上;电线与建筑物间的距离,应在 3 cm 以上;采用穿线管明敷设或暗敷设时,应选用厚壁穿线管,管口接头处注意采取防潮措施;采用电缆施工时,对线管和电缆,须施行保护接地工程;在没有防潮设备或防潮箱的潮湿处所,不允许安装开关设备和熔断器;掩蔽工程或线管工程中,其照明灯具或其他电器应避免使用软线,应选用螺口的防潮灯罩或有防潮措施的接线盒;在可能的情况下,开关设备和插座应装在干燥的环境中,若不得已装在潮湿处所时,应采取防潮措施;照明导线采用丁腈聚氯乙烯复合绞型软线;电机应选用密封型。

4. 温室内配电的电压

(1)交流 220 V 单相制　一般小型温室中电气设备不多,可采用 220 V 单相交流供电制,如图 9-1 所示。它由室外供电线路中的一根相线(俗称火线)和一根中线(俗称零线)组成,各个用电设备(额定电压为 220 V)并联接在两根配电线路上。

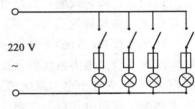

图 9-1　220 V 单相制图

(2)380/220 V 三相四线制　就我国情况,380/220 V 的三相四线制电压系统是工农业生产、生活中应用最为广泛的,它以其能保证功率损耗少,照明负荷和电力负荷(用三相电)有可能实行混合配电及导线与大地间的电压为 220 V 等缘故,而能满足低压配电的一切基本要求,故定为我国低压配电的基本电压,如图 9-2 所示。单相用电设备平均地分接在一根相线和中线间,承受 220 V 的电压;三相动力负荷接在三根相线上,承受 380 V 的线电压。这种配电制,当三相负荷均衡时(称为对称),中线内将无电流,使线路功耗很小。所以在配线设计时应在尽可能的范围内,保持各相负载对称。

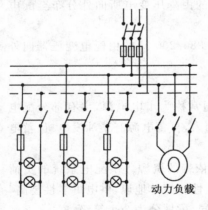

动力负载

图 9-2　380/220 V 三相四线制

5. 配电方式的选择

配电方式的选择应符合如下原则:用电设备的重要性以及对供(配)电可靠性的要求;要适应周围环境的特点;结构要简单可靠,便于维护和检修;尽量节约有色金属(如铜材和铝材);降低造价,经济指标合理。

全面综合考虑上述原则,以获得满意(安全、经济、美观)的配电效果,往往要经过一定的技术经济比较。通常可按照室内负荷的不同,大致有如下几种配(电)线方式:

(1)小负荷的配电方式　比较小的用电系统,因其用电功率小,可以直接由低压电源配线上分支,作低压引入,再经配电盘开关、熔断器、输出电路,引到各个用电设备或插座上,再顺次分开,如图 9-3 所示。

(2)较大单相用电负荷的配电方式　当单相用电负荷过多时(如照明灯和单相插座超过20 个时),用一个回线供电是不允许的(这将使供电干线负荷太大,为了避免导线发热,要选大截面的导线,给敷设带来一定的困难),这时必须在室内增设配电板或配电箱。如图 9-4 所示,引入线先进入配电箱的总开关,再由总开关分出几个分支电路,每个分支电路,再根据所带负荷的容量单设分支开关和分支熔断器。

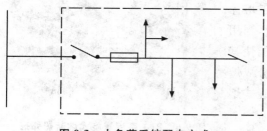

图 9-3 小负荷系统配电方式   图 9-4 负荷较大的配电方式

（3）动力负荷及其他回路的配电方式 动力负荷及其他回路的配电方式主要有放射式、干线式、混合式、分支配电式(由分电盘)等。

6.温室配电系统的组成

向现代化大型温室供电的系统可分为室外和室内两部分,其中室外者为配电线路,即由降压变电所至大型温室群的配电变压器的线路,电压多为 10 kV 以下(线电压),这一部分是由当地电力管理部门负责设计、施工和维护检修的,温室用户无权处理。由配电变压器低压侧出线直至将电能送至各个用电设备,这一部分由温室用户负责设计、施工和维护检修。通常所说的温室配电系统是指后一部分,其中包括配电箱、低压配电线路、用电设备三个部分。配电箱内设熔断器、总断路器、照明、补光、插座、驱动电机等支路断路器、接触器、继电器、漏电断路器、按钮及量电表等。温室用电设备主要有照明灯具、补光灯具、灌溉设备、采暖设备、遮阳设备、开窗设备、通风设备、保温设备和降温设备等。图 9-5 为连栋温室配电系统示意图。

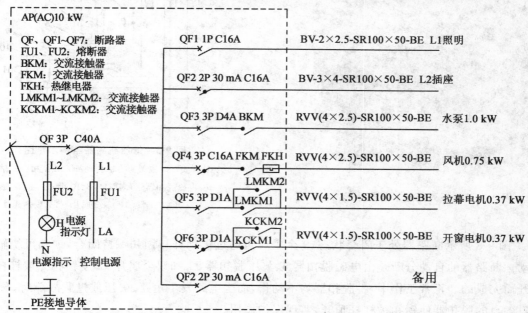

图 9-5 连栋温室配电系统示意图

7.常用配电设备

(1)熔断器的结构和用途　熔断器是串联连接在被保护电路中的,当电路短路时,电流很大,熔体急剧升温,立即熔断,所以熔断器可用于短路保护。由于熔体在用电设备过载时所通过的过载电流能积累热量,当用电设备连续过载一定时间后熔体积累的热量也能使其熔断,所以熔断器也可作过载保护。熔断器一般分成熔体座和熔体等部分。图 9-6 所示为 RL1 系列螺旋式熔断器外形图。

图 9-6　RL1 系列螺旋式熔断器外形

(2)低压断路器的结构和用途　低压断路器又称自动空气开关,在电气线路中起接通、分断和承载额定工作电流的作用,并能在线路和电动机发生过载、短路、欠电压的情况下进行可靠的保护。它的功能相当于刀开关、过电流继电器、欠电压继电器、热继电器及漏电保护器等电器部分或全部的功能总和,是低压配电网中一种重要的保护电器。常用的低压断路器有 DZ 系列、DW 系列和 DWX 系列。图 9-7 所示为 DZ 系列低压断路器外形图。低压断路器的结构示意如图 9-8 所示,低压断路器主要由触点、灭弧系统、各种脱扣器和操作机构等组成。脱扣器又分电磁脱扣器、热脱扣器、复式脱扣器、欠压脱扣器和分励脱扣 5 种。

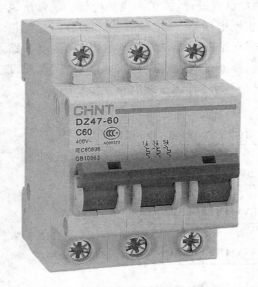

图 9-7　DZ 系列低压断路器外形

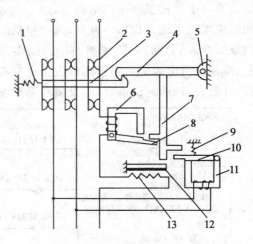

图 9-8　低压断路器结构示意图

1.弹簧　2.主触点　3.传动杆　4.锁扣　5.轴
6.电磁脱扣器　7.杠杆　8、10.衔铁　9.弹簧
11.欠压脱扣器　12.双金属片　13.发热元件

图 9-8 所示断路器处于闭合状态,3 个主触点通过传动杆与锁扣保持闭合,锁扣可绕轴 5 转动。断路器的自动分断是由电磁脱扣器 6、欠压脱扣器 11 和双金属片 12 使锁扣 4 被杠杆 7 顶开而完成的。正常工作中,各脱扣器均不动作,而当电路发生短路、欠压或过载故障时,分别通过各自的脱扣器使锁扣被杠杆顶开,实现保护作用。

(3)接触器的结构和用途　接触器是用于远距离频繁地接通和切断交直流主电路及大容

量控制电路的一种自动控制电器。其主要控制对象是电动机,也可以用于控制其他电力负载、电热器、电照明、电焊机与电容器组等。接触器具有操作频率高、使用寿命长、工作可靠、性能稳定、维护方便等优点,同时还具有低压释放保护功能,因此,在电力拖动和自动控制系统中,接触器是运用最广泛的控制电器之一。

按控制电流性质不同,接触器分为交流接触器和直流接触器两大类。图9-9所示为几款接触器外形图。

(a) CZ0直流接触器　　(b) CJX1系列交流接触器　　(c) CJX2-N系列可逆交流接触器

图 9-9　接触器外形

交流接触器常用于远距离、频繁地接通和分断额定电压至 1 140 V、电流至 630 A 的交流电路。图9-10为交流接触器的结构示意图,它分别由电磁系统、触点系统、灭弧状置和其他部件组成。

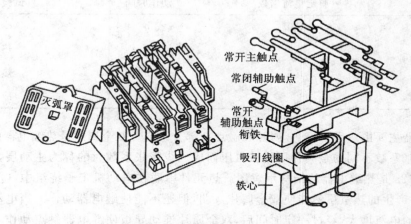

常开主触点
常闭辅助触点
常开辅助触点
衔铁
吸引线圈
铁心
灭弧罩

图 9-10　交流接触器结构示意图

交流接触器工作时,一般当施加在线圈上的交流电压大于线圈额定电压值的 85% 时,铁心中产生的磁通对衔铁产生的电磁吸力克服复位弹簧拉力,使衔铁带动触点动作。触点动作时,常闭触点先断开,常开触点后闭合,主触点和辅助触点是同时动作的。当线圈中的电压值降到某一数值时,铁心中的磁通下降,吸力减小到不足以克服复位弹簧的拉力时,衔铁复位,使主触点和辅助触点复位。这个功能就是接触器的失压保护功能。

常用的交流接触器有 CJ10 系列可取代 CJ0、CJ8 等老产品,CJ12、CJ12B 系列可取代 CJ1、

CJ2、CJ3 等老产品,其中 CJ10 是统一设计产品。

(4)热继电器的结构和用途　电动机在运行过程中若过载时间长,过载电流大,电动机绕组的温升就会超过允许值,使电动机绕组绝缘老化,缩短电动机的使用寿命,严重时甚至会使电动机绕组烧毁。因此,电动机在长期运行中,需要对其过载提供保护装置。热继电器是利用电流的热效应原理实现电动机的过载保护,图 9-11 为几种常用的热继电器外形图。

　(a)JR16系列热继电器　　　　(b)JRS5系列热继电器　　　　(c)JRS1系列热继电器

图 9-11　热继电器外形

热继电器具有反时限保护特性,即过载电流大,动作时间短;过载电流小,动作时间长。当电动机的工作电流为额定电流时,热继电器应长期不动作。其保护特性如表 9-2 所示。

表 9-2　热继电器的保护特性

项号	整定电流倍数	动作时间	试验条件
1	1.05	>2 h	冷态
2	1.2	<2 h	热态
3	1.6	<2 min	热态
4	6	>5 s	冷态

热继电器主要由热元件、双金属片和触点 3 部分组成。双金属片是热继电器的感测元件,由两种线膨胀系数不同的金属片用机械碾压而成。线膨胀系数大的称为主动层,小的称为被动层。图 9-12a 是热继电器的结构示意图。热元件串联在电动机定子绕组中,电动机正常工作时,热元件产生的热量虽然能使双金属片弯曲,但还不能使继电器动作。当电动机过载时,流过热元件的电流增大,经过一定时间后,双金属片推动导板使继电器触点动作,切断电动机的控制线路。

电动机断相运行是电动机烧毁的主要原因之一,因此要求热继电器还应具备断相保护功能,如图 9-12b 所示,热继电器的导板采用差动机构,在断相工作时,其中两相电流增大,一相逐渐冷却,这样可使热继电器的动作时间缩短,从而更有效地保护电动机。

(5)按钮的结构和用途　按钮是一种手动且可以自动复位的主令电器,其结构简单,控制方便,在低压控制电路中得到广泛应用。图 9-13 所示 LA19 系列按钮外形。

按钮由按钮帽、复位弹簧、桥式触点和外壳等组成,其结构如图 9-14 所示。触点采用桥式触点,触点额定电流在 5 A 以下,分常开触点和常闭触点两种。在外力作用下,常闭触点先断

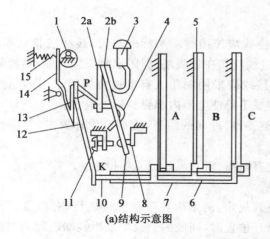

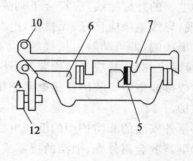

(a)结构示意图　　　　　(b)差动式断相保护示意图

图 9-12　JR16 系列热继电器结构示意图

1.电流调节凸轮；2.2a、2b 簧片；3.手动复位按钮；4.弓簧；5.双金属片；6.外导板；7.内导板；8.常闭静触点；
9.动触点；10.杠杆；11.调节螺钉；12.补偿双金属片；13.推杆；14.连杆；15.压簧

开,然后常开触点再闭合；复位时,常开触点先断开,然后常闭触点再闭合。

　　按用途和结构的不同,按钮分为启动按钮、停止按钮和复合按钮等。

　　按使用场合、作用不同,通常将按钮帽做成红、绿、黑、黄、蓝、白、灰等颜色。国标 GB 5226.1—2008 对按钮帽颜色作了如下规定:"停止"和"急停"按钮必须是红色；"启动"按钮的颜色为绿色；"启动"与"停止"交替动作的按钮必须是黑白、白色或灰色；"点动"按钮必须是黑色；"复位"按钮必须是蓝色(如保护继电器的复位按钮)。

图 9-13　LA19 系列按钮外形

★ 工作步骤

1.配电设备施工一般规定

　　①低压电器安装前的检查,应符合下列要求:设备铭牌、型号、规格,应与被控制线路或设计相符；外壳、漆层、手柄,应无损伤或变形；内部仪表、灭弧罩、瓷件、胶木电器,应无裂纹或伤痕；螺丝应拧紧；具有主触头的低压电器,触头的接触应紧密,采用 0.05 mm×10 mm 的塞尺检查,接触两侧的压力应均匀；附件、备件应齐全、完好；包装和密封应良好；技术文件应齐全,并有装箱清单。

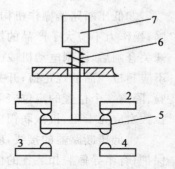

图 9-14　按钮结构示意图

1、2.常闭触点；3、4.常开触点；
5.桥式触点；6.复位弹簧；7.按钮帽

　　②低压电器的固定,应符合下列要求:低压电器根据其不同的结构,可采用支架、金属板、绝缘板固定在墙、柱或其他建筑构件上。金属板、绝缘板应平整；当采用卡轨支撑安装时,卡轨应与低压电器匹配,并用固定夹或固定螺栓与壁板紧密固定,严禁使用变形或不合格的卡轨；当采用膨胀螺栓固定时,应按产品技术要求选择螺栓规格；其钻孔直径和埋设深度应与螺栓规格相符；紧固件应采用镀锌制品,螺栓规格应选配适当,电器的固定应牢固、平稳；有防震要求的电器应增加减震装置；其紧固螺栓应采取防松措施；固定低压电器时,不得使电器内部受额

外应力。

③电器的外部接线,应符合下列要求:接线应按接线端头标志进行;接线应排列整齐、清晰、美观,导线绝缘应良好、无损伤;电源侧进线应接在进线端,即固定触头接线端;负荷侧出线应接在出线端,即可动触头接线端;电器的接线应采用铜质或有电镀金属防锈层的螺栓和螺钉,连接时应拧紧,且应有防松装置;外部接线不得使电器内部受到额外应力。

④成排或集中安装的低压电器应排列整齐;器件间的距离,应符合设计要求,并应便于操作及维护。

⑤室外安装的非防护型的低压电器,应有防雨、雪和风沙侵入的措施。

⑥电器的金属外壳、框架的接零或接地。

⑦低压电器绝缘电阻的测量,应符合下列规定:测量应在下列部位进行,对额定工作电压不同的电路,应分别进行测量。主触头在断开位置时,同极的进线端及出线端之间。主触头在闭合位置时,不同极的带电部件之间、触头与线圈之间以及主电路与同它不直接连接的控制和辅助电路(包括线圈)之间。主电路、控制电路、辅助电路等带电部件与金属支架之间。

2. 低压断路器的安装

①低压断路器安装前的检查,应符合下列要求:衔铁工作面上的油污应擦净;触头闭合、断开过程中,可动部分与灭弧室的零件不应有卡阻现象;各触头的接触平面应平整;开合顺序、动静触头分闸距离等,应符合设计要求或产品技术文件的规定;受潮的灭弧室,安装前应烘干,烘干时应监测温度。

②低压断路器的安装,应符合下列要求:低压断路器的安装,应符合产品技术文件的规定;当无明确规定时,宜垂直安装,其倾斜度不应大于 5°;低压断路器与熔断器配合使用时,熔断器应安装在电源侧。

③低压断路器操作机构的安装,应符合下列要求:操作手柄或传动杠杆的开、合位置应正确;操作力不应大于产品的规定值;电动操作机构接线应正确;在合闸过程中,开关不应跳跃;开关合闸后,限制电动机或电磁铁通电时间的联锁装置应及时动作;电动机或电磁铁通电时间不应超过产品的规定值;开关辅助接点动作应正确可靠,接触应良好;抽屉式断路器的工作、试验、隔离 3 个位置的定位应明显,并应符合产品技术文件的规定;抽屉式断路器空载时进行抽、拉数次应无卡阻,机械联锁应可靠。

④低压断路器的接线,应符合下列要求:裸露在箱体外部且易触及的导线端子,应加绝缘保护;有半导体脱扣装置的低压断路器,其接线应符合相序要求,脱扣装置的动作应可靠。

3. 低压接触器的安装

①低压接触器及电动机启动器安装前的检查,应符合下列要求:衔铁表面应无锈斑、油垢;接触面应平整、清洁。可动部分应灵活无卡阻;灭弧罩之间应有间隙;灭弧线圈绕向应正确;触头的接触应紧密,固定主触头的触头杆应固定可靠;当带有常闭触头的接触器与磁力启动器闭合时,应先断开常闭触头,后接通主触头;当断开时应先断开主触头,后接通常闭触头,且三相主触头的动作应一致,其误差应符合产品技术文件的要求;电磁启动器热元件的规格应与电动机的保护特性相匹配;热继电器的电流调节指示位置应调整在电动机的额定电流值上,并应按设计要求进行定值校验。

②低压接触器安装完毕后,应进行下列检查:接线应正确;在主触头不带电的情况下,启动线圈间断通电,主触头动作正常,衔铁吸合后应无异常响声。

4.继电器的安装

继电器安装前的检查,应符合下列要求:可动部分动作应灵活、可靠;表面污垢和铁芯表面防腐剂应清除干净。

5.按钮的安装

按钮的安装应符合下列要求:按钮之间的距离宜为 50~80 mm,按钮箱之间的距离宜为 50~100 mm;当倾斜安装时,其与水平的倾角不宜小于 30°;按钮操作应灵活、可靠、无卡阻;集中在一起安装的按钮应有编号或不同的识别标志,"紧急"按钮应有明显标志,并设保护罩。

6.熔断器的安装

熔断器及熔体的容量,应符合设计要求,并核对所保护电气设备的容量与熔体容量相匹配;对后备保护、限流、自复、半导体器件保护等有专用功能的熔断器,严禁替代;熔断器安装位置及相互间距离,应便于更换熔体;有熔断指示器的熔断器,其指示器应装在便于观察的一侧;瓷质熔断器在金属底板上安装时,其底座应垫软绝缘衬垫;安装具有几种规格的熔断器,应在底座旁标明规格;有触及带电部分危险的熔断器,应配齐绝缘抓手;带有接线标志的熔断器,电源线应按标志进行接线;螺旋式熔断器的安装,其底座严禁松动,电源应接在熔芯引出的端子上。

7.配电设备安装交接验收

①工程交接验收时,应符合下列要求:电器的型号、规格符合设计要求;电器的外观检查完好,绝缘器件无裂纹,安装方式符合产品技术文件的要求;电器安装牢固、平正,符合设计及产品技术文件的要求;电器的接零、接地可靠;电器的连接线排列整齐、美观;绝缘电阻值符合要求;活动部件动作灵活、可靠,联锁传动装置动作正确;标志齐全完好、字迹清晰。

②通电后,应符合下列要求:操作时动作应灵活、可靠;电磁器件应无异常响声;线圈及接线端子的温度不应超过规定;触头压力、接触电阻不应超过规定。

③验收时,应提交下列资料和文件:变更设计的证明文件;制造厂提供的产品说明书、合格证件及竣工图纸等技术文件;安装技术记录;调整试验记录;根据合同提供的备品、备件清单。

★ 巩固训练

1.技能训练要求

熟悉配电线路(系统)分类、负荷分级;明确现代化温室的配电特点、温室内配电的电压、配电方式的选择;熟悉温室配电系统的组成、常用配电设备的结构和用途;掌握配电设备施工一般规定;掌握低压断路器的安装、低压接触器的安装、继电器的安装、按钮的安装、熔断器的安装和配电设备安装交接验收。

2.技能训练内容及步骤

①低压断路器的安装;

②低压接触器的安装;

③继电器的安装;

④按钮的安装;

⑤熔断器的安装;

⑥配电设备安装交接验收。

★ 知识拓展

1. 温室配电设计

温室设计为一综合性科学,配电设计是其中的一个环节,必须与温室结构、温室内各生物环境因子的控制系统以及作物栽培技术等有机的协调与配合,其最终目的是在保证供电的必要可靠程度下,以最经济而简单的方式来充分利用电能。温室配电设计应保证电源质量,做到供电可靠、运行安全、操作简单、维修方便的要求,同时应尽量节约有色金属(如铜材和铝材),降低系统造价,经济运行指标合理。

配电设计在一般情况下分为初步设计和施工设计(即技术设计与安装图的混合设计)两个阶段。

初步设计的目的在于拟定选择电气设备和配电的主要原则性方案,确定大概的需要容量和年电能需要量,并编制概算。因此,初步设计资料的范围主要有说明书和概算书两部分。在说明书中应叙述和说明制作初步设计时所采用的原始资料和设计范围,电力和照明负荷的计算方法和结果,电源和电压等级的确定,配电所和供电系统方案的拟订,主要电气设备的选择与概算,配电所的平面布置图以及配电的单线系统图和主要设备材料表等。

技术设计为设计的主要阶段,它在初步设计中所采取的原则性方案及设备概算被有关机关批准后才进行,不仅是技术性文件,也在法律上具有一定意义。安装图是进行技术安装工程时所必需的全套图表资料。技术设计和安装图混合编制称作施工设计,通常包括施工说明、各项工程平面断面布置图、各种设备的安装图、各种部件的制作加工与装配图、设备材料明细表和预算等。

配电设计步骤大致如下:

①根据温室及其环境因子调控等用电条件和配电情况进行各分室和整群的负荷计算,并考虑功率因数及其补偿方案,确定配电变压器的数量和容量。

②向当地电力管理部门了解电力系统的情况,可能提供给温室企业的电源、电压和容量等,并对供电方式进行初步协商。

③根据温室企业对供电的要求,选择符合国家方针政策、技术经济上最合理的电源和配电系统方案。

④会同建设单位与电业管理部门协商确定电源及供电线路方案和电能计量器的装设位置,最后由建设单位和电业管理部门签订协议,并办理温室外送电线路由电业管理部门设计和施工的合同。

⑤进行高压侧短路电流计算和设备材料选择。

⑥进行防雷、接地等相关保护的设计。

⑦对各栋温室配电线路的设计,选择线路设备和材料。

⑧根据温室内调控因子的不同,对光照、通风、灌溉、保温、CO_2气肥施放等技术装置进行施工设计。

⑨对温室群进行总体的配电、照明设计。

⑩开列购置设备材料清单。

⑪编制经费概算(预算)。

⑫各项现场施工图的绘制或标准图的选择。

⑬编制技术经济指标表,以便评估所采取的设计方案及校验设计书中所列计算是否正确合理。

若分两阶段进行设计,则上述①～⑤及⑩～⑪项应在初步设计中完成;而⑥～⑨项在初步设计中只作原则性规定,详细设计在施工设计中进行。

2.主要配电设备的常见故障及其处理方法

①熔断器的常见故障及其处理方法如表 9-3 所示。

表 9-3　熔断器的常见故障及其处理方法

故障现象	产生原因	修理方法
电动机启动瞬间熔体即熔断	1.熔体规格选择太小 2.负载侧短路或接地 3.熔体安装时损伤	1.调换适当的熔体 2.检查短路或接地故障 3.调换熔体
熔丝未熔断但电路不通	1.熔体两端或接线端接触不良 2.熔断器的螺帽盖未旋紧	1.清扫并旋紧接线端 2.旋紧螺帽盖

②低压断路器常见故障及其处理方法如表 9-4 所示。

表 9-4　低压断路器常见故障及其处理方法

故障现象	产生原因	修理方法
手动操作断路器不能闭合	1.电源电压太低 2.热脱扣的双金属片尚未冷却复原 3.欠电压脱扣器无电压或线圈损坏 4.储能弹簧变形,导致闭合力减小 5.反作用弹簧力过大	1.检查线路并调高电源电压 2.待双金属片冷却后再合闸 3.检查线路,施加电压或调换线圈 4.调换储能弹簧 5.重新调整弹簧反力
电动操作断路器不能闭合	1.电源电压不符 2.电源容量不够 3.电磁铁拉杆行程不够 4.电动机操作定位开关变位	1.调换电源 2.增大操作电源容量 3.调整或调换拉杆 4.调整定位开关
电动机启动时断路器立即分断	1.过电流脱扣器瞬时整定值太小 2.脱扣器某些零件损坏 3.脱扣器反力弹簧断裂或落下	1.调整瞬间整定值 2.调换脱扣器或损坏的零部件 3.调换弹簧或重新装好弹簧
分励脱扣器不能使断路器分断	1.线圈短路 2.电源电压太低	1.调换线圈 2.检修线路调整电源电压
欠电压脱扣器噪声大	1.反作用弹簧力太大 2.铁心工作面有油污 3.短路环断裂	1.调整反作用弹簧 2.清除铁心油污 3.调换铁心
欠电压脱扣器不能使断路器分断	1.反力弹簧弹力变小 2.储能弹簧断裂或弹簧力变小 3.机构生锈卡死	1.调整弹簧 2.调换或调整储能弹簧 3.清除锈污

③接触器常见故障及其处理方法如表9-5所示。

表 9-5　接触器常见故障及其处理方法

故障现象	产生原因	修理方法
接触器不吸合或吸不牢	1.电源电压过低 2.线圈断路 3.线圈技术参数与使用条件不符 4.铁心机械卡阻	1.调高电源电压 2.调换线圈 3.调换线圈 4.排除卡阻物
线圈断电,接触器不释放或释放缓慢	1.触点熔焊 2.铁心表面有油污 3.触点弹簧压力过小或复位弹簧损坏 4.机械卡阻	1.排除熔焊故障,修理或更换触点 2.清理铁心极面 3.调整触点弹簧力或更换复位弹簧 4.排除卡阻物
触点熔焊	1.操作频率过高或过负载使用 2.负载侧短路 3.触点弹簧压力过小 4.触点表面有电弧灼伤 5.机械卡阻	1.调换合适的接触器或减小负载 2.排除短路故障更换触点 3.调整触点弹簧压力 4.清理触点表面 5.排除卡阻物
铁心噪声过大	1.电源电压过低 2.短路环断裂 3.铁心机械卡阻 4.铁心极面有油垢或磨损不平 5.触点弹簧压力过大	1.检查线路并提高电源电压 2.调换铁心或短路环 3.排除卡阻物 4.用汽油清洗极面或更换铁心 5.调整触点弹簧压力
线圈过热或烧毁	1.线圈匝间短路 2.操作频率过高 3.线圈参数与实际使用条件不符 4.铁心机械卡阻	1.更换线圈并找出故障原因 2.调换合适的接触器 3.调换线圈或接触器 4.排除卡阻物

④热继电器的常见故障及其处理方法如表9-6所示。

表 9-6　热继电器的常见故障及其处理方法

故障现象	产生原因	修理方法
热继电器误动作或动作太快	1.整定电流偏小 2.操作频率过高 3.连接导线太细	1.调大整定电流 2.调换热继电器或限定操作频率 3.选用标准导线
热继电器不动作	1.整定电流偏大 2.热元件烧断或脱焊 3.导板脱出	1.调小整定电流 2.更换热元件或热继电器 3.重新放置导板并试验动作灵活性
热元件烧断	1.负载侧电流过大 2.反复 3.短时工作 4.操作频率过高	1.排除故障调换热继电器 2.限定操作频率或调换合适的热继电器
主电路不通	1.热元件烧毁 2.接线螺钉未压紧	1.更换热元件或热继电器 2.旋紧接线螺钉
控制电路不通	1.热继电器常闭触点接触不良或弹性消失 2.手动复位的热继电器动作后,未手动复位	1.检修常闭触点 2.手动复位

⑤按钮的常见故障及其处理方法如表 9-7 所示。

表 9-7 按钮的常见故障及其处理方法

故 障 现 象	产 生 原 因	修 理 方 法
按下启动按钮时有触电感觉	1. 按钮的防护金属外壳与连接导线接触 2. 按钮帽的缝隙间充满铁屑,使其与导电部分形成通路	1. 检查按钮内连接导线 2. 清理按钮及触点
按下启动按钮,不能接通电路,控制失灵	1. 接线头脱落 2. 触点磨损松动,接触不良 3. 动触点弹簧失效,使触点接触不良	1. 检查启动按钮连接线 2. 检修触点或调换按钮 3. 重绕弹簧或调换按钮
按下停止按钮,不能断开电路	1. 接线错误 2. 尘埃或机油、乳化液等流入按钮形成短路 3. 绝缘击穿短路	1. 更改接线 2. 清扫按钮并相应采取密封措施 3. 调换按钮

★ 自我评价

评价项目	技术要求	分值	评分细则	评分记录
配电线路（系统）分类、负荷分级熟悉	了解配电线路（系统）分类,了解负荷分级	10 分	配电线路（系统）分类、负荷分级理解全面,得 10 分,未能全面理解的扣相应的分	
现代化温室的配电特点、温室内配电的电压、配电方式的选择明确	明确现代化温室的配电特点、温室内配电的电压、配电方式的选择	10 分	现代化温室的配电特点、温室内配电的电压、配电方式的选择理解全面,得 10 分,未能全面理解的扣相应的分	
温室配电系统的组成、常用配电设备的结构和用途熟悉	熟悉温室配电系统的组成、常用配电设备的结构和用途	25 分	温室配电系统的组成、常用配电设备的结构和用途理解全面,得 25 分,未能全面理解的扣相应的分	
配电设备施工一般规定掌握	掌握配电设备施工一般规定	15 分	配电设备施工一般规定掌握全面,得 15 分,未能全面掌握的扣相应的分	
掌握低压断路器的安装、低压接触器的安装、继电器的安装、按钮的安装、熔断器的安装和配电设备安装交接验收	掌握低压断路器的安装,掌握低压接触器的安装,掌握继电器的安装,掌握按钮的安装,掌握熔断器的安装,掌握配电设备安装交接验收	40 分	掌握低压断路器的安装、低压接触器的安装、继电器的安装、按钮的安装、熔断器的安装和配电设备安装交接验收掌握全面,得 40 分,未能全面掌握的扣相应的分	

项目 10　园艺设施中的自动控制系统

【学习目标】

1. 理解温室环境参数与执行设备对应关系。

2. 理解主要温室环境参数的控制方式。

3. 理解温室自动控制基本原理。

4. 理解温室控制系统的功能。

5. 会使用计算机控制系统,包括用户登录、昼夜设定、外遮阳参数设定、内遮阳设置、顶开窗设置、湿帘窗设置、湿帘风机设置、环流风机设置、补光灯设置、走廊遮阳设置、参数修正、数据查询和趋势曲线、时钟设定等操作。

【任务分析】

本任务主要是熟悉温室环境参数与执行设备对应关系和主要温室环境参数的控制方式,明确温室自动控制基本原理和温室控制系统的功能,掌握计算机控制系统的使用操作,包括用户登录、昼夜设定、外遮阳参数设定、内遮阳设置、顶开窗设置、湿帘窗设置、湿帘风机设置、环流风机设置、补光灯设置、走廊遮阳设置、参数修正、数据查询和趋势曲线、时钟设定等。

首先是熟悉温室环境参数与执行设备对应关系和主要温室环境参数的控制方式,明确温室自动控制基本原理和温室控制系统的功能,熟悉计算机控制系统的使用操作方法,在此基础上,掌握计算机控制系统的使用操作,包括用户登录、昼夜设定、外遮阳参数设定、内遮阳设置、顶开窗设置、湿帘窗设置、湿帘风机设置、环流风机设置、补光灯设置、走廊遮阳设置、参数修正、数据查询和趋势曲线、时钟设定等。

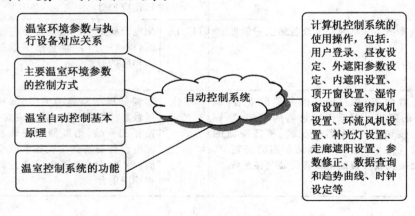

★ 基础知识

作物赖以生存的环境因子包括光照（光照强度、光照时间及光谱成分）、温度（气温与地温）、水分（空气湿度与土壤湿度）、土壤（土壤组成、物理性质及 pH 等）、大气因子及生物因子称为环境因子，也就是通常所说的环境参数。所有环境因子都对作物的生长有着直接或间接的关系，但在一定条件下，只有其中的一两个起主导作用，称为主导因子，分析作物主导环境因子是调控作物环境、实现优质高产的基础。

与自然界不同，温室的环境参数可以人为调节到适合作物生长的适宜条件。但对温室环境参数的调节不是无限制的，它受到温室外部环境、温室结构、温室控制系统等相关因素的制约。

长期以来，我国大部分温室种植，仍是人工靠经验参数控制温室内的环境，人工控制工作效率低，工作强度大，并且环境的控制很难保证做到最优。温室环境自动控制系统，是实现温室环境因子调节的自动控制和管理系统。该系统通过实时检测温室内土壤和空气湿度、温度、光强等环境参数结合控制算法来优化控制过程，实现温室种植技术的精确化、信息化、数字化、智能化。

1. 温室环境参数与执行设备对应关系

随着现代化温室产业的发展，温室控制配套设施也日趋完善，针对植物生长所需要的温度、湿度、光照、CO_2、水、肥等各种温室环境条件，现代化的智能温室可以通过各种配套设备对其进行调节。目前，现代温室常用的环境设备有内外遮阳系统、加温系统、自然通风系统、湿帘/风机降温系统、补光系统、补气系统、环流风机、灌溉系统、施肥系统、自动控制系统等。各种环境设备和温室环境参数之间不是简单的一一对应关系，控制某个环境参数可能需要执行多个环境设备，某个环境设备的运行也会引起多个环境参数的变化。所以环境设备和环境参数是一种多对多的复杂对应关系，总结如图 10-1 所示。

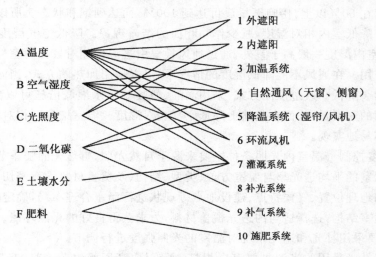

图 10-1 温室环境参数和环境设备对应关系图

由对应关系图可以知道，环境参数和温室设备的对应关系非常复杂，在对温室进行自动控制的时候,需要设计人员从中提取主要矛盾,采用最为主要的方式对温室环境进行控制,同时还必须兼顾控制效率和成本代价。

2.主要温室环境参数的控制方式

(1)温度控制 温度控制主要有加温控制、保温控制和降温控制 3 种方式。其中加温控制主要用于寒冷的冬季;保温控制主要用于温度低于植物正常生长所需要的时候;降温控制主要用于夏季室内温度过高时。

冬季温室加温,主要采用专门的加温设备,一般选用水暖或热风供暖。水暖加热系统采用的散热器又分圆翼型、绕片式、光管式等几种;热风供暖有燃油热风炉风机供暖、热水热风机供暖、燃气热风机、电热风机供暖等几种形式。一般用热风炉可以做到自动控制,燃油锅炉也可以做到自控。燃煤锅炉的自控性能要差,如果温室与其他建筑共用一套供暖系统,可以在温室内安装混水阀(三通或四通)达到节约能源的目的。由于南北气候的差异,南方许多地区的温室冬季不需要加温或只需要间断性的加温,利用燃油热风炉将是一种较好的选择。

保温设备主要用于减少温室的散热量,主要的控制设备有自然通风系统、遮阳幕和保温幕。冬天通常可以采用关闭温室自然通风系统,在夜间开启内遮阳避免对流造成的热量损失,起到保温作用。

夏季温室降温可以采用多种方式。前面提到的自然通风、内外遮阳都可以运用于降温。湿帘/风机降温系统是目前应用广泛的一种强制通风降温方式,它是利用水的蒸发吸热,在水、气交换过程中达到降温的目的。一般是在温室的一端布置风扇,另一端布置湿帘,利用风扇强制排风,湿帘幕墙顶部有水均匀地淋湿湿帘,当空气从湿帘的缝隙中穿过时,湿帘上的水分蒸发,从而降低空气的温度,同时使空气的湿度增加。但在高湿度地区室外空气的湿度已经很大,留给水分蒸发的空间已经很小,因此蒸发降温的效果会大打折扣,这也是温室行业在降温方面的一个难题。

(2)湿度控制 日光温室空气相对湿度通常比较高,特别是在寒冷冬季不通风的条件下,空气相对湿度在 80% 以上,傍晚至早晨可达到 100%,而达到饱和状态。所以温室空气湿度调节一般是为了降低室内相对湿度,减少作物叶面的结露现象。降低空气湿度的方法主要采用通风换气,温室内湿度一般高于室外,通过通风换气引进湿度相对较低的室外空气对室内空气能起到稀释作用。在通风不能降低湿度的情况下,可以采用加热的方式,当温室内温度升高时相对湿度自然会降低。改进灌溉方式,采用滴灌、微喷等节水灌溉措施可以减少地面的积水,显著降低地面的蒸发量,从而在整体上降低空气相对湿度。温室增湿则相对简单,采用喷淋等设备便可很容易地实现。

(3)光照度控制 温室内光照条件主要来源于自然光照,自然光照随季节和纬度有着明显差异。所以温室的平均透光率与温室方位、类型、结构、及覆盖材料均有密切关系,因此根据当地自然环境如地理位置、气候特点、建设地点等现状进行温室合理布局,确定合适的建筑方位,设计合理的温室结构,选择适当的透光覆盖材料,力求获得良好的光照环境。在温室结构确定的情况下,主要采用补光和遮光系统对温室的光照强度进行调节。

目前人工补光采用的光源主要有白炽灯、卤钨灯、高压水银荧光灯、高压钠灯、低压钠灯等,各种灯的规格、发光效率、功率都不尽相同,设计人员需根据实际情况选择合适的光源。遮光系统是一种降低光照强度的措施,设备包括内、外遮阳幕等。

(4)CO_2 浓度控制 目前大气中 CO_2 的浓度平均约为 380 $\mu L/L$,但由于温室中植物的光合作用强于呼吸作用,导致 CO_2 浓度降低;CO_2 是光合作用的原料,适当增加 CO_2 浓度可以提高作物的产量,所以温室 CO_2 控制以增加浓度为主。一般情况下,可以采用自然通风的方式使 CO_2 浓度增加到趋于室外值,这是最简单经济的控制方式;如果要额外增加 CO_2 浓度,即给温室施用 CO_2 肥,则可以采用专用的 CO_2 发生器、CO_2 储气罐或者施用有机肥通过化学反应产生 CO_2。

3. 温室自动控制基本原理

温室自动控制系统原理结构框图如图 10-2 所示,它是一个小型的分布式数据采集系统与智能控制系统组成的,其中数据采集又由相应的传感器(如温度传感器、湿度传感器、CO_2 浓度传感器、光照度传感器等)、模拟量输入输出通道、开关量输出通道所组成。室内环境检测既可以独立完成各种信息的采集、预处理及存储任务,又可接受从智能控制系统送来的控制参数设置,启动增温降温、加湿除湿、遮阳补光等调控设备,从而按不同要求调控温室的微气候环境。智能控制系统是以单片机为核心组成的监测与调控系统,主要是将数据采集系统送来的数据,根据用户所需要求及时地调整室内环境,从而达到温室室内环境的要求。

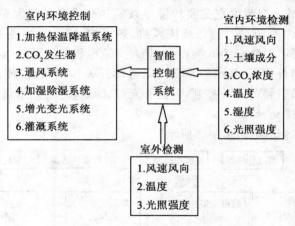

图 10-2 温室室内环境控制简图

温室自动控制系统主要包括智能控制系统、加湿系统、通风系统、遮阳系统及加热系统五部分。智能控制系统是温室的控制核心,通过数据采集模块收集温室内的各环境参数并将监测结果实时显示在微控制器及计算机屏幕上,同时对各参数进行实时控制和调节,满足作物生长需要。加湿系统的主要功能是确保室内作物生长所需的水分;当温室内温度偏高时,通风系统可降低室内温度;遮阳系统用来保证室内光照强度;供暖系统主要是保证作物生长在最适合的温度环境下。

4. 温室控制系统的功能分析

完整的温室控制系统包括检测设备、控制设备、执行设备三部分。根据控制内容分温室控制系统包括温室环境传感器检测、执行设备控制两部分。

(1) 温室环境传感器及其检测 温室环境状态的检测是温室控制的首要环节,必须做到实时、准确无误才能保证后续的控制任务得以顺利进行。温室控制系统通过各种传感器对温室环境状态值进行监测。温室内采用的传感器包括温度传感器、湿度传感器、光照度传感器以及二氧化碳传感器。温室外二氧化碳浓度一般为恒定值,对控制影响很小,所以,室外环境监测主要包括温湿度和光照强度进行监测,也可以增加风速传感器。根据温室环境气候控制特点,温室环境传感器选型有如下精度要求:①温室环境温度值一般在 0~40℃,大多数作物生长的适宜温度在 20~35℃。由于作物对温度的敏感程度不是很高,温度传感器精度无需太高,±1℃为宜。②湿度传感器测量范围为 0~100%RH,精度±3%为宜。③光照度传感器测量范围为 0~200 000 lx,精度±500 为宜。④二氧化碳传感器测量范围为 0~2 000 μL/L,精度±40 μL/L 为宜。

环境参数实时值由相应的传感器测得,市场上常见的温室环境参数传感器大都是电流模拟型的,即传感器开始工作后,检测到的温室环境参数值以电流的形式给出,温室环境参数与一个电流值相互对应。控制系统首先要通过 A/D 转换器将此模拟信号转变成数字信号,然后再传给计算机进行处理,这就是传感器数据检测过程。设计 A/D 转换电路时,要考虑精度问题,因为实际计算机检测到的数据精度是由传感器本身和 A/D 转换电路两部分综合作用的结果,A/D 转换电路的精度要高于传感器,以免叠加的系统误差对检测结果产生过大的影响,温室系统采用 12 或 14 位的 A/D 转换器比较适宜。

(2)执行设备的控制　控制温室主要环境参数的执行设备包括天窗、侧窗、湿帘外窗、湿帘、风机、喷淋、外遮阳、内遮阳、补光灯、环流风机、热风炉、CO_2 发生器和水泵等。每个执行设备的控制方式有所不同,总体分为 3 类:一类是对交流电机的正反转运行控制,包括天窗、侧窗、外遮阳、内遮阳、湿帘外窗等;另一类是交流电机的开关控制,包括环流风机、湿帘风机、热风炉风机等;还有一类是直接的开关控制,包括补光灯、CO_2 发生器、水泵。

5.典型自动控制系统的结构

典型自动控制系统的结构如图 10-3 所示。

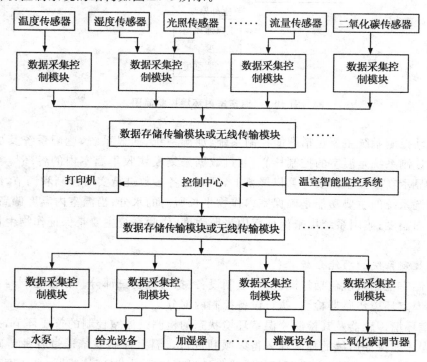

图 10-3　典型自动控制系统的结构

★ 工作步骤

以北京京鹏环球科技股份有限公司所开发的温室计算机控制系统为例进行操作。

1. 用户登录

首先应该注意的是,在对温室环境进行计算机控制时,需要把温室电控柜上的按钮打到"自动"位置。

如果是初次使用计算机控制系统,应双击计算机屏幕上的"运行系统"进入该控制系统。当看到如下画面时,如图 10-4 所示,那么就已经进入了计算机控制系统的开始画面,在进入开始画面后,假如想输入温室控制参数或查看温室数据时,必须进行登录。

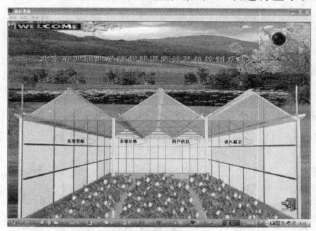

图 10-4 开始画面

系统登录操作方法:在进入整个计算机控制系统时,需要点击"进入系统",这时必须通过输入"用户名"和"口令"(即密码),才可登录,只有登录成功后,才有权限进入温室各个区域和修改相应的控制参数。用户登录成功以后,点击进入温室,即可进入计算机控制系统主画面,如图 10-5 所示。

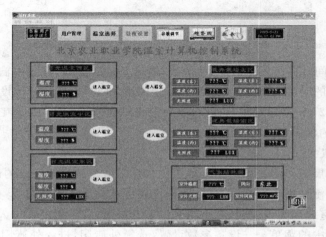

图 10-5 控制系统主画面

主画面上排工具栏内各按钮功能简单介绍：

(1)当前用户　显示当前登录用户的名称；

(2)用户管理　编辑新用户；

(3)温室选择　选择需要进入的温室；

(4)参数修正　修改不准确的参数数值；

(5)昼夜设置　设置温室控制的白天和夜晚的时间段；

(6)趋势图　反映出温室温湿度、光照度的曲线；

(7)报表　查看温室温湿度、光照度的历史数据；

(8)时间及日期　显示当前日期和时间。

下面显示的是各温室的室内参数和气象站的数据。点击各温室区的进入温室按钮，进入相应的温室主画面。

2.昼夜设定

作物在白天和夜晚要求不同的生长环境，温室在白天和夜晚有可能要求不同的换气时间，因此我们设定了白天和夜晚时间段。在主画面中点击昼夜设定按钮可进入昼夜时间段设定画面，应首先要设定时间段，如果时间段没有设定所有输入控制参数将不起作用。点击主画面上的昼夜设置下拉菜单，分别对各温室的时间段设置。以日光温室西区为例说明，如图 10-6 所示。

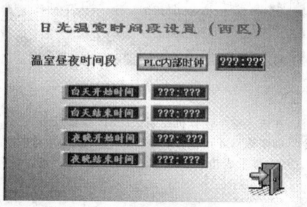

图 10-6　昼夜时间设定

在白天开始时间和白天停止时间，夜晚开始时间和夜晚停止时间中输入时间段数值。时间应以画面中 PLC 的时钟为准，如要调整 PLC 内部的时间，应进行时钟设定。

注意事项：1 天 24 h 应分为两个时段，如果中间出现间隔时段，则是在间隔的时段内将保持上一时段结束前的状态。

3.外遮阳参数设定

在夏季，通过铺展隔热型遮阳网是一种控制日照辐射量和降低温度的最佳方式，通过铺展外遮阳，还能使阳光漫射进入温室，保证作物免受强光的灼伤。该系统能实现夏季的遮阳、降温。下面以花卉温室北区为例说明，点击花卉温室北区进入温室按钮，进入花卉温室北区主画面，然后再点击画面中的菜单——设备参数设置，选择外遮阳，进入外遮阳设置画面，如图 10-7 所示，在此输入相应的参数，外遮阳系统参数设定见表 10-1。

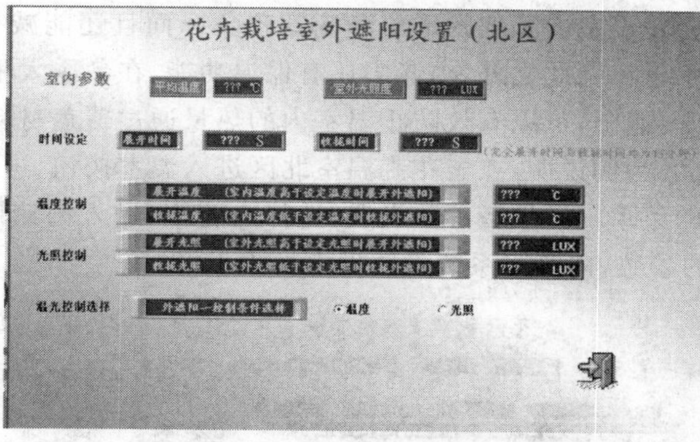

图 10-7 外遮阳设置画面

表 10-1 外遮阳系统参数设定

序号	PC 软件中的选项	软件选项的描述和解释
1	平均温度	对应室内平均温度
2	室内光照度	对应室内实际光照度
3	展开时间	输入外遮阳需要展开的时间,输入的时间不同,展开的幅度不同
4	收拢时间	输入外遮阳需要收拢的时间,输入的时间不同,收拢的幅度不同
5	展开温度	设定外遮阳展开温度,当室内温度高于设定的展开温度值时,外遮阳展开(白天有效,夜晚无效)
6	收拢温度	设定外遮阳收拢温度,当室内温度低于设定的收拢温度值时,外遮阳收拢
7	展开光照度	设定外遮阳展开光照度,当室内光照度高于设定的展开光照度值时,外遮阳展开(白天有效,夜晚无效)
8	收拢光照度	设定外遮阳收拢光照度,当室内光照度低于设定的收拢光照度值时,外遮阳收拢

注意事项:

①当外遮阳根据控制环境要求展开或收拢时,外遮阳会按设定的时间长度运行,而不是全部卷起。这样做的目的是:加快温室环境的动态平衡,使之尽快达到作物要求的生长环境;避免外遮阳电机和传动轴的频繁动作,从而大大提高了外遮阳设备的使用寿命;一定要设置打开和关闭时间,否则不能展开或收拢。

②如果不想通过光照度或温度控制外遮阳,则在光照度或温度设定值中不输入数值。例如,不让温度设定起作用,只需要在展开和收拢温度设定中输入"0"即可,通过控制方式选择温度或光照控制。

③由于外遮阳在室外,夜晚设置参数没有任何意义,故不分白天夜晚时间段控制。

④输入时展开值应大于合拢值。

4. 内遮阳设置

外遮阳主要是实现夏季的遮阳、降温。当外遮阳系统达不到系统要求的遮阳功能时,可通过展开内遮阳来达到目的。同时,当内遮阳展开后,温室内(内遮阳上下部)会形成两个上下相对独立的空间,能有效阻止温室内雾气的形成和滴露现象。而且还能减少作物及土壤的水分蒸发,从而减少灌溉用水量。除此之外,内遮阳还有保温功能,在冬季太阳快要下山的时候,通过内遮阳保温功能展开内遮阳,可以有效防止温室内的热量通过覆盖材料辐射到室外。

下面以花卉温室北区为例说明:点击花卉温室北区进入温室按钮,进入花卉温室北区主画面,然后再点击画面中的菜单——设备参数设置,选择内遮阳,进入内遮阳设置画面,如图 10-8 所示,在此输入相应的参数,内遮阳系统参数设定见表 10-2。

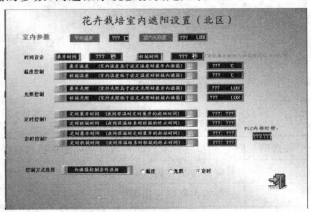

图 10-8　内遮阳设置画面

表 10-2　内遮阳系统参数设定

序号	PC 软件中的选项	软件选项的描述和解释
1	展开温度	在此设定内遮阳铺展所要求的温度条件。当温室内环境温度高于此设定值时,内遮阳会按设定的铺展百分比自动铺展。从而不让阳光进入温室,遮阳降温。例如,如果设定铺展内遮阳的温度值为 24℃,当温室温度达到 25℃时,内遮阳会运行铺展过程。避免阳光进入温室内
2	收拢温度	在此设定铺展内遮阳后,温室内温度降低到多少时开始运行内遮阳卷起过程,从而平衡和缓冲温室温度
3	展开光照	在此设定内遮阳铺展所要求的光照度条件。当温室光照度值高于此设定值时,内遮阳会自动铺展
4	收拢光照	在此设定铺展内遮阳后,温室光照度降低到多少时开始运行卷起过程,让阳光进入温室,从而提高温室内的光照度。所以这是一个动态的变化过程,是通过不断铺展或卷起内遮阳从而平衡温室内的光照度
5	定时展开时间	在冬季内遮阳具有保温功能,输入定时展开内遮阳的开始时间
6	定时收拢时间	输入收拢内遮阳的开始时间

注意事项:

①如果不想通过温室光照度或室内温度控制内遮阳,则在光照度或温度设定值中输入 0。例如,当前的控制方式选择是温度,但在展开温度和收拢温度中都输入 0,这时,不会根据温度来控制。

②温度、光照、定时,只能选择一种控制方式。若要取消内遮阳根据时间控制,在定时展开和收拢的时间都设为 0 或相同即可。

③设置展开温度应大于收拢温度,展开光照应大于收拢光照,否则输入不起作用。

④打开时间和关闭时间一定要输入,否则也不能实现展开和收拢。

5.顶开窗设置

通过打开顶开窗,可以实现温室内部降湿、降温。控制顶开窗启闭是控制温室温度和湿度最佳节能方式。同时,通过打开顶开窗,还能使室外新鲜空气进入室内,使室内空气成分适宜于植物生长。

下面以花卉温室北区为例说明:点击花卉温室北区进入温室按钮,进入花卉温室北区主画面,然后再点击画面中的菜单——设备参数设置,选择顶开窗,进入顶开窗设置画面,如图10-9所示,在此输入相应的参数,顶开窗系统参数设定见表10-3。

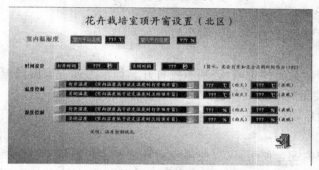

图 10-9　顶开窗设置画面

表 10-3　顶开窗系统参数设定

序号	PC 软件中的选项	软件选项的描述和解释
1	室内平均温度	对应温室内实际平均温度
2	室内平均湿度	对应温室内平均湿度
3	打开时间	输入顶开窗需要打开的时间,输入的时间不同,打开的角度不同
4	关闭时间	输入顶开窗需要关闭的时间,输入的时间不同,关闭的角度不同
5	打开温度(白天/夜晚)	设定顶开窗打开温度,当室内温度高于设定的打开温度值时,顶开窗打开
6	关闭温度(白天/夜晚)	设定顶开窗关闭温度,当室内温度低于设定的关闭温度值时,顶开窗关闭
7	打开湿度(白天/夜晚)	设定顶开窗打开湿度,当室内湿度高于设定的打开湿度值时,顶开窗打开
8	关闭湿度(白天/夜晚)	设定顶开窗关闭湿度,当室内湿度低于设定的关闭湿度值时,顶开窗关闭

注意事项:

①当顶开窗根据控制环境要求设置打开或关闭时间,顶开窗会按照设定的时间长度运行,而不是全部打开。这样做的目的是加快温室环境的动态平衡,使之尽快达到作物要求的生长环境;一定要输入打开与关闭时间,否则不能打开和关闭。

②打开和关闭设定值应有一定的差值,差值不应太小,避免顶开窗电机和传动轴的频繁动作,从而大大提高了设备的使用寿命。

③温室顶开窗控制分优先级,温度控制优先,湿度控制依赖于温度控制。如果不想通过温度或湿度控制顶开窗,则在湿度或温度设定值中不输入数值。例如,若只通过温度控制顶开窗,则在通过湿度开启顶开窗的设定值中输入"0"值,则顶开窗只按温度设定值开、关。但是如果同时设置温度或湿度参数时,温度控制优先,即满足温度条件时,执行温度控制;满足湿度条件时,只有在不与温度控制冲突的情况下,才能执行湿度控制;单独进行温度控制一定要先设定温度的开、关值。

④湿帘风机启动时,顶窗自动关闭,不能打开。

6.湿帘窗设置

设置与顶开窗设置相同,参考顶开窗设置。

注意事项:

①必须设定打开和关闭的时间,否则不能打开。如不想通过温度或湿度控制,打开或关闭中输入 0,但打开和关闭时间必须要输入。

②湿帘风机启动后,自动打开湿帘窗,并且湿帘风机运行中,不能关闭。

7.湿帘风机设置

湿帘风机和湿帘窗配合使用,可以使温室内环境和室外环境混合交换,起到降温除湿的作用。如果再和湿帘水泵配合使用,将是一种最有效的降温方法。每个区风机系统分 3 个组控制。

下面以花卉温室北区为例说明:点击花卉温室北区进入温室按钮,进入花卉温室北区主画面,然后再点击画面中的菜单——设备参数设置,选择湿帘风机,进入湿帘风机设置画面,如图10-10 所示,在此输入相应的参数,湿帘风机系统参数设定见表10-4。

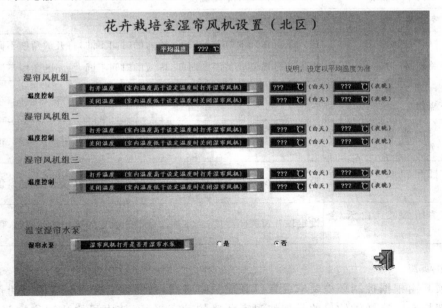

图 10-10　湿帘风机设置画面

表 10-4 湿帘风机系统参数设定

序号	PC 软件中的选项	软件选项的描述和解释
1	打开温度（白天）	在此输入白天时间段湿帘风机运行的温度条件。当温室温度高于此设定的值时,湿帘风机会自动开启
2	关闭温度（白天）	在此输入白天时间段湿帘风机停止运行的温度条件。当温室温度低于此设定的值时,湿帘风机会自动停止运行。例如,若此设定值为 21℃,则当温室温度降到 20℃时,会停止湿帘风机的运行
3	打开温度（夜晚）	在此输入夜晚时间段湿帘风机运行的温度条件。当温室温度高于此设定的值时,湿帘风机会自动开启
4	关闭温度（夜晚）	在此输入夜晚时间段湿帘风机停止运行的温度条件。当温室温度低于此设定的值时,湿帘风机会自动停止运行

注意事项:

打开温度要高于关闭温度,为避免风机频繁启动,打开与关闭温度应留有一定的差值。

8. 环流风机设置

环流风机启动可使室内空气加快流通,有 3 种控制方式选择:温度、间隔、定时控制。

当选择温度控制后,设置与湿帘风机设置相同,参考湿帘风机设置。

当选择间隔控制后,环流风机会根据设定的运行时间和间隔时间间隔启停,时间单位为分钟。

注意事项:

当选择定时控制后,打开时间与关闭时间设置为相同,可关闭定时控制。定时控时间就以 PLC 内部时间为准,如要对 PLC 内部时间调整,请看后面有关的介绍。

9. 补光灯设置

补光灯有两种控制方式:定时控制和光照控制。可选择一种方式进行控制。当选择定时控制后,可以设定二组定时控制,只需输入打开和关闭时间就可以。当选择光照控制后,光室内光照低于打开光照设定的值时,补光灯自动打开,当室内光照高于设定的关闭设定值时,关闭补光灯。时间控制打开与关闭时间设为 0 或相同可关闭定时控制。选择光照控制时,打开与关闭光照度设为 0 可关闭光照控制。为避免补光灯的频繁开关,打开和关闭应设一定的差值。

注意事项:

①光照控制时,输入打开光照度值应小于关闭光照度值。

②定时应以 PLC 内部时钟为准。

10. 走廊遮阳设置

走廊遮阳设置与外遮阳相同,展开与关闭时间一定要设置,要实现自动控制,电脑需要处于打开状态。

11. 参数修正

由于传感器存在一定的漂移,或者传感器采集的数据与所认为的数据有一定差距时,可以通过此功能调整温室传感器采集数据。

在调整值中当输入值为正时,传感器采集的数值加上所设定的调整值为新的传感器数值。

当输入值为负时,传感器采集的数值减去所设定的调整值为新的传感器数值。进行自动控制时以调整后的数值作为参考值进行控制。

12.数据查询和趋势曲线

为了方便用户更容易、更灵活地浏览来自不同传感器的数据信息,并对它们进行比较、分析,可以使用数据查询功能。在计算机控制系统运行时,系统能时时采集、存储由控制器采集的不同传感器的相关数据,如温室温度、温室湿度、室外温度、室外光照度、室外温度等。同时,根据您的需要,还可以对这些数据进行打印。温室数据查询包括报表查询和曲线查询。

(1)历史数据　点击主画面"历史报表"菜单,则进入"报表查询"画面。

在报表查询画面中,点击按钮——历史数据报表,首先你需要选择查询时间,点击"时间属性",在这里可以选择需要查询的时间(年、月、日)、查询时间间隔等。例如,查询2009年7月21日这一天温室温度值,而且每隔5 min需要查一次。则:①选择查询时间的起始时间和终止时间;②采集的间隔时间,如图10-11所示。在输入查询的时间后,还需要选择需要查询的变量,即想查询哪一个变量的数据,如温室温度、温室湿度、温室光照度等,选择好查询的时间和变量后,如图10-12所示,点击"确定"按钮即可出现图10-13报表查询结果。单击保存按钮报表文件保存到

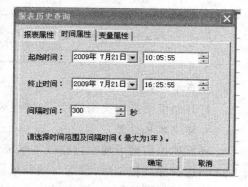

图10-11　数据报表时间选择

电脑d:\温室数据报表\数据报表.xls文件内,可对该文件在EXCEL中对文件编辑打印。

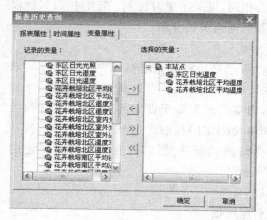

图10-12　数据报表变量选择

图10-13　数据报表图

(2)历史数据曲线　点击历史曲线按钮进入趋势图画面,如图10-14所示。

13.时钟设定

如果发现PLC内部时钟不准确,可对PLC内部时钟进行调整,方法以花卉温室北区为例说明,首先要把监控软件关闭后才能实行时钟设定。

点击备份程序下面的花卉温室北区.mwp程序,然后点击菜单PLC下的实时时钟选项出现如图10-15所示画面,点击读取PLC,对PLC时间进行修改后点击下面的设置按钮,完成时

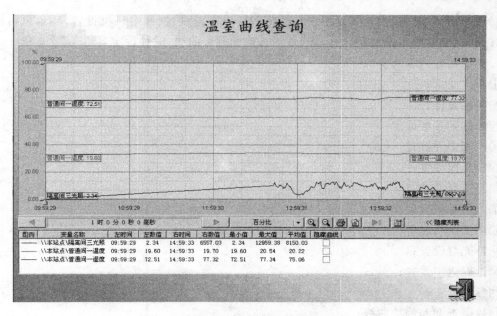

图 10-14 室内参数曲线图

间设置,然后退出程序即可。

14. 安全注意事项

①任何电气在无法证明无电的情况下都认为有电,不盲目信任开关和控制装置,不要依赖绝缘来防范触电。

②若发现电源线插头或电线有损坏应立即更换。严禁乱拉临时电线,如需要则要用专用橡皮绝缘线而且不得低于 2.5 m,用后立即拆除。

③尽量避免带电操作、湿手更应禁止带电操作。

④不得带电移动电器设备;将带有金属外壳的电气设备移至新的位置时,首先要安装接地线、检查设备的完好后,才能使用。

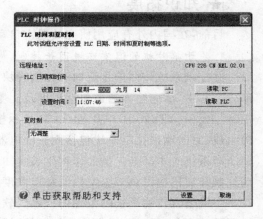

图 10-15 PLC 实时时钟操作

⑤移动电气设备的插座,要带有保护接地装置,严格禁止用湿手碰灯头、开关、插头。

⑥不得靠近落地导线,对于落地的高压线更应该远离落地点 10 m 以上,以免跨步触电。

⑦当电气设备起火时,应立即切断电源,并用干粉灭火器进行扑灭。

⑧非专业人员,禁止操作任何电气与机械设备。

★ 巩固训练

1. 技能训练要求

熟悉温室环境参数与执行设备对应关系和主要温室环境参数的控制方式,明确温室自动控制基本原理和温室控制系统的功能,掌握计算机控制系统的使用操作,包括用户登录、昼夜设定、外遮阳参数设定、内遮阳设置、顶开窗设置、湿帘窗设置、湿帘风机设置、环流风机设置、补光灯设置、走廊遮阳设置、参数修正、数据查询和趋势曲线、时钟设定等。

2.技能训练内容及步骤

①用户登录；

②昼夜设定；

③外遮阳参数设定；

④内遮阳设置；

⑤顶开窗设置；

⑥湿帘窗设置；

⑦湿帘风机设置；

⑧环流风机设置；

⑨补光灯设置；

⑩走廊遮阳设置；

⑪参数修正；

⑫数据查询和趋势曲线；

⑬时钟设定。

★ 知识拓展

目前，在国内外有应用研究的温室自动控制方式主要有以下几种：

1.基于单片机的温室环境因子控制

此控制系统按照信号流向和控制模块可划分为：前向输入通道、控制主板和后向输出控制部分。其中，前向输入通道包括温度及土壤含水量传感器、A/D 转换器及按键设置 3 个部分；控制主板由 AT89C51 单片机、LCD 显示模块、数据存储电路、打印输出端口及声光预警电路等组成；后向输出控制模块包括固态继电器、打印机、电磁阀、手动控制电路、温室开窗电动机和滴灌系统 6 个部分。按照作物生长规律设置好温室环境温度和土壤含水率以后，系统可自动控制开窗机构以调节温室内的环境温度，自动控制滴灌电磁阀使温室内的土壤含水率保持在一个最适宜作物生长的范围内。系统软件设计采用中断技术来控制各个外设，定时扫描环境因子的变化，通过与设定值比较运算对外设进行控制。本系统经过实际使用，证明采用单片机实现自动控制的方法，特别是在温室这种相对稳定的环境条件下实现节水抗旱是可行的。

2.分布式智能型温室计算机控制系统（实时多任务操作系统和农业温室专家系统）

该系统体系结构为中心计算机和单片机智能控制仪的主从式结构，系统采用实时多任务操作系统和农业温室专家系统的人工智能技术，对温室内外环境因子进行实时监测和智能化决策调节，为农作物创造最优化的生长条件。实时多任务系统使系统的通信、环境参数采集、控制可以同时进行；由于现场情况的复杂性和多变性，依靠精确数学模型的传统控制已经无法很好地解决问题，因此，本系统采用存储大量现场经验和知识的专家系统来达到控制的目的。系统硬件主要由环境因子实时监测模块、智能决策模块组成。软件部分采用 COM 组态方式实现，包括数据库管理模块、人工控制模块等，具有操作简便、可靠性高、易升级扩充等特点，已实现产品化。

3. 基于单总线技术的农业温室控制系统

如果控制系统的物理层采用如前所述的"上位机＋下位机"的集散控制结构,相互之间点对点通信,下位机的所有信息均要上传到上位机,再由上位机将控制命令发送给执行机构。这对于控制变量很多的温室系统,带来了布线不便和线路拥塞的可能,既不经济也欠可靠。另外,系统的扩展性不好,在原系统的基础上,不易增加新的温室控制系统。同时需要控制的温室数量比较多时,控制系统的复杂度和难度就大大增加,布线数量增加,系统成本大幅增加。在温室自动控制中引入现场总线,采用现场单总线式集散控制系统结构 FDCS(field distributed control system)结构,由操作站、控制单元及 CAN 现场控制网络组成。操作站主要完成控制系统离线组态、生成及在线系统监控;多个控制单元节点各自独立完成某温室控制;通过 CAN 现场总线,在操作站和控制单元之间交换各种数据和管理控制信息。在这种系统结构中,各个控制单元和计算机都是挂接在总线上的平等主体,它们之间采用点对点方式、广播方式进行通信。将温室自动控制系统和功能下放到现场的控制单元中去完成,不需要通过上位机,每个节点独立完成系统特定的功能。

4. 多目标日光温室计算机生产管理系统

该系统采用 RS-485 远距离通信,多点数据采集,工控组态图形动态监测技术,所有监控点传感器都连接到由模拟量输入模块组成的 RS-485 网络上,通过一条双绞线与远程控制单元(RTU)通讯、收发控制信号。所有传感器都通过屏蔽双绞线连接到 ADC-8017 模拟量输入模块(A/D 转换模块),模拟信号转换为数字信号,经 RS-232/485 数据转换模块将 RS-485 信号转换成计算机串口的 RS-232 信号,可实时观测到各控制参数的变化。计算机发出的控制指令经 DAC-8050 输入模块转换为模拟信号,通过输出控制电路控制补光灯、排风扇、滴灌设备、CO_2 发生器等执行机构的开关,实现日光温室内温度、湿度、光照、土壤水分及 CO_2 浓度等环境因子的调控。日光温室环境自动控制系统软件用组态软件开发应用软件,可实现功能软件设计的模块化。系统具有打印历史数据记录及历史曲线分析功能,用于生产技术资料分析。利用组态软件内部数据库功能建立主要农作物生长发育技术参数数据库,计算机根据数据库资料设定各生长发育阶段控制参数,实现智能控制。数据库具有开放性,经授权的程序员可进行修改。该系统采用最新计算机控制技术与传感器技术,只使用一台中心计算机集成(没有使用单片机)实现对影响日光温室果蔬生产的各项环境因素进行有效的监测与控制,系统技术性能稳定,控制准确,操作管理方便,运行可靠,减轻了日光温室生产管理劳动强度,提高日光温室生产管理水平。

5. 以局域网(intranet)为工作环境的温室控制系统

该系统主要包括:网络服务器一台、专用管理工作站一台、一般工作站若干(包括温室专用工控机)。采用最新的客户机/服务器方式,利用网络技术实现资源共享。低层的传感器等信号传输处理和驱动执行机构与基于单片机的温室环境因子控制装置所使用的方案基本一致,高层控制环境软硬件和实时多任务操作系统、农业温室专家系统基本一致,所不同的是它采用服务器将数据库与应用程序分离,便于维护和管理。同时,该系统还可以与国际联网,共享资源,进行国际交流。但该系统成本较高,一次性投入较多,目前我国还没有条件大规模应用,只有少数实验室和大型农场有条件试用,但它的功能强大,随着农业及电子工业的不断发展,必将得到大规模的应用。

6. 基于 PLC 的温室控制系统

基于 PLC(可编程逻辑控制器)的温室控制系统是由上位机、PLC、数据采集单元及执行机构组成。PLC 主要用于动态、实时监测室内外环境因子的变化,根据作物生长的要求对参数进行匹配,同时完成与上位机的通信。PLC 是一种通用的自动控制装置,它将传统的继电器控制技术、计算机技术和通信技术融为一体,具有控制能力强、操作灵活方便、可靠性高、适宜长期连续工作的特点,非常适合高效温室的控制要求。以计算机和 PLC 为核心的控制系统,由气候监控系统、灌溉系统、营养液控制系统等几部分组成。另外,PLC 不但能完成复杂的逻辑功能,还能完成复杂的运算功能。PLC 有各种组态模块功能,通过先进的现场总线技术,可实现多台 PLC、多个温室的网络化分布式控制。其缺点是投资大,一般都在万元以上,农业用户难以接受。

★ 自我评价

评价项目	技术要求	分值	评分细则	评分记录
温室环境参数与执行设备对应关系熟悉	熟悉温室环境参数与执行设备对应关系	10 分	能全面说出温室环境参数与执行设备对应关系,得 10 分,否则扣相应的分	
主要温室环境参数的控制方式熟悉	明确主要温室环境参数的控制方式	10 分	能全面说出主要温室环境参数的控制方式,得 10 分,否则扣相应的分	
温室自动控制基本原理熟悉	了解温室自动控制基本原理	10 分	能全面说出温室自动控制基本原理,得 10 分,否则扣相应的分	
温室控制系统的功能熟悉	掌握温室控制系统的功能	10 分	能全面说出温室控制系统的功能,得 10 分,否则扣相应的分	
掌握计算机控制系统使用操作	掌握用户登录、昼夜设定、外遮阳参数设定、内遮阳设置、顶开窗设置、湿帘窗设置、湿帘风机设置、环流风机设置、补光灯设置、走廊遮阳设置、参数修正、数据查询和趋势曲线、时钟设定等操作。	60 分	在规定时间内正确完成用户登录、昼夜设定、外遮阳参数设定、内遮阳设置、顶开窗设置、湿帘窗设置、湿帘风机设置、环流风机设置、补光灯设置、走廊遮阳设置、参数修正、数据查询和趋势曲线、时钟设定等操作,得 60 分,否则扣相应的分	

参考文献

[1] 张福墁.设施园艺学.北京:中国农业大学出版社,2001.

[2] 李志强.设施园艺.北京:高等教育出版社,2006.

[3] 张彦平.设施园艺.北京:中国农业出版社,2008.

[4] 张庆霞,金伊洙.设施园艺.北京:化学工业出版社,2009.

[5] 陈国元.园艺设施.苏州:苏州大学出版社,2009.

[6] 陈全胜,姚思青.设施园艺.武汉:华中师范大学出版社,2010.

[7] 陈杏禹,李立申.园艺设施.北京:化学工业出版社,2011.

[8] 姜翌.设施园艺.重庆:重庆大学出版社,2011.

[9] 陈杏禹.蔬菜栽培.北京:高等教育出版社,2010.

[10] 胡永军,等.大棚黄瓜高效栽培技术.济南:山东科学技术出版社,2009.

[11] 张利华,等.日光温室气象灾害防御措施.农业工程技术·温室园艺,2011(2):41-42.

[12] 史慧锋,等.聚碳酸酯板连栋温室在新疆地区的使用与维护.新疆农机化,2007(3): 56-57.

[13] 李志.温室设施的使用与维护系列之风季管理.农业工程技术·温室园艺,2007(5): 20-21.

[14] 李志.温室设施的使用与维护系列之雪天管理.农业工程技术·温室园艺,2007(4): 22-23.

[15] 杜英.冬季日光温室增温保温技术.北京农业,2011(11):178-178.

[16] 王蓉.日光温室夏季休闲期管理要点.西北园艺(蔬菜),2011(7):52-52.

[17] 孔云,陈青云.设施园艺覆盖材料的五大发展趋势.中国花卉园艺,2009(23):32-34.